Senckenbergische Naturforschende Gesellschaft

Bericht der Senckenbergische Naturforschende Gesellschaft

Inktank publishing

Senckenbergische Naturforschende Gesellschaft

Bericht der Senckenbergische Naturforschende Gesellschaft

Inktank publishing, 2018

www.inktank-publishing.com

ISBN/EAN: 9783747754818

Bericht

über die

Senckenbergische naturforschende Gesellschaft

in

Frankfurt am Main.

Vom Juni 1884 bis Juni 1885.

Die Direktion der **Senckenbergischen naturforschenden Gesellschaft** beehrt sich hiermit, statutengemäß ihren Bericht über das Jahr 1884 bis 1885 zu überreichen.

Frankfurt a. M., im September 1885.

Die Direktion:

Dr. med. **Robert Fridberg**, d. Z. erster Direktor.
D. Friedrich Heynemann, d. Z. zweiter Direktor.
J. Blum, d. Z. erster Schriftführer.
Dr. phil. **Heinrich Reichenbach**, d. Z. zweiter Schriftführer.

Bericht

über die

Senckenbergische naturforschende Gesellschaft

in

Frankfurt am Main.

Erstattet am Jahresfeste, den 31. Mai 1885

von

D. F. Heynemann,
d. Z. zweiter Direktor.

Hochgeehrte Versammlung!

Nach altem Brauche legt unsere Gesellschaft alljährlich um diese Zeit öffentlich Rechenschaft ab über ihre Thätigkeit in dem zurückgelegten Jahre und über den Stand ihrer Verhältnisse, sowohl der inneren als der äußeren. So soll es nun auch heute geschehen. Verschiedene Umstände haben dazu beigetragen, die Arbeiten der Gesellschaft im verflossenen Abschnitt wesentlich zu steigern und vielseitig zu gestalten, doch legt mir die Kürze der für die Berichterstattung zugemessenen Zeit die Pflicht auf, die Ereignisse und Ergebnisse möglichst knapp und geschäftsmäßig zu schildern. Diese Bemerkung erlaube ich mir vorauszuschicken, um Sie von vornherein nicht im unklaren zu lassen, daß wohl große Anforderungen an unsere Gesellschaft gestellt worden sind, daß ich mir aber versagen muß, in allen Fällen und ausführlich darzulegen, in welcher Weise denselben entsprochen oder zu entsprechen in Angriff genommen worden ist. Trotzdem wird gewiß mein in engen Grenzen gehaltener Bericht nicht verfehlen, das Bewußtsein zu erwecken und zu befestigen, daß die Gesellschaft in mehrfacher Beziehung vor dieser Periode bedeutend erhöhter Thätigkeit stand und fortan steht, und daß es zumal bei der statutenmäßigen stets wechselnden Leitung eine nicht unbedeutende Aufgabe für die Direktion der Gesellschaft ist, allen Anforderungen gerecht zu werden, allen allgemeinen und besonderen Wünschen, Bedürfnissen und Bestrebungen die nötige Beachtung zu verschaffen und sie zu fördern. Die Direktion glaubt das Zeugnis zu verdienen, daß ihre redlichen Bemühungen unausgesetzt nach diesem Ziele gerichtet gewesen sind und sie hofft mit Zuversicht, daß im Schoße der Gesellschaft stets Kräfte vorhanden und bereit sein werden, ihr diejenige Unterstützung zu leihen, die sie nicht entbehren kann und die ihr auch im letzten Jahre in reichem Maße zu teil geworden ist.

Mit den Veränderungen beginnend, welche sich im Personalbestand unserer Gesellschaft vollzogen, so habe ich folgende frühere Mitglieder als ausgetreten zu melden: die Herren J. Angelheim, Adolf Becker, Stadtrat J. L. Bolongaro-Crevenna, Leonh. Wilh. Brofft, Ingenieur W. Ehrhard, Eduard Feist, M. Gross, Ludwig Grünebaum, Siegm. Jeidels, Martin Königswerther, Bankdirektor R. J. Kusenberg, Rudolph Passavant, Leopold Rautenberg und Fr. Schäfer.

Durch Wegzug verloren wir: die Herren Ludwig Doctor, Bernhard Engelhard, Paul Ossyra, Ingenieur Ludwig Becker und Direktor Dr. Max. Schmidt, von welchen die beiden letztgenannten in die Reihe der korrespondierenden Mitglieder übertraten und ferner durch Tod: die Herren Stadtrat K. Holthof, Heinrich Keller, Gustav Kling, Sanitätsrat Dr. Kloss, Dr. jur. L. Odrell, Prof. Dr. Lucae, J. Ch. Parrot, J. P. Reifenstein, W. Schenck, K. F. Schmidt, sowie aus der Reihe der ewigen Mitglieder: Herrn W. Roose, und endlich den letzten der noch am Leben gewesenen Stifter: Herrn Dr. Eduard Rüppell.

Diesem Gesamtverlust von 31 Mitgliedern steht der Gewinn von folgenden 13 neuen gegenüber: die Herren Theodor Bayer,

J. H. Bechhold, Dr. phil. L. Belli, Ingenieur L. Follenius, Dr. Ludw. German, Otto Keller, Dr. med. B. Lachmann, Dr. phil. Jul. Notthaft, Heinrich Schumacher, Prof. Dr. K. Weigert, Ingenieur Fritz Wrede, Dr. phil. L. Wunderlich, wiss. Direktor am hiesigen zoologischen Garten und Frau Recha Schuster, so daß die Zahl der beitragenden Mitglieder von 415 im Vorjahre nun auf 401 zurückgegangen ist.

Der seit einigen Jahren andauernde Rückgang in der Zahl der beitragenden Mitglieder, im Jahre 1878 hatten wir noch 547, also 146 mehr, ist sehr bedenklich und ich muß mir erlauben darauf zurückzukommen.

Aus der Reihe der uns durch den Tod entrissenen Mitglieder habe ich besonders hervorzuheben: die Herren Prof. Dr. Lucae, Dr. Eduard Rüppell und Wilh. Roose. Der Verdienste, welche sich die beiden erstgenannten um unsere Gesellschaft erwarben, soll durch die Herren, welche nach mir dazu das Wort ergreifen werden, in der ehrerbietigsten Weise gedacht werden. Es bleibt mir daher der uns allen lieb gewesenen und im freundlichsten Andenken gebliebenen Persönlichkeit des Herrn Wilhelm Roose einige Worte der Erinnerung zu widmen. Eingetreten im Jahre 1869 machte er sich nicht allein als arbeitendes Mitglied, im besonderen als mehrjähriger Sektionär in der Abteilung der Lepidopteren, außergewöhnlich nützlich, sondern er hat uns auch noch zu seinen Lebzeiten den ganzen Rest — ein Teil war schon früher gegeben und ist im vorigen Jahresbericht verdankt worden — seiner großartigen Insektensammlungen, hauptsächlich aus einer Schmetterlingsammlung bestehend, samt der nicht unbedeutenden Fachbibliothek zum Geschenk gemacht und diese Schenkung hat unser Museum ganz wesentlich bereichert und die betreffenden Abteilungen auf einen sonst unerreichbaren Stand gebracht. Der Verstorbene, dessen langes Leben mit Innigkeit der herrlichen Natur und ihrem Studium ergeben war, hat noch kurz vor seinem Ende dieser Neigung den schönen Ausdruck gegeben, sich mittels der üblichen Geldschenkung auch in die Reihe der ewigen Mitglieder unserer Gesellschaft aufnehmen zu lassen.

Aus der Reihe unserer korrespondierenden Mitglieder verstarben:

Joh. Heinr. Blum, Professor der Mineralogie in Heidelberg, hochberühmt durch seine Verdienste unter anderem um die

Lehre über die Gesteinspseudomorphosen. Korrespondierendes Mitglied wurde er 1844, er starb 1884 im Alter von 82 Jahren.

Rudolf Wilhelm Dunker, Dr. phil. und Geh. Bergrat, starb am 13. März d. J. im Alter von 76 Jahren. Seit 1854 als Professor der Mineralogie an die Universität Marburg berufen, wirkte er nicht allein in dieser Eigenschaft, sondern auch als Schriftsteller und Sammler. Mit unserem unvergeßlichen Mitgliede Hermann von Meyer gründete er beispielsweise die »Paläontographica« und einer an Umfang und Bedeutung gleich merkwürdigen Konchyliensammlung widmete er eine rastlose Thätigkeit. Seine Aufnahme unter die korrespondierenden Mitglieder geschah 1848.

Cesar Godeffroy in Hamburg, welcher 1873 zum korrespondierenden Mitgliede ernannt wurde und am 7. Februar d. J. 72 Jahre alt verstarb. Seine Verdienste um die Naturwissenschaften, besonders um die Erforschung der Südsee-Inseln, sind groß.

Friedr. Gust. Jakob Henle, seit 1852 Professor der Anatomie in Göttingen, gehörte zu den bedeutendsten Gelehrten seines Faches. Diesen hohen Ruf verschaffte ihm nicht allein eine in 1837 begonnene an verschiedenen Universitäten ausgeübte Lehrthätigkeit, sondern war auch begründet in zahlreichen einschlägigen Werken. Mit J. Müller gab er auch »die zoologische Beschreibung der Haifische und Rochen« heraus. Im Jahre 1882, in welchem Jahre er sein 50 jähriges Doktorjubiläum beging, wurde er zum korrespond. Mitglied ernannt und starb am 13. Mai im 76. Lebensjahre.

Georg Adolf Keferstein, Gerichtsrat a. D. in Erfurt. In diesem Jahre nicht nur der Zeit der Aufnahme, sondern auch seinem Alter nach das älteste unserer korrespond. Mitglieder. Der Hingeschiedene, einer der allerbekanntesten Schriftsteller auf dem Gebiete der Schmetterlingskunde, wurde 1827 aufgenommen und starb am 28. November v. J. im Alter von 91 Jahren. Die erste seiner entomologischen Arbeiten, welche vielfach das historische Gebiet behandeln, erschien 1818, die letzte 1882.

Phil. Ripps, Dr. med. in Bad Kissingen, früher in Frankfurt. Arbeitendes Mitglied unserer Gesellschaft seit 1856, zeitweise Vorsteher der Sektion der Krustaceen, ging er durch seinen Wegzug 1883 in die Reihe der korrespondierenden Mitglieder über und starb am 25. November v. J.

Endlich Karl von Siebold, Geh. Rat und Professor an der Universität in München. Er war 1873 zum korrespondierenden Mitglied erwählt worden und sein Hintritt erfolgte am 7. April d. J. in einem Alter von 81 Jahren. Seine Thätigkeit auf dem Gebiete der Zoologie und Physiologie ist in zahlreichen Werken dokumentiert und von seiten unserer Gesellschaft ist ihm für seine vortrefflichen Untersuchungen über die Parthenogenesis der Preis der Sömmerring-Stiftung 1873 zuerkannt worden.

In die Reihe der korrespondierenden Mitglieder sind dagegen eingetreten, wie schon erwähnt: Herr Ingenieur Ludwig Becker und Herr Direktor Dr. Max Schmidt durch ihren Wegzug von hier, ferner durch Wahl die Herren: Ferd. Knoblauch von hier, Konsul in Neu-Kaledonien Dr. med. Danielssen, Direktor des Museums in Bergen (Norwegen), Francesco Miceli in Tunis, Prof. Dr. Demetrius Brandza in Bukarest, Dr. Friedr. Rolle in Homburg v. d. H., Freiherr Dr. O. von Möllendorff, Konsul in Honkong und Prof. Dr. Walther Flemming in Kiel.

Am 30. November 1884 beging Herr Generalarzt Prof. Dr. von Czihak in Aschaffenburg, korresp. Mitglied seit 1830, dem unser Museum so manchen wichtigen Beitrag verdankt, sein 60jähriges Doktorjubiläum, bei welcher Gelegenheit dem Herrn Jubilar mit einem kalligraphisch ausgestatteten Glückwunschschreiben, das ihm unser Kustos, Herr Koch, überbrachte, der herzliche Anteil an seinem schönen Feste kund gethan wurde.

Von sog. arbeitenden Mitgliedern d. h. solchen, welche in den Verwaltungssitzungen stimmberechtigt sind und welchen Arbeiten in den Sammlungen übertragen werden können, verloren wir die schon erwähnten Herren Sanitätsrat Dr. Kloss, Prof. Dr. Lucae, Dr. Eduard Rüppell, sämtlich verstorben, dann die Herren Ingenieur L. Becker, verzogen nach Hamburg, und Direktor Dr. Max Schmidt, verzogen nach Berlin.

Die dadurch frei gewordenen Stellen als Vorsteher der Sektionen für Säugetiere und für Skelette der Wirbeltiere hat Herr Dr. Kobelt eingenommen, die letzte provisorisch, der uns durch diese vermehrte Thätigkeit von neuem zu Dank verpflichtet.

Für die seit Jahren verwaist gewesene Sektion der Fische haben wir die nötige Hülfe in Herrn Fr. Bastier gefunden.

In die Zahl der arbeitenden Mitglieder sind aufgenommen worden: die Herren Dr. med. Lachmann und Prof. Dr. Weigert.

Alljährlich findet zu Neujahr der Austritt zweier Direktions-Mitglieder statt. Diesmal hatten auszuscheiden der 1. Direktor, Herr Dr. Heinrich Schmidt, und der 1. Schriftführer, Herr Dr. Friedr. Kinkelin. An deren Stelle wurden die Herren Dr. med. Rob. Fridberg und J. Blum gewählt, welche beide schon früher zu gleichem Amte berufen gewesen sind. Besonderer Dank für treue Pflichterfüllung ist neben Herrn Dr. Heinrich Schmidt auch heute nochmals Herrn Dr. F. Kinkelin auszusprechen, welcher 10 Jahre hintereinander das schwierige und zeitraubende Schriftführeramt innegehabt. Es ist ein glücklicher Gedanke gewesen, in den Statuten die Wiederwahl wenigstens für eine Stelle in der Direktion zu gestatten, denn bei fortwährendem Wechsel in den Personen ist eine geschäftsmäßige Leitung von Gesellschaftsangelegenheiten so mannigfacher Art nur sehr schwer möglich, wenn nicht mindestens eine Kraft länger im Amte ist, die über alle Verhältnisse orientiert bleibt und stets exakteste Auskunft zu geben im stande.

Unsere Herren Kassierer, die Herren Bankdirektor Herm. Andreae als 1., und Stadtrat Albert Metzler als 2., walteten ihres Amtes mit gewohnter Pünklichkeit und Umsicht; auch ihrer möge nicht versäumt werden mit Anerkennung zu gedenken. Desgleichen unsers Konsulenten, Herrn Dr. jur. F. Schmidt-Polex, dessen uns unentgeltlich gewidmeten Dienste in erhöhtem Maße in Anspruch zu nehmen mehrfach Veranlassung gewesen ist.

Die Generalversammlung ist in hergebrachter Weise am 21. Febr. d. J. abgehalten und in derselben für die aus der Revisionskommission auszuscheidenden Herren Dr. E. von Harnier und Paul Müller die Herren Baron Albert von Reinach und Hektor Rössler gewählt worden.

Bei der immer mehr zunehmenden Ausdehnung der Geschäfte und Verhandlungen wirken unsere Kommissionen besonders fördernd.

Die Redaktionskommission, aus welcher zufolge der Geschäftsordnung die Herren D. F. Heynemann und Dr. Petersen auszuscheiden hatten, aber wieder gewählt worden sind, hat zum ertsenmal im Juli v. J. Abrechnung vorgelegt über den Kommissionsverlag unserer Abhandlungen, welcher gute Resultate geliefert hat. Das seit vorigem Jahre erschienene letzte Heft des XIII. Bandes enthält:

Dr. Friedr. Richters, Beitrag zur Kenntnis der Krustaceenfauna des Behringsmeeres, mit 1 Tafel.

Dr. H. Strahl, über Wachstumsvorgänge an Embryonen von *Lacerta agilis*, mit 5 großen Tafeln.

In Ausführung befindet sich eine Arbeit von Dr. H. Reichenbach über die Embryologie des Flußkrebses.

Der Vertrieb des I. Bandes unsers Werkes: Saalmüller, die Schmetterlinge Madagaskars hat Fortschritte gemacht, eine Mitteilung behalten wir uns vor, bis auch der 2. Band, der in Arbeit ist und reicher als anfangs vorgesehen mit Tafeln ausgestattet werden wird, erschienen und damit das Ganze beendigt sein wird.

Für den Jahresbericht besteht eine besondere Kommission, dem Gebrauch gemäß zusammengesetzt aus dem 2. Direktor, dem 1. Schriftführer und einem zu wählenden Mitgliede. Herr Dr. Julius Ziegler ist dafür in seinem früheren Amt geblieben. Der Bericht für 1884 ist anfangs dieses Jahres ausgegeben worden und enthält außer dem üblichen geschäftlichen Teil folgende Abhandlungen: von Dr. Fr. Richters, den Festvortrag über die Wechselbeziehungen zwischen Blumen und Insekten; von Dr. L. von Heyden, Beiträge zur Kenntnis der Hymenopteren — Fauna der weiteren Umgegend von Frankfurt; von Hofrat O. Retowsky in Theodosia, eine Sammelexkursion nach Abchasien und Tscherkessien; von Dr. O. Boettger, die Listen der von O. Retowsky in Abchasien gesammelten Reptilien, Batrachier und Binnenmollusken; von Dr. F. Kinkelin, über zwei südamerikanische diluviale Riesentiere; von demselben, über Fossilien aus Braunkohlen der Umgebung von Frankfurt, mit 1 Tafel und Figuren im Text; von demselben, Sande und Sandsteine im Mainzer Tertiärbecken; von demselben, die Schleusenkammer von Frankfurt-Niederrad und ihre Fauna, mit 2 Tafeln; von Dr. O. Boettger, fossile Binnenschnecken aus den untermiocänen Corbicula-Thonen von Niederrad, mit 1 Tafel; von F. Ritter, über neue Mineralfunde im Taunus; von Dr. E. Buck in Konstanz, über die »Ungestielte« Varietät der *Podophrya fixa Ehb.* mit Abbildung; und endlich von Dr. W. Kobelt, das Verzeichnis der paläarktischen Säugetiere in unserm Museum, aufgestellt Ende 1884. Die erhöhte Thätigkeit für den Jahresbericht 1885 hat schon frühzeitig beginnen müssen infolge des Geschenkes des Herrn Dr. W. Kobelt, das derselbe uns mit dem Bericht über seine letzte große Reise in Nord-Afrika zum Zwecke der Veröffentlichung gemacht hat. Dieser Reisebericht wird in Stärke von ca. 25 Bogen mit zahlreichen Tafeln und Abbildungen im Text auch in sorgfältigerer Ausführung dem Buchhandel überwiesen werden.

Die Bücherkommission hat sich mit der neu formulierten, von der Gesellschaft genehmigten Geschäftsordnung den ihr obliegenden Funktionen gewidmet, im Personenbestand ist keine Änderung eingetreten.

Im Monat November v. J. trat eine Kommission zusammen, bestehend aus dem Herrn Prof. Askenasy in Heidelberg, dann den Herren Dr. Blumenthal, Dr. Edinger, Dr. Reichenbach, Dr. Wirsing und Dr. Ziegler, welche zu beraten hatte über die Zuerkennung des Preises der Sömmerringstiftung. Alle 4 Jahre findet diese Zuerkennung statt an denjenigen Naturforscher Deutschlands, welcher die Physiologie im verflossenen Zeitabschnitt am bedeutendsten gefördert hat, so auch in diesem Jahre am ein für allemal festgesetzten Tage, dem 7. April, dem Tage, an welchem Sömmering promoviert wurde. Würdig des Preises wurde proklamiert: Herr Professor W. Flemming in Kiel wegen seiner Forschungen, niedergelegt in dem Werke: Zellsubstanz, Kern- und Zellteilung. Die Begründung fiel, neben Herrn Dr. Blumenthal, Herrn Dr. Reichenbach zu und wir haben Veranlassung den Mitgliedern der Kommission unsern Dank für ihre wichtige Arbeit ausdrücklichst zu wiederholen.

Aus vorigjährigem Jahresbericht wird Ihnen erinnerlich sein, daß infolge der höher gehenden künftigen Anforderungen an die Gesellschaft auch noch eine andere Kommission fortan die Direktion unterstützen sollte, die Vorschläge zu machen und auszuführen, Gutachten abzugeben und durch eine gewisse Stetigkeit in ihrer Zusammensetzung die Fäden der ihr zukommenden Geschäfte festzuhalten hätte. Diese Absicht wurde erreicht, indem man sämtliche Sektionäre, also die in den Sammlungen arbeitenden wirklichen Mitglieder, zu permanenten Mitgliedern dieser neuen Kommission machte. Vorsitzender ist der jeweilige

2. Direktor der Gesellschaft und für das laufende Jahr Herr Dr. F. Richters Schriftführer. Man hat ihr den Namen »Museums-Kommission« gegeben und sie hat ihre Geschäftsordnung erhalten. Einigen Anlaß zu Sitzungen hat auch sie gehabt, umfassende Thätigkeit kann sie aber erst entwickeln, wenn die geplante Auseinandersetzung mit dem Physikalischen Verein vollzogen sein wird, derselbe unsere Räume verläßt und Projekte zu deren anderweitigen Benutzung sowie weitere Pläne verfolgt werden können. Als Vorsitzender der Museums-Kommission habe ich die Durchführung der schon längst angestrebten Verständigung mit dem Physikalischen Vereine in Angriff genommen. Meine Untersuchungen über die gegenseitigen rechtlichen Verhältnisse, wobei ich durch den gleiches Ziel schon längst verfolgenden Herrn Dr. Ziegler unterstützt worden bin, haben die Klarheit geschaffen, daß eine Separierung vorerst auf friedlichem und freundlichem Wege versucht werden muß, und da auch beim Physikalischen Vereine der Wunsch und das Bedürfnis, ein eigenes Vereinshaus zu besitzen, vorauszusetzen ist, so werden die Vorverhandlungen, welche seit einiger Zeit im Gange sind zwischen unserer Gesellschaft, dem Physikalischen Verein und der Senckenbergschen Stiftungsadministration, die ein Anrecht auf die Räume besitzt und den Platz zur Errichtung eines neuen Gebäudes zu überlassen geneigt ist, um so sicherer zum Ziele führen, als unsrerseits die Bereitwilligkeit besteht, eine sehr namhafte Beisteuer zur Verwirklichung zu leisten.

In der Zuversicht, daß dem allseitigen Wunsche diesmal auch die Ausführung nachfolgen würde, habe ich bereits Pläne zur besseren Ausnutzung und Einrichtung und zur Vergrößerung unserer Häuser anfertigen lassen; sie konnten aber vor Eintritt des Haupterfordernisses, der Auseinandersetzung mit dem Physikalischen Verein, nicht in ernste Beratung gezogen werden. Sobald aber das gewünschte Resultat erzielt ist, soll mit allem Eifer die Herstellung unserer Häuser innen und außen in Angriff genommen werden. Bei baulichen Veränderungen ist ein ganz besonderes Augenmerk auf die Gewinnung guter Arbeitsräume zu richten, der Mangel daran ist aller Anstrengung Hemmschuh. Wer je solche Arbeitszimmer gesehen hat, wie sie andere Museen der Zeit entsprechend ihren Angestellten bieten, kann sich eines mitleidvollen Lächelns nicht erwehren über die vollständige Unzweckmäßigkeit und Unzulänglichkeit der Winkel, in welchen unseren Sektionären und Dozenten seit Jahren infolge der knappen Geldverhältnisse zu arbeiten zugemutet werden muß.

Auch unsere Schausäle und unsere Sammlungen sind mannigfacher Reorganisation bedürftig. Im Skelettsaal ist mit einer Aufbesserung begonnen worden, die beschränkten Arbeitskräfte haben die Fertigstellung noch nicht möglich gemacht. Ist aber das ganze Innere vollendet, sollen wir einen Anhalt bekommen, wie mit allen Sälen fortgefahren werden kann.

Waren unsere verschiedenen Kommissionen sehr in Anspruch genommen, so nicht minder die Direktion, die in ihren zahlreichen Sitzungen der Verwaltung ein an Ausdehnung und Wichtigkeit öfters nur mühsam zu bewältigendes Material vorzubereiten hatte.

Sie ist in Rechts- und Finanzfragen bestens von dem Herrn Konsulenten und den Herren Kassierern unterstützt worden, ohne deren Hülfe manche Frage einer unsicheren Erledigung preisgegeben gewesen wäre. Dahin ist zu rechnen der Verkauf des Hinterhauses unserer Behausung auf der Neuen Mainzerstraße und der Verkauf des ehemaligen Rüppellschen Hauses auf der Hochstrasse; die Entgegennahme des Berichts des Administrators für die Bose-Stiftung, Herrn Dr. Hertzog, dem für die wiederholt zu Tag getretene wohlwollende Vermittlung ebenfalls der Dank der Gesellschaft gebührt; und die Einschlagung des richtigen Weges zur späteren Erlangung des Rüppellschen Nachlasses, wobei wir unsere dankende Anerkennung dem Testamentsexekutor, Herrn Dr. Adolph von Harnier, auszusprechen haben.

In der Regel jeden ersten Sonnabend im Monat veranstaltet unsere Gesellschaft im Winterhalbjahr eine sogenannte wissenschaftliche Sitzung, zu welcher regelmäßig in den Blättern eingeladen wird. Dieselben hatten im verflossenen Zeitraum folgende Tagesordnungen: am 25. Okt. v. J. D. F. Heynemann: über Museen und ihre innere Einrichtungen; am 13. Dzbr. v. J. Herr Dr. W. Kobelt: Reisebericht; Herr Dr. F. Kinkelin: über eine neue Theorie von der Entstehung einerseits der Meere, anderseits der Kontinente und Gebirge; am 3. Januar d. J. Herr Dr. F. Kinkelin: geologische Tektonik der Umgebung von Frankfurt; am 7. Februar d. J. Herr Dr. W. Schauf: über die südafrikanischen Diamantfelder im Anschluß an die Geschenke des Herrn Eisenbahndirektor Wernher; Herr

J. Blum: über den Seebären *Callorhinus ursinus*, Geschenk des Herrn Wassermann; und Herr Dr. H. Reichenbach: über fressende Zellen; am 7. März Herr Prof. Dr. Noll: seine Reise in Norwegen; und endlich am 7. April die schon erwähnte Berichterstattung der zur Zuerkennung des Preises der Sömmerring-Stiftung erwählten Kommission und die feierliche Zuerkennung des Preises.

Was die übrigen von der Gesellschaft zu veranstaltenden Lehrvorträge betrifft, so sind diejenigen des Herrn Professor Lucae über die Zoologie der Wirbeltiere durch dessen Tod leider unterbrochen worden und bei der damals bestandenen Ungewißheit, ob bei der Neubesetzung des Lehrstuhls für Anatomie seitens der Senckenbergschen Stiftungs-Administration wir auch eine Fortsetzung der Lucaeschen Vorlesungen gewinnen würden, ist die Geneigtheit des Herrn Dr. Reichenbach, die Fortsetzung für diesmal zu übernehmen, gerne dazu benutzt worden, ihn mit dieser Funktion zu betrauen. Herr Dr. Reichenbach hat den Cyklus nach Ostern aufgenommen, und von der Weise, in welcher er diese Vorlesungen behandelt, dürfen wir uns günstigen Erfolg versprechen.

Die Vorlesungen über Geologie verbunden mit Exkursionen sind Herrn Dr. F. Kinkelin wieder übertragen worden. Die Kanal- und Hafenbauten ergeben eine höchst willkommene Gelegenheit, über die Lagerungen in unserer nächsten Umgebung einen besseren Einblick zu erlangen und die vorkommenden Belegstücke hier in Frankfurt zu sammeln. Wie Ihnen bekannt ist, war bereits im verflossenen Jahre Herr Dr. F. Kinkelin um den Besuch der betreffenden Stellen und deren Untersuchung gebeten gewesen. Zu dieser oft beschwerlichen, jedenfalls sehr zeitraubenden, auf keinen Fall aber unsrerseits zu unterlassenden Thätigkeit ist der Genannte für dieses Jahr förmlich beauftragt worden und wir freuen uns, dass unser Oberbürgermeister, Herr Dr. Miquel, unsern Beauftragten mit der Erlaubnis, ungehinderten Zutritt zu den Stellen zu haben, ausgerüstet hat.

Der Austausch der wissenschaftlichen Veröffentlichungen mit anderen Gesellschaften hat sich auch im verflossenen Zeitraume vermehrt und sind teils mit unseren Abhandlungen und dem Jahresbericht, teils nur mit dem letzteren folgende neue Beziehungen zur Bereicherung der Bibliothek angeknüpft worden: mit Bergens Museum in Bergen, Norwegen; mit der Royal

Society of Queensland in Brisbane; mit der Großherzogl. hessischen geologischen Landesanstalt in Darmstadt; mit dem Freien Deutschen Hochstift dahier; mit dem naturhistorischen Museum in Hamburg; mit der Administration de l'Industrie en Finlande in Helsingfors; mit der Entomological Society of London in London; mit der mittelrheinischen geologischen Gesellschaft in Mainz; mit dem Comité géologique in St. Petersburg; mit dem Canadian Institute in Toronta, Nord-Amerika; und endlich mit dem Museo Civico di storia naturale in Triest.

Der Bibliothek flossen auch in diesem Jahre wieder eine Anzahl Geschenke zu, von welchen ich einige hervorhebe, als:

Von Herrn Prof. Dr. Klunzinger in Stuttgart: Die Fische des roten Meeres, I. Band.

Von Herrn Baron Ferd. von Müller in Melbourne: Eucalyptographia, a descriptive Atlas of the Eucalypts of Australia and the adjoining Islands.

Von Herrn Professor G. Retzius in Stockholm: Das Gehörorgan der Wirbeltiere, II. Teil.

Vom verstorbenen Herrn Wilh. Roose: seine entomologische Bibliothek, darunter auch kostbare Abbildungs-Werke.

Das Nähere findet sich s. Z. im gedruckten Jahresbericht. Nicht unbedeutend ist auch der Zuwachs, welcher durch Ankauf erworben wurde.

Aber gegenüber der gewaltigen Masse von Werken, welche jahraus jahrein das Licht der Welt erblicken und mit Auswahl in einer gleichsam öffentlichen Bibliothek einer naturfoschenden Gesellschaft enthalten sein sollten, ist selbst diese dreifache uns mögliche Weise der Vermehrung — durch Tausch, Geschenke und Kauf — eine auffallend ungenügende, so daß die ewige Klage über den Mangel oft des Wichtigsten und Unentbehrlichsten sich immer noch fortschleppt. Kein Zweig unserer Wissenschaft kann sich rühmen, daß man darin arbeiten könne, ohne die Arbeiten der Fachgenossen zu sehen und zu kennen, ohne sich unterrichtet zu halten über den täglichen Fortschritt. Wir verlangen und erwarten von unsern Dozenten und unsern in den Sammlungen thätigen Mitgliedern, wir verlangen von unsern Kommissionen, die zu entscheiden haben über die Zuerkennung von Preisen für die neuesten und tüchtigsten Resultate von Forschungen, dass sie sämtlich der Höhe ihrer Aufgabe gewachsen seien, aber wir sind immer noch außer stande, unsere Bibliothek so zu stellen, dass nicht jeder einzelne zu bedeutenden Privatankäufen genötigt wäre und trotzdem ihm vieles fehlte.

Wir müssen allerdings zugeben, dass unsere Verhältnisse gegen früher auch in dieser Beziehung besser zu werden versprechen und fortan etwas mehr auf die Bibliothek wird verwendet werden können, aber nicht nur sind die Erfordernisse auf diesem Gebiete in außerordentlicher Weise gestiegen, sondern es läßt sich auch eine Büchersammlung, die aus Mangel an Geld von Anfang an nur kümmerlich hat dotiert werden können, nicht mit einer mäßigen Mehrausgabe sofort auf den nötigen Stand bringen und das Hauptgewicht auf die Bibliothek allein zu legen, geht auch nicht wegen der schreienden Bedürfnisse anderwärts.

Es mag hie und da bei Fernstehenden Verwunderung erregen, einen solchen Notschrei zu hören. Deshalb will ich auf unsere finanziellen Verhältnisse etwas ausführlicher zu sprechen kommen. Freilich sind dieselben ganz wesentlich andere als sonst, nachdem uns durch die Gräfl. Bosesche Stiftung ansehnlichere Mittel zufliessen. Aber was speziell für die Bibliothek zu sagen war, daß die früheren durch so sehr knappe Geldmittel hervorgerufenen mißlichen Zustände nicht in einem oder in einigen Jahren wieder gut gemacht werden können, gilt für alle anderen Abteilungen auch und es ist doch zu natürlich, daß eine jede hofft teilzunehmen an den pekuniären Vorteilen, die dem Allgemeinen gewährt wurden und daß gegenüber dem größeren Geldzufluß jede Abteilung sich angespornt fühlt, eine größere Thätigkeit zu entwickeln und ohne Geld kann auch unsere Gesellschaft nichts leisten; das geringste Objekt kann ohne eine Geldausgabe nicht aufbewahrt werden.

Unwillkürlich also und unhemmbar mußten allerwärts Zuschüsse zu den Erfordernissen geleistet werden, nirgends haben sie genügt, viele als nötig erkannte Neuerungen konnten nicht in Angriff genommen werden und doch steht die fortwährende Mahnung vor unsern Augen, daß wir sie trotz allem in Angriff nehmen müssen. Der Mehrzufluß von etwa M. 15000 jährlich, welcher wie Ihnen schon bekannt aus der Gräflich Boseschen Stiftung quillt, versiegt also in den ausgetrockneten Kanälen;

kein Schiff wird davon flott und wir bleiben auf dem Sande sitzen, wenn andere Quellen sich verstopfen.

Eingangs meines Berichtes hatte ich des Rückgangs der Zahl unserer beitragenden Mitglieder zu erwähnen. 100 oder 150 Mitglieder mehr oder soviel weniger und der Verlust der städtischen Subvention von M. 2000. — jährlich ist in unserer Kasse von einem sehr fühlbaren Ausschlag. Schon im vorjährigen Bericht ist auf dieses wichtige Verhältnis hingewiesen worden, Mangel an Teilnahme in der Bürgerschaft ist es sicherlich nicht, was die Zahl der Mitglieder herunterdrückt, denn unsere Zeit begreift mehr als je die vollständige Unentbehrlichkeit umfassender naturwissenschaftlicher Studien, den außerordentlichen Einfluß, den sie ausüben auf öffentliche und private Interessen. Mangel an Verständnis für die Förderung, welche wir in unserer Stadt diesen Studien verleihen, ist es also nicht. Sondern man hält uns für so reich, daß wir die Unterstützung entbehren könnten. Das ist aber grundfalsch und sehr bedauerlich wäre es, wenn unsere Bürgerschaft aus solcher Voraussetzung die pekuniäre Unterstützung immer mehr zurückziehen wollte, während sie doch einer Anstalt beistehen sollte, welche zu allgemeinem Wohl große Häusser mit Schausälen herrichtet, eine der Öffentlichkeit zugängige Bibliothek erhält, gelehrte Abhandlungen verbreitet, Vorträge veranstaltet, Dozenten anstellt, u. s. w., was alles Neigung zu ernsten und wichtigen Studien fördert, deren Vorteile in nicht geringem Maße beispielsweise unsern Lehrern zu gute kommen, durch deren Vermittlung sie in Schule und Haus segenspendend und unversiegbar vordringen. Wären wir so reich und so unabhängig als man uns hält, so möchte es vielleicht der Fall sein, dass wir uns gerne des Zuschusses entschlagen würden und der Bürgerschaft unentgeltlich leisten, was wir ihr zu leisten für unsere hohe Aufgabe halten. Aber da wir nicht plötzlich der für Befolgung dieser Aufgabe Jahre hintereinander genossenen Anerkennung verlustig gehen werden, so halten wir unsere Bürgerschaft für zu einsichtsvoll, als daß sie uns die nötige Unterstützung dazu entziehen und uns das wieder nehmen sollte, was man uns von anderer Seite eben in der Erkenntnis von der bisherigen Unzulänglichkeit der Mittel geschenkt hat.

Wir fühlen uns geneigt, einer Schwesteranstalt, dem Physikalischen Vereine, der nicht minder Anspruch auf Würdigung seiner Dienste im Interesse der Gesamtheit machen kann, eine für unsere Verhältnisse betendende Summe zu überlassen, damit er unsere Räume aufgeben kann und unsere Sammlungen der fortwährenden eminenten Feuersgefahr entgehen, wir wollen diese Räume für unsere Zwecke einrichten, unsere Häuser, die aus Geldmangel in baulicher Beziehung vernachlässigt sind, in stand setzen, wir wollen sie vergrößern und verbessern, wir haben so viele unabweisbare Projekte, die uns der Fortschritt der Wissenschaften aufdrängt, und weil wir Frankfurt die Ehre wahren wollen, daß diese Fortschritte der Gesamtheit zugängig gemacht worden sind, daß wir bange der Ausführung aller dieser Pläne entgegensehen, wenn uns die Mittel dazu verkürzt werden.

In der Hoffnung, daß im nächsten Jahresbericht die Reihe der Zuwendungen mit der Nachricht über die Wiederzunahme der Mitgliederzahl eröffnet werden kann, hätte ich nun überzugehen zu den Geschenken, welche der Gesellschaft an Naturalien zu teil geworden sind, und welche Naturalien sie durch Kauf und durch Tausch erworben. Das könnte übersichtlich geschehen, wenn ich das Ergebnis des verflossenen Jahres für die einzelnen in Frage kommenden Sektionen durchnehmen könnte. Dazu ist jedoch die Zeit zu kurz, gedruckt wird man die betreffenden Veränderungen im Jahresberichte lesen, ich beschränke mich also darauf, die Namen der Schenker zu melden, wie folgt:

Die Neue zoologische Gesellschaft, Herr Direktor Dr. Max Schmidt, Herr Dr. L. Russ in Jassy, Herr Dr. Dybowsky in Niankow, Herr Dr. F. Kinkelin, Herr D. F. Heynemann, Herr Lehrer Bibricher, Herr Dr. W. Kobelt, Herr M. Feinberg, Herr Ludwig Rautenberg, Herr Major Dr. von Heyden, Herr August Wassermann, Herr F. Miceli in Tunis, Herr Prof. Burbach in Gotha, Herr Direktor Drory, Herr Otto Schöner, Schüler der Wöhlerschule, Herr G. Eckhardt von hier in Lima, Herr H. Schumacher, Herr Bardenheier, Herr Fr. Wagner, Herr Birkenauer, Fräulein Wichmann, Herr Lehrer J. Greiff, Herr Ökonom May, Herr A. Koch, Herr Franz Ritter, Herr Joh. Truninger in Ellikon, Herr J. Emmerling, Herr Harres in Darmstadt, Herr Konsul Dr. O. von Möllendorff in Hongkong, Herr Joseph Grünewald, Herr Dr. med. Heinrich Schmidt, Herr Anton

2

Stumpff in Madagaskar, Herr P. A. Kesselmeyer, Herr Direktor Dr. Conwentz in Danzig, Herr Adolf Jordan.

Der großartigen Schenkung des Herrn Wilh. Roose habe ich schon vorher gedacht, Geschenke von besonderer Bedeutung sind noch diejenigen der Neuen zoologischen Gesellschaft, eine Anzahl der im Zoologischen Garten eingegangenen Tiere, von Herrn Dr. Dybowsky in Niankow, Schädel und Bälge von Säugetieren, von Herrn F. Miceli in Tunis, Säugetiere und Reptilien aus Nordafrika, von Herrn O. Schöner, 20 Vögel von Trinidad, von Herrn Eckhardt in Lima, 100 südamerikanische Vögel, 5 Menschenschädel und diverse Mumien, von Herrn Franz Ritter, 50 Handstücke von Felsarten des Taunus und 12 Mineralstufen, von Herrn Konsul O. von Möllendorff in Hongkong, eine Sendung südchinesischer Reptilien, Amphibien und Konchylien, von Herrn Direktor Dr. Conwentz in Danzig, zwei Suiten Bernstein-Einschlüsse und dergl. mehr.

Einen bedeutenden Zuwachs haben einzelne Abteilungen erfahren durch die Ausbeute an Naturalien, welche Herr Hofrat O. Retowsky in Theodosia — von dessen Reise auf Kosten der Rüppellstiftung Sie durch den vorigjährigen Jahresbericht bereits Kenntnis haben — uns zuweisen konnte; unsere Lokalsammlung ist ein gutes Stück vorwärts gebracht worden; der Molluskensammlung ist durch D. F. Heynemann eine reiche Suite bisher fast gar nicht vorhandener nackter Landschnecken in Spirituspräparaten verschafft worden; die Landkonchylien-Sammlung hat namentlich durch die reichen Zuwendungen von Dr. Kobelt wieder bedeutend an Wert gewonnen; die Fischsammlung hat eine Vermehrung von etwa 100 Arten erfahren, welche wir vom Smithsonian Institution in Washington in Tausch erhielten; in den botanischen Sammlungen hat der durch Herrn Dr. Geyler aufgestellte Katalog seit 1869, wo er 9000 Species antraf, um 15 bis 16 000 Arten zugenommen und zählt jetzt ca. 200 000 Nummern; die paläontologische Sektion hat sich wertvoller Zuwendungen zu erfreuen gehabt; und was besonders die geologische Erforschung hiesiger Gegend betrifft, mit welcher Herr Dr. F. Kinkelin beauftragt ist, so geben von dessen Erfolgen nicht allein verschiedene Abhandlungen Zeugnis, welche gelegentlich der Herausgabe des vorigjährigen Jahresberichtes von demselben veröffentlicht worden sind, sondern aus seinen ausführlichen

Berichten, die mit dem diesjährigen Jahresbericht erscheinen werden, wird man die Wichtigkeit solcher lokalen Untersuchungen noch mehr erkennen. Dabei ist der Genannte unterstützt worden besonders von unseren städtischen Beamten, Herrn Baurat Lindley, Herrn Bauinspektor Feineis, Herrn Ingenieur B. Löhr und Herrn Baumeister Stahl; nicht minder aber auch durch Herrn Ingenieur Bomnüter, Herrn Baumeister Follenius in Griesheim, Herrn Dr. Fischer in Nied, Herrn Baumeister Greve in Raunheim, Herr Steiger Hisgen, Herrn Ingenieur Riese, Herrn Baumeister Schellen, Herrn Bauaufseher Schneider, Herrn Direktor Stroff, und die Herren Ingenieure Wehner und Zimmer.

Allen jenen Herren, welche unsere Sammlungen bereichert und unsere Bestrebungen durch gütige Beihülfe gefördert haben, erstatte ich hier und zum Teil wiederholt den wärmsten Dank ab. Eine ganz hervorragende Stelle unter den Gönnern unserer Gesellschaft nimmt jedoch Herr Graf Bose in Baden-Baden ein, dem wir schon so viel verdanken. Einem neuen Zeichen seiner fortdauernden regen Teilnahme haben wir unsere Anerkennung zu zollen, das derselbe durch Bewilligung der Mittel gab, Herrn Professor Noll im Herbste vorigen Jahres zum Zweck besonderer Forschungen nach Norwegen zu senden. Der Bericht über diese Reise, wie er bereits in der wissenschaftlichen Sitzung vom 7. März d. J. erstattet worden ist, wird in dem diesjährigen Jahresbericht zum Abdruck gelangen. Ein Teil der Resultate, soweit er sich auf die mitgebrachten Naturalien bezieht, steht heute mit anderen Erwerbungen zur gefälligen Ansicht aus, und in unseren Abhandlungen wird niedergelegt werden, was sonst an wissenschaftlichen Mitteilungen zu geben sein wird.

Mit dem Gefühle aufrichtiger Dankbarkeit wenden wir nun auch noch unsere Blicke der Büste der verstorbenen Gräfin Bose zu. Der provisorisch in diesem Raume im vorigen Jahre aufgestellte Gipsabguß ist nun durch ein wohlgelungenes Original in Marmor ersetzt worden. Möge dieses Bildnis auch unseren Nachkommen ins Gedächtnis rufen, daß die edle erlauchte Frau das gewaltige Bedürfnis der Menschheit nach immer mehr Aufklärung ganz erfaßt hatte.

Der Besuch unserer Räume an den öffentlichen Besichtigungstagen ist stets ein reger und auch ausserdem ist der Zutritt erbeten worden von den Studierenden der königl. Forstakademie in Aschaffenburg und von mehreren Klassen hiesiger und benachbarter Schulen unter Begleitung des Lehrers.

Sobald es die Mittel erlauben, kann zu Besuch immer vermehrter Anlaß geboten und dadurch noch erfreulicher gewirkt werden, wofür schon mehrfach und schon längst Vorschläge in Vorbereitung sind. Besonders hat man im Auge, neben den systematischen Sammlungen immer mehr unsere lokale Fauna und dann auch vielleicht Flora zur Anschauung zu bringen, die Anfänge zu biologischen Sammlungen auszubauen, Sammlungen von naturhistorischen Gegenständen anzulegen, die bis jetzt noch gar nicht berücksichtigt werden konnten, aber von allgemeinem Interesse sind und in anderen Instituten hiesiger Stadt nicht zu finden, auch periodische Ausstellungen in verschiedener Zusammensetzung und mit wechselnden Gesichtspunkten zu veranstalten und etwa populäre Vorträge damit zu verbinden. Für alles gehen uns noch die Mittel und die passenden Räumlichkeiten ab.

So und ähnlich hoffen wir fernerhin unser Ziel der öffentlichen Belehrung zu verfolgen und zu erhöhtem Ausdruck zu bringen. Darin werden wir uns nicht allein selbst genug thun, sondern dürfen uns damit gewiß auch des fortgesetzten allseitigen Wohlwollens und der stets bereitwilligen Beihülfe zu unseren Zwecken versichert halten. Ein jeder darf es sich zur hohen Ehre anrechnen, an diesem gemeinsamen Ziele mitzuwirken, und so werden auch zu keiner Zeit die Männer fehlen, welche mit Beharrlichkeit hochhalten das Streben unserer Senckenbergischen naturforschenden Gesellschaft.

Verzeichnis der Mitglieder

der

Senckenbergischen naturforschenden Gesellschaft.

I. Stifter.*)

Becker, Johannes. Stiftsgärtner am Senckenbergischen med. Institut. 1817. † 24. November 1833.

Bögner, Joh. Wilh. Jos., Dr. med., Mineralog (1817 zweiter Sekretär) 1817. † 16. Juni 1868.

Bloss, Joh. Georg, Glasermeister, Entomolog. 1817. † 29. Februar 1820.

Buch, Joh. Jak. Kasimir, Dr. med. und phil., Mineralog. 1817. † 13. März 1851.

Cretzschmar, Phil. Jakob, Lehrer der Anatomie am Senckenbergischen med. Institut (1817 zweiter Direktor.) 1817. Lehrer der Zoologie von 1826 bis Ende 1844, Physikus und Administrator der Senckenbergischen Stiftung. † 4. Mai 1845.

***Ehrmann, Joh. Christian,** Dr. med., Medizinalrat. 1818. † 13. August 1827.

Fritz, Joh. Christoph, Schneidermeister. Entomolog. 1817. † 21. August 1835.

***Freyreiss, Georg Wilh.,** Prof. der Zoologie in Rio Janeiro. 1818. † 1. April 1825.

***Grunelius, Joachim Andreas,** Bankier. 1818. † 7. Dezember 1852.

von Heyden, Karl Heinr. Georg, Dr. phil., Oberleutnant, nachmals Schöff und Bürgermeister, Entomolog. (1817 erster Sekretär.) 1817. † 7. Jan. 1866.

Helm, Joh. Friedr. Anton, Verwalter der adligen uralten Gesellschaft des Hauses Frauenstein, Konchyliolog. 1817. † 5. März 1829.

***Jassoy, Ludw. Daniel,** Dr. jur. 1818. † 5. Oktober 1831.

***Kloss, Joh. Georg Burkhard Franz,** Dr. med., Medizinalrat, Prof. 1818. † 10. Februar 1854.

***Löhrl, Joh. Konrad Kaspar,** Dr. med., Geheimrat, Stabsarzt. 1818. † 2. September 1828.

***Metzler, Friedr.,** Bankier. Geheimer Kommerzienrat. 1818. † 11. März 1825.

Meyer, Bernhard, Dr. med., Hofrat, Ornitholog. 1817. † 1. Januar 1836.

Miltenberg, Wilh. Adolf, Dr. phil., Prof., Mineralog. 1817. † 31. Mai 1824.

***Melber, Joh. Georg David,** Dr. med. 1818. † 11. August 1824.

Neeff, Christian Ernst, Dr. med., Lehrer der Botanik. Stifts- und Hospitalarzt am Senckenbergianum. Prof. 1817. † 15. Juli 1849.

Neuburg, Joh. Georg, Dr. med., Administrator der Dr. Senckenberg. Stiftung, Mineralog. Ornitholog. (1817 erster Direktor.) 1817. † 25. Mai 1830.

***de Neufville, Matthias Wilh.,** Dr. med. 1818. † 31. Juli 1842.

---

*) Die 1818 eingetretenen Herren wurden nachträglich unter die Reihe der Stifter aufgenommen.

Rens, Joh. Wilh., Hospitalmeister am Dr. Senckenberg. Bürgerhospital. 1817. † 21. Oktober 1848.

***Rüppell, Wilh. Peter Eduard Simon,** Dr. med., Zoolog und Mineralog. 1818. † 10. Dezember 1884.

Stein, Joh. Kaspar, Apotheker, Botaniker. 1817. † 16. April 1834.

Stiebel, Salomo Friedrich, Dr. med., Geheimer Hofrat, Zoolog. 1817. † 20. Mai 1868.

***Varrentrapp, Joh. Konr.,** Physikus, Prof., Administrator der Dr. Senckenberg. Stiftung. 1818. † 11. März 1860.

Völcker, Georg Adolf, Handelsmann, Entomolog. 1817. † 19. Juli 1826.

***Wenzel, Heinr. Karl,** Geheimrat, Prof., Dr., Direktor der Primatischen medizinischen Spezialschule. 1818. † 18. Oktober 1827.

***v. Wiesenhütten, Heinr. Karl,** Freiherr, Königl. bair. Oberst-Leutnant, Mineralog. 1818. † 8. November 1826.

***v. Gerning, Joh. Isaak,** Geheimrat, Entomolog. 1818. † 21. Febr. 1837.

***v. Sömmerring, Samuel Thomas,** Dr. med., Geheimrat, Prof. 1818. † 2. März 1830.

***v. Bethmann, Simon Moritz,** Staatsrat 1818. † 28. Dezember 1826.

II. Ewige Mitglieder.

Ewige Mitglieder sind solche, welche, anstatt den gewöhnlichen Beitrag jährlich zu entrichten, es vorgezogen haben, der Gesellschaft ein Kapital zu schenken oder zu vermachen, dessen Zinsen dem Jahresbeitrage gleichkommen, mit der ausdrücklichen Bestimmung, daß dieses Kapital verzinslich angelegt werden müsse und nur der Zinsenertrag desselben zur Vermehrung und Unterhaltung der Sammlungen verwendet werden dürfe. Die den Namen beigedruckten Jahreszahlen bezeichnen die Zeit der Schenkung oder des Vermächtnisses. Die Namen sämtlicher ewigen Mitglieder sind auf einer Marmortafel im Museumsgebäude bleibend verzeichnet.

Hr. **Simon Moritz von Bethmann.** 1827.
» **Georg Heinr. Schwendel.** 1828.
» **Johann Friedr. Ant. Helm.** 1829.
» **Georg Ludwig Gontard.** 1830.
Frau **Susanna Elisabeth Bethmann-Holweg.** 1831.
Hr. **Heinrich Mylius** sen. 1844.
» **Georg Melchior Mylius.** 1844.
» Baron **Amschel Mayer von Rothschild.** 1845.
» **Johann Georg Schmidborn.** 1845.
» **Johann Daniel Souchay.** 1845.
Hr. **Alexander v. Bethmann.** 1846.
» **Heinr. v. Bethmann.** 1846.
» Dr. jur. Rat **Friedr. Schlosser.** 1847.
» **Stephan von Guaita.** 1847.
» **H. L. Döbel** in Batavia. 1847.
» **G. H. Hauck-Steeg.** 1848.
» Dr. **J. J. K. Buch.** 1851.
» **G. von St. George.** 1853.
» **J. A. Grunelius.** 1853.
» **P. F. Ch. Kröger.** 1854.
» **Alexander Gontard.** 1854.

Hr. **M. Frhr. v. Bethmann.** 1854.
» Dr. **Eduard Rüppell.** 1857.
» Dr. **Th. Ad. Jak. Em. Müller.** 1858.
» **Julius Nestle.** 1860.
» **Eduard Finger.** 1860.
» Dr. jur. **Eduard Souchay.** 1862.
» **J. N. Gräffendeich.** 1864.
» **E. F. K. Büttner.** 1865.
» **K. F. Krepp.** 1866.
» **Jonas Mylius.** 1866.
» **Konstantin Fellner.** 1867.
» Dr. **Hermann von Meyer.** 1869.
» Dr. **W. D. Sömmerring.** 1871.
» **J. G. H. Petsch.** 1871.
» **Bernhard Dondorf.** 1872.
» **Friedrich Karl Rücker.** 1874.
Hr. Dr. **Friedrich Hessenberg.** 1875.
» **Ferdinand Laurin.** 1876.
» **Jakob Bernhard Rikoff.** 1878.
» **Joh. Heinrich Roth.** 1878.
» **J. Ph. Nikol. Manskopf.** 1878.
» **Jean Noé du Fay.** 1879.
» **Gg. Friedr. Metzler.** 1880.
Fr. **Louise Wilhelmine Emilie Gräfin Bose,** geb. Gräfin von **Reichenbach-Lessonitz.** 1880.
Hr. **Karl August Graf Bose.** 1880.
» **Gust. Ad. de Neufville.** 1881.
» **Adolf Metzler.** 1883.
» **Joh. Friedr. Koch.** 1883.
» **Joh. Wilh. Roose.** 1884.

III. Mitglieder des Jahres 1884.

Die arbeitenden sind mit * bezeichnet.

Hr. Alt, F. G. Johannes. 1869.
» Andreae, Achille, Dr. 1878.
» Andreae, Arthur. 1882.
» *Andreae, Herm., Bank-Direkt. 1873.
» Andreae, H. V., Dr. med. 1849.
» Andreae-Passavant, Jean, Direktor. 1869.
» Andreae-Goll, J. K. A. 1848.
» Andreae-Goll, Phil. 1878.
» Andreae-Winckler, Joh. 1869.
» Andreae, Rudolf. 1878.
» Angelheim, J. 1873.
» *Askenasy, Eugen, Dr. phil., Prof. 1871.
» Auffarth, F. B. 1874.
» *Baader, Friedrich. 1873.
» Bacher, Max. 1873.
» Bachfeld, Friedrich. 1877.
» Baer, S. L., Buchhändler. 1860.
» Baer, Joseph. 1873.
» Bansa, Gottlieb. 1855.
» Bansa, Julius. 1860.
» *Bardorff, Karl, Dr. med. 1864.
Hr. de Bary, Heinr. A. 1873.
» de Bary, Jak., Dr. med. 1866.
» *Bastier, Friedrich. 1876.
» Becker, Adolf. 1873.
» Berg, K. N., Dr. jur., Senator. 1869.
» Berlé, Karl. 1878.
» Bertholdt, Joh. Georg. 1866.
» Best, Karl. 1878.
» v. Bethmann, S. M., Baron. 1869.
» Beyfus, M. 1873.
» *Blum, J. 1868.
» *Blumenthal, E., Dr. med. 1870.
» Blumenthal, Adolf. 1883.
» *Bockenheimer, Dr. med. 1864.
» Böhm, Joh. Friedr. 1874.
» *Böttger, Oskar, Dr. phil. 1874.
» Bolongaro, Karl Aug. 1860.
» Bolongaro-Crevenna, A. 1869.
» Bolongaro-Crevenna, J. L., Stadtrat. 1866.
» Bonn, Karl. 1866.
» Bonn, Phil. Bch. 1880.
» Bontant, F. 1866.

Hr. Borgnis, J. Fr. Franz. 1873.
» Braunfels, Otto. 1877.
» Brentano, Anton Theod. 1873.
» Brentano, Ludwig, Dr. jur. 1842.
» Brofft, Franz. 1866.
» Brofft, Theodor, Stadtrat. 1877.
» Brückmann, Phil. Jak. 1882.
» Brückner, Wilh. 1846.
» *Buck, Emil, Dr. phil. 1870.
» Büttel, Wilhelm. 1878.
» Cahn, Heinrich. 1878.
» Cahn, Moritz. 1873.
» *Carl, Aug., Dr. med. 1880.
» Cassel, Gustav. 1873.
» Cnyrim, Ed., Dr. jur. 1873.
» Cnyrim, Vikt., Dr. med. 1866.
» Cornill-Goll, Wilh., Stadtrat. 1878.
» Creizenach, Ignaz. 1869.
» Degener, K., Dr. 1866.
» *Deichler, J. Ch., Dr. med. 1862.
» Delosea, Dr. med. 1878.
» Diesterweg, Moritz. 1883.
» Doctor, Ad. Heinr. 1869.
» Doctor, Ludwig. 1883.
» Dondorf, Karl. 1878.
» Dondorf, Paul. 1878.
» Donner, Karl. 1873.
» v. Donner, Phil. 1859.
» Drexel, Heinr. Theod. 1863.
» Ducca, Wilh. 1873.
» Edenfeld, Felix. 1873.
» *Edinger, L., Dr. med. 1884.
» Ehinger, August. 1872.
» Ehrhard, W., Ingenieur. 1873.
» Enders, Ch. 1866.
» Engelhard, Bernhard. 1877.
» Engelhard, Karl Phil. 1873.
» Epstein, Theodor. 1873.
» von Erlanger, Baron, Ludw. 1882.
» Eyssen, Remigius Alex. 1882.
» Fabricius, Franz. 1882.
» Feist, Eduard. 1878.
» Fellner, F. 1878.
» *Finger, Oberlehrer, Dr. phil. 1851.
» Finger, L. F. 1876.
» Flersheim, Ed. 1860.
» Flersheim, Rob. 1872.

Hr. Flesch, Dr. med. 1866.
» Flinsch, Heinr. 1866.
» Flinsch, W. 1869.
» Franz, Jean. 1878.
» Fresenius, Ph., Dr. phil. 1873.
» Fresenius, Ant., Dr. med. 1883.
» Frey, Philipp. 1878.
» Freyeisen, Heinr. Phil. 1876.
» *Fridberg, Rob., Dr. med. 1873.
» Friedmann, Jos. 1869.
» Fries, Friedr. Adolf. 1876.
» v. Frisching, K. 1873.
» Fritsch, Ph., Dr. med. 1873.
» Frohmann, Herz. 1873.
» Fuld, S., Justizrat Dr. jur. 1866.
» Fulda, Karl Herm. 1877.
» Garny, Joh. Jak. 1866.
» Geiger, Berthold, Dr. Advokat 1878.
» Gering, F. A. 1866
» Gerson, Jak., Generalkonsul. 1860.
» Getz, Max, Dr. med., Sanitätsrat. 1854.
» Geyer, Joh. Christoph. 1878.
» *Geyler, Herm. Theodor, Dr. phil. 1869.
» Göckel, Ludwig, Direktor. 1869.
» Goldschmidt, Ad. B. H. 1860.
» Goldschmidt, Marcus. 1873.
» v. Goldschmidt, Leop., Generalkonsul. 1869.
» Goutard, Moritz. 1850.
» Gotthold, Ch., Dr. phil. 1873.
» Greiff, Jakob. 1880.
» Greiss, Jakob. 1883.
» Gross, Max. 1878.
» Grünebaum, Ludwig. 1881.
» Grunelius, Adolf. 1858.
» Grunelius, Moritz Eduard. 1869.
» v. Guaita, Max. 1869.
» Häberlin, E. J., Dr. jur. 1871.
» Hahn, Adolf L. A., Konsul. 1869.
» Hahn, Anton. 1869.
» Hahn, Moritz. 1873.
» Hamburger, K., Dr. jur. 1866.
» Hammeran, K. A. A., Dr. phil. 1875.
» Hanau, Heinrich A. 1869.

Hr. v. Harnier, Ed., Dr. jur. 1866.
» Harth, M. 1876.
» Hauck, Georg A. H. 1842.
» Hauck, Alex. 1878.
» Hauck, Moritz, Advokat. 1873.
» Heimpel, Jakob. 1873.
» Henninger, Heinrich. 1877.
» Henrich, K. F., jun. 1873.
» Herz, Otto. 1878.
» Hessel, Julius. 1863.
» Heuer, Ferd. 1866.
» *v. Heyden, Luc., Dr. phil., Major. 1860.
» v. Heyder, Georg. 1841.
» *Heynemann, D. Fr. 1860.
» Höchberg, Otto. 1877.
» Hoff, Joh. Adam. 1866.
» Hoff, Karl. 1860.
» Hohenemser, H., Direktor. 1866.
» Holthof, Karl, Stadtrat. 1878.
» v. Holzhausen, Georg, Frhr. 1867.
» Holzmann, Phil. 1866.
» Jacquet Sohn, H. 1878.
Die Jägersche Buchhandlung. 1866.
Hr. Jassoy, Wilh. Ludw. 1866.
» Jeanrenaud, Dr. jur., Appellationsgerichtsrat. 1866.
» Jeidels, Julius H. 1881.
» Jeidels, Sigmund. 1882.
» Jordan, Felix. 1860.
» Jourdan, Jakob. 1878.
» Jügel, Karl Franz. 1821.
» Kahn, Hermann. 1880.
» Katzenstein, Albert. 1869.
» Kayser, Adam Friedr. 1869.
» Kayser, J. Adam. 1873.
» Keller, Adolf, Rentier. 1878.
» Keller, Heinr., Buchhändler. 1844.
» *Kesselmeyer, P. A. 1859.
» *Kessler, F. J., Senator. 1838.
» Kessler, Heinrich. 1870.
» Kessler, Wilh. 1844.
» Kinen, Karl. 1873.
» *Kinkelin, Friedr., Dr. phil. 1873.
» Kirchheim, S., Dr. med. 1873.
» Kissel, Georg. 1866.
» Kling, Gustav. 1861.

Hr. Klitscher, F. Aug. 1878.
» *Kloss, H., Dr. med., Physikus, Sanitätsrat. 1842.
» Klotz, Karl Konst. V. 1844.
» Knips, Jos. 1878.
» Knopf, L., Dr. jur., Stadtrat. 1869.
» *Kobelt, W., Dr. med. 1877.
Königl. Bibliothek in Berlin. 1882.
Hr. Königswerther, Martin. 1878.
» Kohn-Speyer, Sigism. 1860.
» Kotzenberg, Gustav. 1873.
» Krämer, Johannes. 1866.
» Krebs-Pfaff, Louis. 1878.
» Kreuscher, Jakob. 1880.
» Küchler, Ed. 1866.
» Kugele, G. 1869.
» Kugler, Adolf. 1882.
» Kuseuberg, R. J., Direktor. 1873.
» Ladenburg, Emil, Geh. Kommerzienrat. 1869.
» Laemmerhirt, Karl, Direktor. 1878.
» Landauer, Wilh. 1873
» Lang, R., Dr. jur. 1873.
» Langer, Dr. jur. 1873.
» Lautenschläger, Alex., Direktor. 1878.
» Lauteren, K., Konsul. 1869.
» *Lepsius, B., Dr. phil. 1883.
» Leschhorn, Ludw. Karl. 1869.
» Leser, Phil. 1873.
» Lindheimer, Ernst. 1878.
» Lindheimer, Julius. 1878.
» Lion, Benno. 1873.
» Lion, Franz, Direktor. 1873.
» Lion, Jakob, Direktor. 1866.
» Lion, Siegmund, Direktor. 1873.
» Lochmann, Richard. 1881.
» Löhr, Clemens. 1851.
» Loretz, A. W. 1869.
» *Loretz, Wilh., Dr. med. 1877.
» *Lorey, Karl, Dr. med. 1869.
» Lorey, W., Dr. jur. 1873.
» *Lucae, G., Prof., Dr. med. u. phil. 1842.
» Lucius, Eug., Dr. phil. 1859.
» Maas, Adolf. 1860.
» Maas, Simon, Dr. jur. 1869.
» Mahlau, Albert. 1867.

Hr. Majer, Joh. Karl. 1854.
Fr. Majer-Steeg. 1842.
Hr. v. Maltzan, Herm., Freiherr. 1880.
» Mannheimer, A., Dr. 1883.
» Manskopf, W. H., Geh. Kommerzienrat. 1869.
» Marburg, Heinrich. 1878.
» Marx, Dr. med. 1878.
» Matti, Alex., Stadtr., Dr. jur. 1873.
» Matti, J. J. A., Dr. jur. 1836.
» Maubach, Jos. 1878.
» May, Arthur. 1873.
» May, Ed. Gustav. 1873.
» May, Joh. Val., Dr. jur. 1873.
» May, Julius. 1873.
» May, Martin. 1866.
» Merton, Albert. 1869.
» Merton, W. 1878.
» Merzbach, A. 1873.
» Mettenheimer, Chr. Heinr. 1873.
» Metzler, Albert, Stadtrat. 1869.
» Metzler, Karl. 1869.
» Metzler, Wilh. 1844.
» Minjon. Herm. 1878.
» Minoprio, Karl Gg. 1869.
» Mohr, Oberlehrer, Dr. phil. 1866.
» Mouson, Joh. Gg. 1873.
» Müller, August, Dr. phil. 1882.
» Müller, Joh. Christ. 1866.
» Müller, Paul. 1878.
» Müller, Siegm. Fr., Justizrat, Dr., Notar. 1878.
» Mumm v. Schwarzenstein, Alb. 1869.
» Mumm v. Schwarzenstein, D. H., Dr. jur., Senator. 1869.
» Mumm v. Schwarzenstein, Herm., Generalkonsul. 1852.
» Mumm v. Schwarzenstein, P. H., jun. 1873.
» Mumm v. Schwarzenstein, W. 1856.
» Nestle-John, Georg. 1878.
» Nestle, Hermann. 1857.
» Nestle. Richard. 1855.
» Neubert, W. L., Zahnarzt. 1878.
» Neubürger, Dr. med. 1860.
» Neustadt, Samuel. 1878.
» v. Neufville-Siebert, Friedr. 1860.
Hr. v. Neufville, Alfred. 1884.
» v. Neufville, Otto. 1878.
» Niederhofheim, A., Direktor. 1878.
» *Noll, F. C., Prof., Dr. sc. nat. 1863.
» v. Oberuberg, Ad., Dr. jur. 1870.
» Ochs, Hermann. 1873.
» Ochs, Karl. 1873.
» Ochs, Lazarus. 1873.
» Odrell, Leop., Dr. jur. 1874.
Fr. Ohlenschlager-de Bary, Wilhelmine 1882.
Hr. Ohlenschlager, K. Fr., Dr. med. 1873.
» Oplin, Adolph. 1878.
» Oppenheimer, Charles, Konsul. 1873.
» Ortenbach, Friedr. 1853.
» Osterrieth, Franz. 1867.
» Osterrieth-v. Bihl. 1860.
» Osterrieth-Laurin, Aug. 1866.
» Osterrieth, Eduard. 1878.
» Ossyra, Paul. 1882.
» Oswalt, H., Dr. jur. 1873.
» Parrot, J. Ch. 1873
» Passavant, Gust., Dr. med. 1859.
» Passavant, Herm. 1859.
» Passavant, Robert. 1860.
» Passavant, Rudolf. 1869.
» *Passavant, Theodor. 1854.
» *Petersen, K. Th., Dr. phil. 1873.
» Petsch-Goll, Phil., Geh. Kommerzienrat. 1860.
» Pfaehler, F. W. 1878.
» Pfeffel, Aug. 1869.
» Pfeffel, Friedr. 1850.
» Pfeifer, Eugen. 1846.
» Pieg, K., Steuerrat. 1873.
» Ponfick, Otto, Dr. jur., Rechtsanwalt. 1869.
» Posen, Jakob. 1873.
» Prestel, Ferd. 1866.
» Propach, Robert. 1880.
» Quilling, Friedr. Wilh. 1869.
» Rautenberg, Leopold. 1873.
» Ravenstein, Simon. 1873.
Die Realschule, Israelitische. 1869.
Hr. *Rehn, J. H., Dr. med. 1880.
» *Reichenbach, J. H., Oberlehrer, Dr. phil. 1879.

Hr. Reiffenstein, J. P. 1878.
» v. Reinach, Alb., Baron. 1870.
» Reiss, Enoch. 1843.
» Reiss, Jacques, Geh. Kommerzienrat. 1844.
», Reiss, Paul, Advokat. 1878.
» Ricard, Adolf. 1866.
» Ricard, L. A. 1873.
» *Richters, A. J. Ferd., Oberlehrer, Dr. 1877.
» Ritter, Franz. 1882.
» Rittner, Georg, Geh. Kommerzienrat. 1860.
» Rödiger, Konr., Dr. phil., Direktorialrat. 1859.
» Rössler, Hektor. 1878.
» Rössler, Heinr., Dr. 1884.
» Roth, Georg. 1878.
» Roth, Joh. Heinrich. 1878.
» Rothamel, Fritz, Dr. 1882.
» v. Rothschild, M. K., Generalkonsul, Freiherr. 1843.
» v. Rothschild, Wilh., Generalkonsul, Freiherr. 1870.
» Ruëff, Julius, Apotheker. 1873.
» Rühl, Louis. 1880.
» Rumpf, Dr. jur., Konsulent. 1866.
» *Saalmüller, Max, Oberstleut. 1863.
» Sachs, Joh. Jak. 1870.
» Sanct-Goar, Meier. 1866.
» Sandhagen, Wilh. 1873.
» Sauerländer, J. D., Dr. jur. 1873.
» Schäfer, Friedrich. 1879.
» Scharff, Alexander. 1844.
» Scharff, Eduard. 1884.
» Schaub, Karl. 1878.
» *Schauf, Wilh., Dr. phil. 1881.
» *Scheidel, Seb. Al. 1850.
» Schenck, W. 1878.
» Schepeler, Ch. F. 1873.
» Scherlenzky, Dr. jur. Notar 1873.
» Schiele, Simon, Direktor. 1866.
» Schlemmer, Dr. jur. 1873.
» Schmick, J. P. W., Ingenieur. 1873.
» Schmidt, Adolf, Dr. med. 1832.
» *Schmidt, Heinr., Dr. med. 1866.
» Schmidt, Konrad Fr. 1872.

Hr. Schmidt, Louis A. A. 1871.
» *Schmidt, Maxim., Dr. vet., Direktor. 1866.
» *Schmidt, Moritz, Dr. med. 1870.
» Schmidt-Polex, Adolf. 1855.
» *Schmidt-Polex, F., Dr. jur. 1884.
» Schmidt-Rumpf, L. D. Phil. 1876.
» Schmidt-Scharff, Adolf. 1855.
» Schmölder, P. A. 1873.
» Schölles, Joh., Dr. med. 1866.
» *Schott, Eugen, Dr. med. 1872.
» Schulz, Heinr., Justizrat u. Notar, Dr. jur. 1866.
» Schwarz, Georg Ph. A. 1878.
» Schwarzschild, Em. 1878.
» Schwarzschild, Moses. 1866.
» v. Schweitzer, K., Dr. jur., Schöff. 1831.
» v. Seydewitz, Hans, Pfarrer. 1878.
» *Siebert, J., Justizrat, Dr. jur. 1854.
» Siebert, Karl August. 1869.
» Sömmerring, Karl. 1876.
» Sonnemann, Leopold. 1873.
» Souchay, A. 1842.
» Speltz, Dr. jur., Senator. 1860.
» Speyer, Georg. 1878.
» Speyer, Gustav. 1873.
» Speyer, James. 1884.
» Spiess, Alexander, Dr. med., Sanitätsrat. 1865.
» Stadermann, Ernst. 1873.
» *Steffan, Ph. J., Dr. med. 1862.
» v. Steiger, Mattéo. 1883.
» Stern, B. E., Dr. med. 1865.
» Stern, Theodor. 1863.
» *Stiebel, Fritz, Dr. med. 1849.
» v. Stiebel, Heinr., Konsul. 1860.
» Stilgebauer, Gust., Bankdirektor. 1878.
» Stock, Wilhelm. 1882.
» Storck, Friedr. 1883.
» *Stricker, W., Dr. med. 1870.
» Strubell, Bruno. 1876.
» Sulzbach, Emil. 1878.
» Sulzbach, Rud. 1869.
» Trier, Gustav. 1879.
» Trost, Otto. 1878.

Hr. Umpfenbach, A. E. 1873.
» Una-Maas, S. 1873.
» Varrentrapp, Fr., Dr. jur. 1850.
» *Varrentrapp, Georg, Dr. med., Geh. Sanitätsrat. 1833.
» Varrentrapp, J. A. 1857.
» von den Velden, Fr. 1842.
» Vogt, Ludwig, Direktor. 1866.
» *Volger, Otto, Dr. phil. 1862.
» Volkert, K. A. Ch. 1873.
» Weber, Andreas. 1860.
» Weiller, Hirsch Jakob. 1869.
» Weismann, Wilhelm 1878.
» Weis, Albrecht. 1882.
» *Wenz, Emil, Dr. med. 1869.
Hr. Wertheimber, Emanuel. 1878.
» Wertheimber, Louis. 1869.
» Wetzel, Heinr. 1864.
» Wiesner, Dr. med. 1873.
» Winter, Wilh. 1881.
» *Wirsing, J. P., Dr. med. 1869.
» Wirth, Franz. 1869.
» Wittekind, H., Dr. jur. 1860.
» Wolfskehl, H. M., Kommerzienrat. 1860.
» Wüst, K. L. 1866.
» Zickwolff, Albert. 1873.
» *Ziegler, Julius, Dr. phil. 1869.
» Ziegler, Otto, Direktor. 1873.
» Zimmer, Georg Karl. 1878.

IV. Neue Mitglieder für das Jahr 1885.

Hr. Bayer, Theodor.
» Bechhold, J. H.
» Belli, L., Dr. phil.
» Follenius, Georg, Ingenieur.
» Germann, Ludw., Dr., Chemiker.
» Keller, Otto.
» *Lachmann, Bernh., Dr. med.
Hr. Notthaft, Jul., Dr. phil.
» Schumacher, Heinr.
Fr. Schuster, Recha.
Hr. *Weigert, Karl, Prof., Dr.
» Wrede, Fritz, Ingenieur.
» Wunderlich, L., Direktor, Dr. phil.

V. Ausserordentliche Ehrenmitglieder.

Hr. Erckel, Theodor (von hier). 1875.
» Hetzer, Wilhelm (von hier). 1878.
» Hertzog, Paul, Dr. jur. (von hier). 1884.

VI. Korrespondierende Ehrenmitglieder.

Hr. Rein, J. J., Prof., Dr., Bonn. 1876.

VII. Korrespondierende Mitglieder.*)

1830. v. Czihak, J. Ch., Dr., Professor, Ritter, in Aschaffenburg.
1833. Fechner, Gustav Theodor, Prof. in Leipzig.
1834. Wiebel, Karl, Professor in Hamburg.
1836. Decaisne, Akademiker in Paris.
1836. Agardh, Jakob Georg, Prof. in Lund.
1837. Studer, Bernhard, Prof. in Bern.
1837. Studer, Apotheker in Bern.
1837. Coulon, Louis, in Neuchâtel.
1839. von Meyer, Georg Hermann, Prof. in Zürich (von hier).
1841. Genth, Adolf, Geh. Sanitätsrat, Dr. med. in Schwalbach.
1841. Budge, Jul., Prof. in Greifswald.
1842. Thomae, K., Prof. emerit. Direktor des landwirthschaftlichen Instituts in Wiesbaden.
1842. Claus, Bruno, Dr. med., Oberarzt des städtischen Krankenhauses in Elberfeld (von hier).
1844. Bidder, Friedr. H., Professor in Dorpat.
1845. Adelmann, Georg B. F., Prof. in Dorpat.
1845. Kützing, Friedrich Traugott, in Nordhausen.
1845. Meneghini, Giuseppe, Professor in Padua.
1845. Zimmermann, Ludwig Philipp, Medizinalrat, Dr. med. in Braunfels.
1846. Sandberger, Fridolin, Professor in Würzburg.
1846. Schiff, Moritz, Dr. med., Prof. in Genf (von hier).
1847. Virchow, Rudolf, Geh. Medizinalrat, Professor in Berlin.
1848. Philippi, Rudolf Amadeus, Direktor des Museums in Santiago de Chile.
1849. Beck, Bernh., Dr. med., Generalarzt in Karlsruhe.
1849. Dohrn, Karl August, Dr., Präsident des Entomolog. Vereins in Stettin.
1849. Fischer, Georg, in Milwaukee, Wisconsin (von hier).
1849. Gray, Asa, Prof. an der Howard-University in Cambridge.
1850. Kirchner (Konsul in Sydney) jetzt in Wiesbaden (von hier).
1850. Mettenheimer, Karl Christian Friedrich, Dr. med., Geh. Med.-Rat, Leibarzt in Schwerin (von hier).
1851. Jordan, Hermann, Dr. med., in Saarbrücken.
1851. Landerer, Xaver, Professor, Hofapotheker in Athen.
1852. Leuckart, Rudolf, Dr., Professor in Leipzig.
1853. Robin, Charles, Prof. in Paris.
1853. de Bary, Heinr. Anton, Prof. in Straßburg (von hier).
1853. Buchenau, Franz, Dr., Professor in Bremen.
1853. Brücke, Ernst Wilh., Prof. in Wien.
1853. Ludwig, Karl, Prof. in Leipzig.
1854. Schneider, Wilh. Gottlieb, Dr. phil. in Breslau.
1854. Ecker, Alexander, Geh. Med.-Rat, Professor in Freiburg.
1854. Besnard, Anton, Dr. Generalarzt a. D. in München.
1856. Scacchi, Archangelo, Professor in Neapel.
1856. Palmieri, Professor in Neapel.
1857. v. Homeyer, Alex., Major in Anclam.
1857. Schmidt, Max, Dr. vet., Direktor des zoolog. Gartens in Berlin (von hier).

*) Die vorgesetzte Zahl bedeutet das Jahr der Aufnahme.

1859. Ribeira in Coira, Brasilien.
1859. Frey, Heinrich, Prof. in Zürich (von hier).
1860. Weinland, Christ. Dav. Friedr., Dr. phil. in Baden-Baden.
1860. Gerlach, J., Prof. in Erlangen.
1860. Weismann, Aug., Professor in Freiburg (von hier).
1861. Becker, Ludwig, in Melbourne, Australien.
1861. von Helmholtz, H. L. F., Geheimrat, Professor in Berlin.
1861. von Manderstjerna, Excell., kais. Russ. Generalleutnant in Warschau.
1863. Hoffmann, Herm., Geh. Hofrat, Professor in Giessen.
1863. von Riese-Stalburg, W. F., Freiherr. Gutsbesitzer in Prag.
1863. de Saussure, Henri, in Genf.
1864. Pauli, Friedr. Wilh., Dr. med., Hofrat in Lübeck (von hier).
1864. Schaaffhausen, H., Geh. Med.-Rat, Prof. in Bonn.
1864. Keyserling, Graf Alex., Ex-Kurator der Universität Dorpat.
1865. Bielz, E. Albert, k. Rat in Hermannstadt.
1866. Möhl, Dr., Professor in Kassel.
1867. Landzert, Professor in St. Petersburg.
1867. von Harold, Freih., Major a. D. in München.
1867. de Marseul, Abbé in Paris.
1868. Hornstein, Dr., Oberlehrer in Kassel.
1869. Lieberkühn, N., Prof. in Marburg.
1869. Wagner, R., Professor in Marburg.
1869. Gegenbaur, Karl, Prof. in Heidelberg.
1869. His, Wilhelm, Prof. in Leipzig.
1869. Rütimeyer, Ludw., Professor in Basel.
1869. Semper, Karl. Prof. in Würzburg.
1869. Gerlach, Dr. med. in Hongkong, China (von hier).
1869. Woronijn, M., Prof. in Wiesbaden.
1869. Barboza du Boccage, Direktor des zoolog. Museums in Lissabon.
1869. Kenngott, G. A., Professor in Zürich.
1871. v. Müller, F., Direktor des botan. Gartens in Melbourne, Australien.
1871. v. Haast, Jul., Dr., Professor und Direktor des Cauterbury-Museum in Christ-Church auf Neuseeland.
1871. Jones, Matthew, Präsident des naturhistor. Vereins in Halifax.
1872. Westerlund, Dr. K. Ag., in Ronneby, Schweden.
1872. Verkrüzen, Th. A., in London.
1872. v. Nägeli, K., Prof. in München.
1872. v. Sachs, J., Prof. in Würzburg.
1872. Hooker, J. D., Direkt. des botan. Gartens in Kew, England.
1873. Streng. Prof. in Giessen (von hier).
1873. Stossich, Adolf, Professor an der Realschule in Triest.
1873. vom Rath, Gerh., Prof. in Bonn.
1873. Römer, Geh.-Rat, Professor in Breslau.
1873. Caspary, Rob., Prof. in Königsberg.
1873. Cramer, Prof. in Zürich.
1873. Bentham, Georg, Präsident der Linnean Society in London.
1873. Günther, Dr., am British Museum in London.
1873. Sclater, Phil. Lutley, Secretary of zoolog. Soc. in London.
1873. Leydig, Franz, Dr., Professor in Bonn.
1873. Lovén, Professor, Akademiker in Stockholm.
1873. Schmarda, Prof. in Wien.
1873. Pringsheim, Dr., Prof. in Berlin.
1873. Schwendener, Dr., Professor in Berlin.
1873. de Candolle, Alphonse, Prof. in Genf.
1873. Fries, Th., Professor in Upsala.
1873. Schweinfurth, Dr. in Berlin, Präsident der Geographischen Gesellschaft in Kairo.

1873. Russow, Edmund, Dr., Prof. in Dorpat.
1873. Cohn, Dr., Prof. in Breslau.
1873. Rees, Prof. in Erlangen.
1873. Ernst, Dr., Vorsitzender d. deutschen naturf. Ges. in Caracas.
1873. Mousson, Professor in Zürich.
1873. Krefft. Direktor des Museums in Sydney.
1874. Joseph. Gustav, Dr. med., Dozent in Breslau.
1874. v. Fritsch, Karl. Freiherr, Dr., Professor in Halle.
1874. Gasser, Dr., Privatdozent in Marburg (von hier).
1875. Bütschli, Otto, Dr., Prof. in Heidelberg (von hier).
1875. Dietze, Karl, in Karlsruhe (v. hier).
1875. Fraas, Oskar. Dr., Professor in Stuttgart.
1875. Fischer von Waldheim, Alex., Staatsrat in Moskau.
1875. Genthe, Herm., Prof. Dr., Direktor des Gymnasiums in Hamburg.
1875. Klein, Karl, Dr., Prof. in Göttingen.
1875. Ebenau, Karl, Vice-Konsul des Deutschen Reiches in Zanzibar, d. Z. auf Madagaskar (von hier).
1875. Moritz, A., Dr., Directeur de l'observatoire physique in Tiflis.
1875. Probst, Pfarrer. Dr. phil. in Unter-Essendorf. Württemberg.
1875. Targioni-Tozzetti, Professor in Florenz.
1875. Zittel. Karl, Dr., Professor in München.
1876. Liversidge, Prof. in Sydney.
1876. Böttger, Hugo. Direktor in St. Cristof, Vorarlberg (von hier).
1876. Langer, Karl, Dr., Prof. in Wien.
1876. Le Jolis. Auguste, Président de la Société nationale des sciences naturelles in Cherbourg.
1876. Meyer, A. B., Dr., Direktor des königlich-zoologischen Museums in Dresden.
1876. Wetterhan, J. D., in Freiburg i. Br. (von hier).
1877. v. Voit. Karl, Dr., Professor in München.
1877. Schmitt, C. G. Fr., Dr., Prälat in Mainz.
1877. Becker, Ludwig, Ingenieur in Hamburg.
1878. Chun, Carl, Prof. Dr., in Königsberg (von hier).
1878. Corradi, A., Professor an der Universität in Pavia.
1878. Hayden, Prof., Dr., Staatsgeolog in Washington.
1878. Strauch, Alex., Dr. phil., Mitglied der k. Akademie der Wissenschaften in St. Petersburg.
1878. Stumpff, Anton, aus Homburg v. d. H., d. Z. auf Madagaskar.
1879. Adler, Nathaniel, Konsul in Port Elisabeth, Süd-Afrika, d. Z. hier.
1879. v. Scherzer, Karl, Ritter. Ministerialrat, k. k. österr.-ungar. Geschäftsträger und General-Konsul in Genua.
1879. Reichenbach, H. G., Prof. Dr., in Hamburg.
1880. Adams, Charles Francis, President of the American Academy of Arts and Sciences in Boston.
1880. Winthrop, Robert C., Prof., Mitglied der American Academy of Arts and Sciences in Boston, Mass.
1880. Simon, Hans, in Stuttgart.
1880. Jickeli, Karl F., Dr. phil. in Hermannstadt.
1880. Stapff, E. M., Dr. Ingenieur-Geolog der Gotthardbahn-Gesellschaft in Bern.
1881. Lopez Seoane, Victor, in Coruña.
1881. Hirsch, Karl, Direktor der Tramways in Palermo (von hier).
1881. Todaro, A., Prof. Dr., Direktor des botan. Gartens in Palermo.
1881. Snellen, P. C. T. in Rotterdam.
1881. Debeaux, Odon, Pharmacien en chef de l'hôp. milit. in Oran.

1881. Flesch, Max, Dr. med., Prof. a. d. Tier-Arzneischule in Bern.
1882. Retowski, O., Hofrat, Gymnasiallehrer in Theodosia.
1882. Retzius, Gustav, Dr., Prof. am Carolinischen medico-chirurgischen Institut in Stockholm.
1882. v. Renard, Dr., wirklicher Staatsrat in Moskau.
1882. Fetu, A., Dr. med. in Jassy.
1882. Russ, Ludwig, Dr. in Jassy.
1883. Bertkau, Ph., Dr. philos., Prof. in Bonn.
1883. Koch, Robert, Geheimrat Dr., im K. Gesundheitsamt in Berlin.
1883. Loretz, Herm., Dr. an der geologischen Landesanstalt in Berlin (von hier).
1883. Ranke, Joh., Prof. Dr., Generalsekretär der Deutschen anthropologisch. Gesellsch. in München.
1883. Eckhardt, Wilh., in Lima (Peru) (von hier).
1883. Jung, Karl, hier.
1883. Boulenger, G. A., Dr., am Naturhistorischen Museum in London
1883. Arnold, O-L-G-Rat in München.
1884. Ploss, Hermann, Dr. med., in Leipzig.
1884. Lortet, L., Prof. Dr., Direktor des naturhist. Museums in Lyon.
1884. Königl. Hoheit Prinz Ludwig Ferd. von Bayern, in München.
1884. Rüdinger, Prof. Dr., in München.
1884. v. Koenen, A., Prof. Dr., in Göttingen.
1884. Walter, Heinr., Dr. med. Hofrat, in Offenbach.
1884. Knoblauch, Ferd., Konsul in Neu-Kaledonien, hier.
1884. Danielssen, D. C., Dr. med., Direktor des Museums in Bergen.
1884. Miceli, Francesco, in Tunis.
1884. Brandza, Demetrius, Prof. Dr., in Bukarest.
1885. Rolle, Friedr., Dr., Geolog in Homburg v. d. H.
1885. v. Moellendorff, Dr., O., Fr., Konsul des deutschen Reichs in Hongkong.
1885. Flemming, Walther, Prof. Dr., in Kiel.

Durch die Mitgliedschaft werden folgende Rechte erworben:

1. Das naturhistorische Museum an Wochentagen von 8—1 und 3—4 Uhr zu besuchen und Fremde einzuführen.

2. Alle von der Gesellschaft veranstalteten Vorlesungen und wissenschaftlichen Sitzungen zu besuchen.

3. Die vereinigte Senckenbergische Bibliothek zu benutzen.

Bibliotheks-Ordnung.

1. Nur Mitglieder der einzelnen Vereine erhalten Bücher.

2. Die Herren Bibliothekare sind gehalten, sich von der persönlichen Mitgliedschaft durch Vorzeigen der Karte zu überzeugen.

3. Jedes Mitglied kann gleichzeitig höchstens 6 Bände geliehen erhalten; 2 Broschüren entsprechen 1 Band.

4. Der entliehene Gegenstand kann höchstens auf 3 Monate der Bibliothek entnommen werden.

5. Auswärtige Dozenten erhalten nur durch Bevollmächtigte, welche Mitglieder eines der Vereine sein müssen, Bücher. Diese besorgen den Versand.

Geschenke und Erwerbungen.

Juni 1884 bis Juni 1885.

I. Naturalien.

A. Geschenke.

1. Für die vergleichend-anatomische Sammlung.

Von der Neuen Zoologischen Gesellschaft: Isländisches Pony, *Mitu tuberosa* und *Sula bassana*.

Von Herrn Direktor Dr. M. Schmidt: Fußknochen von *Cervus Hippelaphus* mit geheiltem Knochenbruch, Rippen von *Macropus giganteus* mit geheilten Splitterbrüchen, 2 rhachitische Affenschädel, eine große Zahl krankhaft veränderter Elfenbeinstücke.

Von Herrn Dr. L. Ruß in Jassy: 2 *Spalax typhlus*.

Von Herrn Dr. W. Dybowski in Niankow: Schädel von *Lepus timidus* und *variabilis* und *Canis vulpes*.

Von Herrn Dr. Fr. Kinkelin: Schädel von *Crocodilus acutus Cuv.* aus dem Orinoko, 0,75 m lang.

Von Herrn D. F. Heynemann: Schädel von *Procellaria gigantea* und ein Haifisch-Gebiß.

Von Herrn Lehrer Bieberich er: Schädel eines Jagdhundes.

2. Für die Säugetiersammlung.

Von der Neuen Zoologischen Gesellschaft: *Lemur catta*, *2 Felis Leopardus* (4 und 8 Tage alt), *Antilope cervicapra* und *Ovis musimon*, beide 1 Tag alt.

Von Herrn Dr. W. Kobelt in Schwanheim: *Erinaceus algirus*.

Von Herrn M. Feinberg: *Erinaceus europaeus*.

Von Herrn Ludw. Rautenberg: *Ailurus fulgens*.

3

Von Herrn Major Dr. v. Heyden: *Canis vulpes.*

Von Herrn Aug. Wassermann: *Callorhinus ursinus.*

Von Herrn F. Miceli in Tunis: *2 Dipus aegyptiacus, 2 Mus barbarus* und *3 Vespertilio spec.*

Von Herrn Dr. Dybowski in Niankow: *Canis lupus, Lepus timidus, Lepus variabilis, 3 Mus rattus, Mus alexandrinus, Mus sylvaticus, Mus musculus.*

Von Herrn Prof. Burbach in Gotha: *4 Cricetus vulgaris* mit Varietäten.

Für die Lokalsammlung.

Von Herrn Dr. W. Kobelt in Schwanheim: *Putorius vulgaris, Mus sylvaticus.*

Von Herrn Lehrer Biebericher: *Putorius erminea, Cricetus vulgaris.*

Von Herrn Direktor Drory: *Putorius typus* (jung).

3. Für die Vogelsammlung.

Von der Neuen Zoologischen Gesellschaft: *Plictolophus moluccensis, Plictolophus sulphureus, Palaeornis alexandri, Palaeornis torquatus, Chrysotis leucocephalus, Geopelia striata, Carpophaga aenea, Ocyphaps lophotes, Leptoptilus crumenifer, Ciconia leucocephala, Anas clangula* und *Aix sponsa.*

Von Herrn Otto Schöner, Schüler der Wöhlerschule: 20 Vogelbälge von Trinidad.

Von Herrn G. Eckhardt von hier, z. Z. in Lima, Peru: Eine Kollektion schön präparierter südamerikanischer Vogelbälge (100 Stück).

Von Herrn H. Schumacher: *Luscinia philomela.*

Von Herrn Dr. W. Kobelt in Schwanheim: *2 Larus ridibundus, Cuculus canorus.*

Von Herrn Bardenheier: *Alcedo ispida.*

Von Herrn Fr. Wagner: *Melopsittacus undulatus.*

Für die Lokalsammlung.

Von Herrn Birkenauer: *Astur palumbarius.*

Von Herrn Lehrer Biebericher: *Milvus regalis, Ardea cinerea.*

Von Fräulein Wichmann: *Picus viridis.*

Von Herrn Lehrer J. Greiff: *Ardea cinerea.*

Von Herrn Ökonom May: *Podiceps minor.*

Von Herrn A. Koch: *Strix flammea, 3 Hirundo urbica, Gallinula chloropus.*

Von Herrn Adolf Jordan: *Circus cyaneus* ♂.

4. Für die Reptilien- und Amphibiensammlung.

Von Herrn C. Reuleaux in München: *Rana esculenta* vom Starnbergersee und *Hyla* vom Gardasee.

Von Herrn Hofrat O. Retowski in Theodosia: *Coluber quadrilineatus Pall. var.* von Sudak, Krim.

Von Herrn Konsul Ferd. Knoblauch: *Lepidodactylus cyclurus (Gthr.)*, ein Gecko aus Neukaledonien.

Von Herrn V. Lopez de Seoane in Coruña: *4 Lacerta muralis fusca de Bedr., 1 L. ocellata Daud., 7 L. viridis Gadowi Blgr.* in allen Geschlechts- und Alterszuständen, aus Nordspanien.

Von Herrn Jos. Stussiner in Laibach: *Molge vulgaris (L.) var. meridionalis Blgr.* ♀, von Spitza, Süddalmatien.

Von Herrn Hans Simon in Stuttgart: Drei Flaschen Reptilien aus Haiffa, Syrien.

Von Herrn Francesco Miceli in Tunis: Zwei Gläser wertvoller Reptilien von Tunis.

Von Herrn Konsul Dr. O. von Moellendorff in Hongkong: Eine große Kollektion südchinesischer und eine Flasche siamesischer Reptilien und Amphibien.

5. Für die Fischsammlung.

Von Herrn Bruno Strubell: *2 Chrysophris auratus, Trigla lineata, Aspidophorus europaeus, 2 Blennius sp., Solea vulgaris.*

6. Für die Insektensammlung.

Von Herrn Joseph Grünewald: Wespennest.

Von Herrn Dr. med. Heinr. Schmidt: Desgleichen, vollständig erhalten.

Von Herrn Major Dr. von Heyden: Das Platt-Gespinnst einer erkrankten Seidenraupe, an Stelle eines zur Puppenaufnahme geeigneten Cocons.

Von Herrn Anton Stumpff auf Nossi-Bé, Madagaskar: Eine prachtvolle Suite des Goliathiden-Käfers: *Ceratorhinus Derbyanus Westwood,* nebst Varietäten dieser Art von Bagomoyo an der Ostküste von Afrika.

Von Herrn Wilhelm Roose: Seine Sammlungen von Hymenopteren und Dipteren aus der hiesigen Umgegend; und der ganze Rest seiner Schmetterlingsammlung.

Von Herrn Garteninspektor Siebert: 2 interessante *Psychiden*-Säcke von Süd-Amerika.

7. Für die Molluskensammlung.

Von Herrn Konsul Dr. O. von Möllendorff in Hongkong: Eine Serie Landkonchylien aus China.

Von Herrn Dr. W. Kobelt in Schwanheim: 52 Arten, meist südindische Landkonchylien.

Von Herrn D. F. Heynemann: Eine Sammlung europäischer und exotischer nackter Landschnecken in Spiritus.

Von Herrn B. Strubell: Mehrere Nacktschnecken in Spiritus.

Von Frau Dr. Kobelt in Schwanheim: Eine *Cypraea aurora*.

Von Herrn C. Reuleaux in München: Zwei Nacktschnecken.

Von Herrn E. Merkel in Breslau: Eine Kollektion Nacktschnecken aus der Umgegend von Breslau.

8. Für die botanische Sammlung.

Von Herrn Wilh. Roose: Eine Herbar, meist Gartenpflanzen

Von Herrn P. A. Kesselmeyer: Eine Suite getrockneter Pflanzen.

Von Herrn Dr. med. Wirsing: Eine Rosen-Abnormität.

Von Herrn Oberlandesgerichtsrat Arnold in München: Eine wertvolle Flechtensammlung.

Von Herrn J. N. Busch: Eine größere Kollektion Koniferenzapfen.

9. Für die zoopaläontologische Sammlung.

Von Herrn Friedrich Frisch, Kaufmann in Bornheim: Rhinocerosknochen und Hamsterschädel aus dem Löß von Bonames, durch Herrn J. Blum.

Von Herrn Spitalmeister Reichardt: 2 Oberkieferzähne vom Pferd aus dem Löß der Umgegend von Vilbel.

Von Herrn Prof. Dr. Noll: Rechter Ast des Unterkiefers von *Equus caballus* aus Klüften im Meeressand von Weinheim, Stück einer Säuger-Extremität, mit *Hydrobien* im Innern, von Sachsenhausen, Metatarsus-Stück eines fossilen Rindes von Mombach aus dem Dickerhoff'schen Bruch und Rücken-Wirbel vom Mammut von Weinheim bei Alzey.

Von Herrn Dr. W. Kobelt: Korallenstock aus dem Alluv von Schwanheim.

Von Herrn Stud. med. W. Behrendsen: Fischreste mit *Litorina moguntina* etc. im Cerithienkalk von Hochheim.

Von Herrn Heinrich Heid: *Spirifer alatus* von Wernborn bei Usingen.

Von Herrn Dr. Rüppell: Geode mit *Archegosaurus Decheni* von Lebach.

Von Herrn Rektor V. Goldmann: Linker Ast des Unterkiefers vom Pferd aus Klüften im Meeressand von Weinheim bei Alzey.

Von Herrn Anton Bösch: Geweihstück mit Rosenstück von *Cervus elaphus* aus dem Sand der Grindbrunnen-Baugrube.

Von Herrn Direktor Lautenschläger: Palaeomeryx-Zähnchen aus Braunkohlenthon einer Schiefergrube bei Nassau, durch Herrn Direktor H. Andreae.

Von Herrn Krickser, Kaufmann in Bornheim und Herrn G. M. Däschler jun. in Langenaltheim in Bayern: Ein großer Fisch, zwei *Leptolepis* mit Gegendruck, eine *Eryma fuciformis*, eine große Wasserwanze, eine Schulpe von *Ostracoteuthis* und 3 Fucoiden aus den Steinbrüchen des Herrn Däschler in Langenaltheim, durch Herrn Dr. Geyler.

Von Herrn Gustav Schweizer Sohn in Höchst: Oberschenkel vom Pferd aus dem Aulehm von Höchst (Main-Kanalisation bei Höchst).

Von Herrn Ingenieur Wehner: Kleine Vogelreste aus einer Lettenschicht unterhalb des Friedhofweges bei Frankfurt.

Von Herrn Dr. Friedrich Rolle in Homburg v. d. Höhe *Unio securiformis* in Steinkohle der Ruhrgegend in Westfalen.

Von Herrn Ingenieur B. Löhr: Säugetier- und Schildkrötenreste aus einer Lettenschicht im Corbicula-Kalk unterhalb des Friedhofsweges (Mainwasserbassin).

Von Herrn L. Brofft: Zwei Platten mit Chirotherienfährten von Meiningen und Orthoceratites von Weilmünster (aus den Gruben der Gewerkschaft Leonhard).

Von Herrn Hofrat O. Retowski in Theodosia: *Ostrea vesicularis* und Gesteine aus der Krim.

Von Herrn Bergingenieur Bomnüter: Zwei Anthracotheriumzähne aus dem oberen Schacht oberhalb Seckbach.

Von Herrn Dr. Notthaft: Mittelfuß von einem großen fossilen Rind von Sossenheim, Fragmente vom Edelhirsch aus der Römerniederlassung von Heddernheim.

Von Herrn Karl Jung dahier: Schulterrest eines großen Säugers von Alzey; diluviale Knochenfragmente von Dorndürkheim bei Oppenheim; Stücke von Mastodonbackenzähnen und ein Unterkieferzahn von Rhinoceros von Bermersheim bei Albig, ferner *Ostrea vesicularis*, *Ostrea cf. Laura*, *Radiolites Hoeninghausii* und Gastropoden-Steinkern aus der oberen Kreide von Royan an der Girondemündung, endlich Wirbel von *Cetotherium* von Port b. Dax Dép. des Landes.

Vom Hafenbau-Bureau: Aus der Grindbrunnenbaugrube: Hirschgeweihfragmente aus dem Aulehm, aus dem schlichigen und aus dem kiesigen Sand; versteinertes Holz aus dem Kies, eine vollständige halbe Septarie, Stück einer Septarie mit Stalaktitenbildung, Stück einer unregelmäßig zerklüfteten Septarie, *Paludina pachystoma* aus einer Septarie, Mergelplatte mit Hydrobien und Dreissenien — durch Herrn Rg.-Baumeister Stahl.

Von Herrn Reg.-Baumeister Stahl: Zahlreiche Proben aus dem Bohrloch oberhalb Nizza bis zu 50 m reichend.

Vom Städtischen Tiefbauamt: Extremitätenknochen und Schädel von Pferd, erstere aus dem Kiese gegenüber dem Roten Hamm (2 m tief) und Geweihstück von *Cervus canadensis* von ebendaher (5 m tief).

Von Herrn Dr. F. Kinkelin: *Corbicula Faujasi* aus dem Münzenberger Sandstein, Panzerstück von *Crocodilus* von Messel, Pernabank etc. von Russland bei Vilbel, *Stenomphalus cancellatus* mit Mytilus etc. von Bornheim.

Von Herrn Hofrat O. Retowski: Zwei Kollektionen von Fossilien aus dem Jura und aus dem Tertiär der Krim.

Vom Hafenbau-Bureau: Fragmente von 2 großen Septarien, Mergel mit *Cerithium plicatum pustulatum*, *Cerithium margaritaceum conicum*, *Perca moguntina*, *Hydrobia inflata* und *Cypris faba*.

Von Herrn Valentin Neder: *Ceratites nodosus* von der Louisenhöhe (Eichenstein) Hügel und Steinbruch, Gemarkung Theilheim bei Station Weigoldshausen in Unterfranken.

10. Für die phytopaläontologische Sammlung.

Von Herrn Stadtbaurat Lindley: 2 Baumstämme aus der Baugrube am Roten Hamm.

Von Herrn Dr. Friedrich Rolle in Homburg v. d. H.: *Araucarites carbonarius* aus der Steinkohle der Ruhrgegend in Westfalen.

Von Herrn Ingenieur Kasten, Straßenbau: Verkieste Braunkohle von der Gerbermühle.

Von Herrn Lauterbach, Lehrer in Sachsenhausen: Eine größere Kollektion Pflanzenabdrücke aus dem Schleichsand von Stadecken, Abdruck von *Arundo* von Elsheim.

Von Herrn Kolb, Lehrer in Seckbach: Eine größere Sammlung Blattabdrücke aus dem Sandstein von Seckbach und versteinertes Holz und Braunkohle von Seckbach.

Von Herrn Post-Sekretär Schmitt: Eine Sammlung Blattabdrücke aus dem Sandstein von Seckbach.

Von Herrn Jean Müller, Kaufmann: Versteinertes Holz von Gaualgesheim.

Von Herrn Lauterbach und Dr. Kinkelin: Eine Kollektion Pflanzenabdrücke aus den Schleichsanden von Selzen in Rheinhessen.

Von Herrn Karl Jung: Braunkohle von Moulin de Lagus, Commune de Saucats, bei Bordeaux und oligocäne Braunkohle von Gaas, Dép. des Landes.

Von Herrn Folenius, Baumeister in Griesheim: Früchte aus dem Klärbecken bei Niederrad und Braunkohlenstamm aus dem Brunnenbohrloch der chem. Fabrik in Griesheim.

Vom Hafenbau-Bureau: Mergelplatte mit Braunkohle aus der Grindbrunnen-Baugrube.

Von Herrn Dr. F. Kinkelin: Eine größere Kollektion Blattabdrücke aus dem Braunkohlenthon der Grube Ludwig Haas bei Rabenscheid.

Von Herrn Dr. Conwentz, Direktor des westpreussischen Provinzial-Museums in Danzig: Zwei Sendungen Bernstein-Vorkommnisse.

11. Für die geologische Sammlung.

Von Herrn Franz Ritter: Eine Kollektion von 50 großen Handstücken charakteristischer Gesteine aus dem Taunus (gegen Rückgabe der früher geschenkten kleineren Kollektion ebensolcher Gesteine).

Von Herrn Dr. W. Kobelt in Schwanheim: Marmor, Antimonerz, Trachyt, Gneis und Antimonglanz (10 Stufen) von Algier.

Vom Städtischen Tiefbauamt: Ein Basalt- und ein Gneisblock aus dem Klärbecken am Roten Hamm, durch Herrn Baurat Lindley.

Vom Städtischen Tiefbauamt: Bohrcylinder aus den verschiedenen Thonzwischenlagen im obertertiären Sand, gewonnen bei der Explorirung der Schichtfolge im Stadtwald vom Oberforsthaus bis Goldsteinrauschen (8 Bohrlöcher, das tiefste in Goldsteinrauschen erreichte eine Tiefe von circa 58 m unter Terrain) durch Herrn Bauinspektor Feineis.

Von Herrn L. Brofft dahier: Hufeisen mit Kies verkittet aus dem Main.

Von Herrn Kgl. Bauaufseher Splett in Höchst: Lyditblock aus der Höchster Schleusenkammer.

Von Herrn Ingenieur Koch: *Halbopal* aus *Anamesit* vom Pohl unterhalb Gutleuthof.

Von Herrn Baumeister Folenius in Griesheim: Bohrproben aus dem Brunnen in der chemischen Fabrik von Griesheim.

Von Herrn Ingenieur Riese in Kelsterbach: Ein Gneis- und ein Basalt-Block aus der Schleusenkammer - Baugrube von Kelsterbach.

Von Herrn Lauterbach, Lehrer: Schleichsand mitten im Cyrenenmergel von Sulzheim.

Von Herrn Dr. J. Ziegler: Eine Konkretion aus der Straßengabel-Kiesgrube bei Vilbel.

Von Herrn Dr. F. Kinkelin: Konglomerat, Cyprisschicht und Rutschflächen aus dem Braunkohlenthon der Grube Ludwig Haas bei Rabenscheid, Konglomerat vom Steinberg bei Münzenberg. Ferner Chalcedon von dort und Sandstein von Rockenberg; Thon zwischen der Griedeler Sandgrube und Münzenberg; Konkretionen aus der Kiesgrube an der Straßengabel von Vilbel; 5 Proben aus dem Bohrloch zur Herstellung eines Luftloches beim Braunkohlenschacht von Seckbach; diverse Schichten aus dem oberen Schacht von Seckbach nahe Heiligenstock; diverse Schichten aus dem Braunkohlenschacht von Diedenbergen; Nagelflue mit Eindrücken von der Pfänderspitze bei Bregenz; nierigkugeliger und moosartiger Kalksinter aus der Schleusenkammer Niederrad, diverse Anamesite z. T. mit Sphaerosiderit vom Pohl unterhalb Gutlenthof; mitteloligocäne Sandkugel von Stettin, obertertiärer Sand vom Sprendlingen und diluvialer Letten mit Eisenkonkretionen vom Birmensee an der Gehspitze, pliocäne Sandsteine und Konglomerate, Auswaschungsformen von Bad Weilbach; diverse Gesteinsproben von Messel.

12. Für die Mineraliensammlung.

Von Herrn Joh. Truninger aus Ellikon: Quarzit mit verwittertem Granat und Byssolith.

Von Herrn J. Emmerling: 3 Stückchen Quarz mit Gold aus den Goldminen von Venezuela.

Von Herrn Franz Ritter: 12 Mineralstufen aus dem Taunus.

Von Herrn H. Heid in Bockenheim: Psilomelan.

Von Herrn Harres in Darmstadt: Gips und Baryt im Basalt vom Rossberg, Weißblei, Bleiglanz, Granat, Pargasit von Auerbach und Umgegend.

Von Herrn L. Brofft: Schwarzer Glaskopf.

13. Für die anthropologische Sammlung.

Von Herrn G. Eckhardt in Lima: 5 Menschenschädel, eine große Mumie und zwei Kindermumien.

Von Herrn Dr. W. Kobelt in Schwanheim: Zwei bei Schwanheim gefundene Steinbeile.

B. Im Tausch erworben.

Gegen Reptilien und Amphibien von Madagaskar.

1. Für die Säugetiersammlung.

Von der Linnaea: *Putorius Eversmanni*, *Arvicola rufocanus*, *rutilus*, *Sciurus sibiricus*, *syriacus* und *salanganus*.

Gegen andere zu sendende Naturalien.

2. Für die Fischsammlung.

Vom Smithsonian Institution in Washington: Etwa 100 Arten nordamerikanischer Fluß- und Seefische.

Gegen andere Nacktschnecken.

3. Für die Molluskensammlung.

Vom British Museum in London: Eine Anzahl exotischer Nacktschnecken.

Gegen andere Schmetterlinge.

4. Für die Schmetterlingssammlung.

Vom Museum in Lübeck: Schmetterlinge von Kalifornien.

C. Durch Kauf erworben.

1. Für die vergleichend-anatomische Sammlung.

Von der Neuen Zoologischen Gesellschaft: *Otaria jubata.*

Von der Linnaea: Schädel von *Squalus glaucus.*

Von Herrn Henry A. Ward durch Vermittelung von Herrn Dr. Otto Meyer: *2 Lepidosteus osseus.* Haut und Knochenskelett von Toledo, Ohio.

2. Für die Säugetiersammlung.

Von der Linnaea: *Putorius lutreola*, *Miniopterus Schreibersi*, *Spermophilus Eversmanni*, *Tamias striatus.*

Von Herrn L. Fischer in Biskra: *1 Vespertilio.*

Von Herrn Wilh. Schlüter in Halle: *Felis caligata*, *Putorius Eversmanni*, *Putorius erminea*, *Spermophilus fulvus*, *Lepus canescens*, *Dipus jaculus*, *Myodes Lemmus*, *Myodes schisticolor*, *Arvicola agrestis*, *Arvicola amphibius* (schwarze Var.), *Thomomys bulbivorus.*

3. Für die Vogelsammlung.

Von der Neuen Zoologischen Gesellschaft: *Grus americana.*

Für die Lokalsammlung.

a. Säugetiere.

2 Mustela foina ♂ und ♀ mit 4 Jungen, *1 Putorius typus* ♀ mit 4 Jungen.

b. Vögel.

Pernis apivorus, *2 Tinnunculus alaudarius* jung, *Falco subbuteo*, *Falco aesalon*, *Strix aluco*, *Lanius excubitor*, *Lanius rufus*, *Regulus ignicapillus*, *Ruticilla phoenicurus*, *Ruticilla tithys*, *2 Oriolus galbula*, *Turdus viscivorus*, *3 Turdus musicus*, (flügge Jungen), *Sylvia hortensis*, *2 Sylvia atricapilla*, (flügge Jungen), *3 Fringilla canabina*, *Alauda arvensis*, *2 Picus viridis*, *Totanus hypoleucos* und *Crex pratensis.*

4. Für die Reptilien- und Amphibiensammlung.

Von Herrn L. Fischer in Biskra, Algerien: Eine größere Kollektion, namentlich Schlangen und Eidechsen von da.

Von Herrn P. Hesse in Banana, am Kongo: Eine kleine Suite Schlangen und Eidechsen von da.

5. Für die Insektensammlung.

Von Herrn Dr. Staudinger in Dresden: Eine größere Anzahl Schmetterlinge.

Von Herrn P. Hesse in Banana: Eine kleine Sendung Insekten aller Ordnungen von da.

6. Für die Molluskensammlung.

Von Herrn Dr. H. Dohrn in Stettin: Eine Serie Landschnecken von Neu-Guinea und Celebes.

Von der Linnaea: 7 Arten Landkonchylien.

Vom Museum in Hamburg: 2 Arten Vaginula von Mexiko u. Chile.

Von Herrn E. Marie in Paris: Diverse exotische Nacktschnecken.

Von Herrn T. A. Verkrüzen in London: *26 Buccinum spec. nov.*

7. Für die Spinnensammlung und für die Korallensammlung.

Von Herrn P. Hesse in Banana: Eine kleine Sendung.

8. Für die botanische Sammlung.

Von Herrn P. Hesse in Banana: Einige Früchte u. s. w.

Von Herrn Dr. K. Baenitz in Königsberg: 2 Lieferungen des *Herbarium Europaeum.*

Von Herrn E. Kerber: Einige Centurien mexikanischer Pflanzen.

Von Herrn Dr. G. Winter in Leipzig: *Rabenhorstii Fungi europaei.* Cent. 31/32.

9. Für die zoopaläontologische Sammlung.

2 Unterkiefer von *Aceratherium incisivum* von Eppelsheim in Rheinhessen.

Raubtierschädel und Murmeltierschädel und Skelettteile aus dem Löß von Eppelsheim.

Fragmente von zwei Geweihen von *Cervus canadensis* von Mosbach bei Wiesbaden.

Backenzahn von *Mastodon longirostris*, Bermersheim in Rheinhessen.

Gaumen von *Myliobates* aus dem Meeressand von Weinheim.

Sammlung von 85 Species aus dem Iberger Kalk von Grund im Harz und 3 Species aus dem Culm des Iberges.

Fragment von Rehgeweih, 2 Mammutbackenzähne, Fragmente von zwei Biberkiefern, Backenzahn von *Rhin. tichorhinus*, Fragment von Pferdekiefer, Pferdezähne, Rhinoceroswirbel, Oberarm von Bos primigenius (distales und proximales Ende), Horn von *Bos primigenius*, rechter Astragalus von demselben, rechte Tibia von *Rhinoceros tichorhinus*; von Elen: ein Unterkieferast, linker Radius, linker Metatarsus und Metacarpus; Metacarpus und rechter Astragalus von Pferd; 2 Fußwurzelknochen von *Elephas primigenius*, aus dem Mosbacher Sand.

10. Für die phytopalaeontologische Sammlung.

Von Herrn Friedrich Baader: Blattabdrücke in den Münzenberger Sandsteinen und zahlreiche Pflanzenreste aus dem Rotliegenden von Kaichen.

Eine größere Kollektion von Blätterabdrücken aus dem Blättersandstein von Münzenberg.

11. Für die geologische Sammlung.

Von Wurster & Co. in Zürich: Zwei Reliefs, darstellend: Thalbildung durch Erosion (Gebiet eines Wildbaches). 1 : 10000. Steilküste und Dünenküste des Meeres. 1 : 3000.

12. Für die Mineraliensammlung.

Von Herrn Joh. Truninger aus Ellikon: *Olivin*, *Pyrophillit*, *Tremolit*, *Alexandrit*, *Kalkspath*, *Phenakit*, *Quarzdruse*.

D. Durch die von der Rüppellstiftung unterstützten Reisen.

Von Herrn Hofrat O. Retowski in Theodosia und Herrn Dr. W. Kobelt in Schwanheim: Reptilien und Amphibien aus Abchasien und aus der algerischen Provinz Constantine, ebenso Landkonchylien und Insekten verschiedener Ordnungen.

E. Durch die Reise des Herrn Prof. Dr. Noll nach Norwegen.

Embryonen von Fischsäugetieren und Fischen; eine Anzahl von Fischen in Weingeist; ferner Mollusken, Krebse, Würmer, Bryozoen, Echinodermen, Cölenteraten und Protozoen (Rhizopoden) in größerer Anzahl in Weingeist, Ergebnisse der Tiefseefischerei.

II. Bücher und Schriften.

A. Geschenke.

(Die mit * versehenen sind vom Autor gegeben.)

*Bockendahl, Drews, Möbius, Paulsen, Schedel und *W. Flemming: Studien über Regeneration der Gewebe.

Buchenau, Dr. in Bremen: Katalog der argentinischen Ausstellung.

*Carulla, F. J. R.: The steel age.

*Ernst, A. in Caracas: El Guachamaca. Statistischer Jahresbericht über die Vereinigten Staaten von Venezuela. Caracas 1884.

*Fischer, J. G. Dr. in Hamburg: Über einige afrikanische Reptilien, Amphibien und Fische.

*Heynemann, D. F. in Sachsenhausen: Ansprache an den Verein für naturwissenschaftliche Unterhaltung in Frankfurt a. M. zu seiner 25. Jahresfeier am 19. Jan. 1884.

*Hoffmann, H., Prof. in Giessen: Resultate der wichtigsten pflanzen-phänologischen Beobachtungen in Europa.

*Ihne, E. und Hoffmann H. Prof. in Giessen: Beiträge zur Phänologie.

*Keferstein, Ad, Gerichtsrat a. D. in Erfurt: Den Bombyx oder Bombylius des Aristoteles als Seide hervorbringendes Insekt.

Kobelt, W. Dr. in Schwanheim: The American Naturalist. Vol. 18. No. 3—12.

— Science, an illustrated Journal. Vol. 3 No. 48—73.

*v. Koenen, A. Prof. in Göttingen: Über geologische Verhältnisse, welche mit der Emporhebung des Harzes in Verbindung stehen.

Königl. norwegische Regierung: Den Norske Nordhavs-Expedition 1876—80. Zoologie 10 Asteroidea. Zoologie 12 und 13 Pennatulidae und Spongiadae.

*Klunzinger, Prof. Dr. in Stuttgart: Die Fische des roten Meeres. I. Teil Acanthopteri veri Owen.

*Leonardelli, G.: Il Saldame il rego e la terra di funta merlera en Istria.

*Lepsius, R. in Darmstadt: Über ein neues Quecksilber-Seismometer und die Erdbeben im Jahre 1883 bei Darmstadt.

*Loretz, H. Dr. in Berlin: Über Echinosphärites und einige andere organische Reste aus dem Untersilur Thüringens.

Lucae, Prof. Dr. in Frankfurt a. M. †, Almanach der Königl. Bayerischen Akademie der Wissenschaften 1871, 1875, 1878 und 1884; v. Lenhossek, Jos., Die Ausgrabungen zu Szeged-Oethalom in Ungarn; Schneider, Ant. Beiträge zur vergleichenden Anatomie und Entwickelungsgeschichte der Wirbelthiere; Waldeyer W. Dr., Atlas der menschlichen und tierischen Haare mit erklärendem Text.

*Meyer, Otto Dr. in Newhaven, Notes on tertiary shells.

*v. Müller, Baron Ferd. in Melbourne: Eucalyptographia, a descriptive Atlas of the Eucalypts of Australia and the Adjoining Islands.

*Pagenstecher, Prof. in Hamburg: Bericht über das naturhistorische Museum zu Hamburg.

*Ploss, H. Dr. med. in Leipzig: Das Weib in der Natur und Völkerkunde. 2 Bände.

— Zur Verständigung über ein gemeinsames Verfahren zur Beckenmessung.

vom Rath, Gerh., Bergrat und Prof. in Bonn: Ergebnis eigener Reisen und darauf gegründeter Studien von Fr. v. Richthofen. Band 2. Das nördliche China. (Besprochen von G. vom Rath.)

— Geologisches aus Utah.

— Mineralogische Mitteilungen. Neue Folge.

— Vorträge und Mitteilungen.

*Rethwisch, E. Dr.: Der Irrtum in der Schwerkrafthypothese.

*Retzius, Gustav, Prof. der Histologie am carolinischen medicochirurgischen Institut in Stockholm: Das Gehörorgan der Wirbeltiere. II. 1884.

Roose, Wilhelm in Frankfurt a. M. †: Drury's Illustration of Exotic Entomology. Bd. 1—3. Ochsenheimer, Ferd. Die Schmetterlinge von Europa. 10 Bände in 16 Abteilungen gebunden.

*Russow, E. Prof. Dr. in Dorpat: Über die Auskleidung der Intercellularen.

*Schreiber, Prof. Dr. in Magdeburg: Beiträge zur Fauna des mitteloligocänen Grünsandes aus dem Untergrunde Magdeburgs.

*Streng, A., Prof. in Giessen: Über einige mikroskopisch-chemische Reaktionen.

— Über den Hornblendediabas von Gräveneck bei Weilburg.

*Stossich, A. Prof. in Triest: J. Molluschi del Velebit.

— M. Prof. in Triest: Brani di Elmintologia tergestina.

— Prospetto della Fauna del mare adriatico. Part. 5.

*Targioni-Tozetti, Prof. in Florenz: Annali di Agricoltura 1884.

*Westerlund, K. Ag. Dr. in Ronneby: Sveriges, Norges, Danmarks och Finlands Land-och Sötvatten-Mollusker.

B. Im Tausch erhalten:

von Akademien, Behörden, Gesellschaften, Instituten, Vereinen u. dgl. gegen die Abhandlungen und Berichte der Gesellschaft.

Altenburg. Naturforschende Gesellschaft:
Mitteilungen aus dem Osterlande. Neue Folge. Bd. II.

Amsterdam. Königl. Akademie der Wissenschaften:
Jaarboek. 1883.
Naam- en Zaakregister.
Processen-Verbaal. 1883—1884.
Verslagen en Mededeelingen. Tweede Reeks. Deel 19 u. 20.

— Zoologische Gesellschaft:
Bydragen tot de Dierkunde. Aflevering 10—11.
Nederlandsch Tijdschrift voor de Dierkunde. Jaargang 5, Aflev. 1.

Batavia. Natuurkundige Vereeniging in Neederlandsch Indie:
Natuurkundig Tijdschrift. Deel 42. Ser. 8. Deel 3. — Deel 43. Ser. 8. Deel 4.

Baltimore. Johns Hopkins University:
Studies from the Biological Laboratory. Vol. 3. Nr. 2.

Bamberg. Naturforschende Gesellschaft:
Bericht 13. 1884.

Berlin. **Königl. Preuss. Akademie der Wissenschaften:**
Mathematische Abhandlungen. 1883.
Physikalische » 1883.
Anhang zu den Abhandlungen.
Sitzungsberichte. 1884. Nr. 18—44.
» 1885. Nr. 20.

— **Deutsche geologische Gesellschaft:**
Zeitschrift. Bd. 36, Heft 1—4. 1884.
» » 37, » 1. 1885.

— **Königl. Preuss. Ministerium für Handel, Gewerbe und öffentliche Angelegenheiten:**
Geologische Specialkarte von Preussen und den thüringischen Staaten. Lieferung 9, 16, 18, 27 und 28 nebst den dazugehörigen Erläuterungen.
Abhandlungen zur geologischen Specialkarte, Bd. 4, Heft 4, Bd. 5, Heft 2 mit Atlas, Bd. 5, Heft 4 und Bd. 6, Heft 1 mit Atlas.
Jahrbuch der geologischen Landesanstalt und Bergakademie. 1882.

— **Gesellschaft naturforschender Freunde:**
Sitzungsberichte. 1884.

Bern. **Naturforschende Gesellschaft:**
Mitteilungen. 1883, Heft 2.
» 1884, » 1 u. 2.

Bistriz. **Gewerbeschule:**
Jahresbericht 10. 1883—84.

Böhm. Leipa. **Nordböhmischer Exkursions-Klub:**
Mitteilungen. Jahrg. 8, Heft 1.

Bologna. **Reale accademia delle scienze dell' Istituto:**
Memorie. Ser. 4. Tomo 4. Fasc. 1—4.

Bonn. **Naturhistorischer Verein der Preuss. Rheinlande und Westfalens:**
Verhandlungen. Jahrg. 40, 4. Folge. Jahrg. 10, 2. Hälfte.
» » 41, 5. » » 1, 1.u.2. »

Boston. **American academy of arts and sciences:**
Proceedings. New series. Vol. 11. Whole series. Vol. 19. Part 1—2.

Boston. **Society of natural history:**
Memoirs. Vol. 3. Nr. 8—10.
Proceedings. Vol. 22. Part 2—3.

Bremen. **Naturwissenschaftlicher Verein:**
Abhandlungen. Bd. 8. Heft 2. Schluß.
» » 9. » 1.

Breslau. **Schlesische Gesellschaft für vaterländische Kultur:**
Jahresbericht 61. 1883.

Brisbane. **Royal Society of Queensland:**
Proceedings. Vol. 1. Part. 1.

Brünn. **K. k. Mährisch-Schlesische Gesellschaft zur Beförderung des Ackerbaus, der Natur- und Landeskunde:**
Mitteilungen. Jahrg. 64 1884.
— **Naturforschender Verein:**
Verhandlungen. Bd. 22. Heft 1—2.
Bericht der meteorologischen Kommission. 1882.

Brüssel (Bruxelles). **Société entomologique de Belgique:**
Compte-rendu des séances. Sér. 3. Nr. 43—49, 51—53 und 55—58,

Budapest. **Ungar. Naturwissenschaftliche Gesellschaft:**
Mathematische und naturwissenschaftliche Berichte aus Ungarn. Bd. 1.
Kosutany, Th. Dr.: Chemisch-physiologische Untersuchung der charakteristischen Tabakssorten Ungarns.
5 verschiedene Schriften in ungarischer Sprache.

Calcutta. **Asiatic Society of Bengal:**
Journal. Vol. 52. Part 1. Nr. 2—4. Part 2. Nr. 2—6.
» » 53. » 1. » 1—2.
Proceedings 1884. Nr. 1—11.

Cambridge. (Mass.) U. S. A. **Museum of comparative zoology:**
Bulletin. Vol. 7. Nr. 2, 3, 5—8 und 11.
» » 11. Nr. 10.
Memoirs. Vol. 8. Nr. 3.
» » 9. » 3.
» » 10. » 3.
» » 11. » 1.
» » 12 u. 13. (The Water Birds of N.-Amer.)

Catania. **Accademia Gioenia di scienze naturali:**
Atti. Ser. 3. Tom. 17. 1883.

Christiania. **Königl. Norwegische Universität:**
Archiv for Mathematik og Naturvidenskap. Bd. 9. Heft 2—4. Bd. 10. Heft 1—2.

Chemnitz. Naturwissenschaftliche Gesellschaft:
Bericht 9. 1883—84.

Chur. Naturforschende Gesellschaft Graubündens:
Jahresbericht. Neue Folge. Jahrg. 27. 1882—83.

Cordoba. Academia nacional de ciencias de la Republica Argentina:
Boletin. Tomo 6. Entrega 1—4.
» » 7. » 1—3.
» » 8. » 1.

Danzig. Naturforschende Gesellschaft:
Schriften. Neue Folge. Bd. 6. Heft 1.

Darmstadt. Grossherzoglich-hessische geologische Landesanstalt:
Abhandlungen. Bd. 1. Heft 1.

Dessau. Naturhistorischer Verein für Anhalt-Dessau:
Festschrift zur 37. Versammlung deutscher Philologen und Schulmänner zu Dessau.

Donaueschingen. Verein für Geschichte und Naturgeschichte:
Schriften. Heft 4. 1885.

Dorpat. Naturforscher-Gesellschaft:
Archiv für die Naturkunde Liv-, Esth- und Kurlands. 1. Serie. Bd. 10. Heft 1.
Sitzungsberichte. Bd. 7. Heft 1.
John Fürstig Untersuchungen über die Entwickelung der primitiven Aorten.

Dresden. Naturwissenschaftliche Gesellschaft Isis:
Sitzungsberichte und Abhandlungen. Jahrg. 1884. Heft 1—2.

Dublin. Royal Dublin Society:
Scientific Transactions. Ser. 2. Vol. 1. No. 20—23. Vol. 3. No. 1—6.
Scientific Proceedings. Vol. 3. Part. 1—6. Vol. 3. Part. 6—7. Vol. 4. Part. 1—6.

Edinburg. Royal Society:
Transactions. Vol. 30. Part. 2—3.
» » 32. » 1.
Proceedings 1881—83.

Elberfeld-Barmen. Naturwissenschaftlicher Verein:
Jahresberichte. Heft 6.

Frankfurt a. M. Neue zoologische Gesellschaft:
Der Zoologische Garten. Jahrg. 1884. No. 5—12.
» » » » 1885. » 1—3.
— Physikalischer Verein:
Jahresbericht 1882—83.
— Senckenbergische Stiftungs-Administration:
50. Nachricht von dem Fortgang und Zuwachs der Senckenbergischen Stiftung.
— Freies deutsches Hochstift:
Berichte. Jahrgang 1882—83. Lief. 1—4.
» » 1883—84. » 1—2.
» » 1884—85. » 1.
Mitgliederverzeichnis 1885.
— Polytechnische Gesellschaft:
Jahresbericht 1882—83.
— Kaufmännischer Verein:
Bericht 20. 1884.

Frauenfeld. Thurganische naturforschende Gesellschaft:
Mitteilungen. Heft 1—5. 1855—82.

Freiburg i. Br. Naturforschende Gesellschaft:
Berichte. Bd. 8. Heft 2.

St. Gallen. Naturwissenschaftliche Gesellschaft:
Bericht. 1882—83.

Genf (Genève). Société de physique et d'histoire naturelle:
Mémoires. Tome 28. Part. 2.
Compte-Rendu des Travaux présenté à la 66. Session le 7, 8 et 9 Août 1883 réunie à Zürich.

Genua (Genova). Museo civico di storia naturale:
Annali. Vol. 20.

Giessen. Oberhessische Gesellschaft für Natur und Heilkunde:
Bericht 23.

Göttingen. Universitäts-Bibliothek:
(Georg - August - Universität. Königl. Gesellschaft der Wissenschaften).
Nachrichten No. 6. 1884.
2 Inaugural-Dissertationen.

Gothenburg (Göteborg). Kongl. Westenscap och Vitterhets Samhälles:
Handlingar. Heft 17.

Greifswald. Naturwissenschaftlicher Verein für Neu-Vorpommern und Rügen:
Mitteilungen. Jahrg. 16.

Güstrow. Verein der Freunde der Naturgeschichte:
Archiv. Jahrg. 38. 1884.

Halifax. Nova Scotian Institute of natural science:
Proceedings and Transactions. Vol. 6. Part. 1. 1882—83.

Halle a. S. Kaiserl. Leopoldinisch-Carolinisch-Deutsche Akademie der Naturforscher:
Leopoldina. Heft 20. No. 13—24.
» » 21. » 1—8.
Nova Acta. Bd. 45 und 46.

— Naturforschende Gesellschaft:
Abhandlungen. Bd. 16. Heft 2.
Bericht 1882.

— Verein für Erdkunde:
Mitteilungen. 1884.

Hamburg. Naturwissenschaftlicher Verein:
Abhandlungen. Bd. 8. Heft 1—3.

— Verein für naturwissenschaftliche Unterhaltung:
Verhandlungen. Bd. 5. 1882.

Hanau. Wetterauische Gesellschaft für die gesamte Naturkunde:
Katalog der Bibliothek 1883.

Harlem. Teyler Stiftung:
Archives du Musée Teyler. Ser. 2. Vol. 2. Part. 1.

Heidelberg. Naturhistorisch-medizinischer Verein:
Verhandlungen. Bd. 3. Heft 3.

Helsingfors. Societas pro Fauna et Flora Fennica:
Meddelanden. Nr. 9—11. 1883.

— Administration de l'Industrie en Finlande:
Finlands geologiska Undersökning. Heft 1—7 mit 7 Kartenblättern.

Jena. Medizinisch-naturwissenschaftliche Gesellschaft:
Jenaische Zeitschrift. Bd. 17. Neue Folge. Bd. 10. Heft 3—4.
» » » 18. » » » 11. » 1—4.

Kassel. Verein für Naturkunde:
Bericht 31. 1883—84 und Statuten.
Repertorium der landeskundlichen Litteratur für den preussischen Regierungsbezirk Kassel.
Ackermann, Dr. A.: Bestimmung der magnetischen Inklination.

Kiel. **Naturwissenschaftlicher Verein für Schleswig-Holstein:**
Schriften. Bd. 5. Heft 2.

Königsberg. **Physikalisch-ökonomische Gesellschaft:**
Schriften. Jahrg. 23. Abth. 1—2. 1882.
» » 24. » 1—2. 1883.

Lausanne. **Société Vaudoise des sciences naturelles:**
Bulletin. Vol. 20. Nr. 90—91.

Leiden. **Universitäts-Bibliothek:**
Jaarboek van het Mijnwezen in Nederlandsch Ost-Indie. Jahrg. 12. Heft 1—2; Jahrg. 13. Heft 1.

— **Nederlandsche dierkundige Vereenigung:**
Tijdschrift. Deel 6. Aflev. 2—4.
» Suppl. Deel 1. Aflev. 2.

Linz. **Verein für Naturkunde in Österreich ob der Enns:**
Jahresbericht 14.

Lissabon (Lisboa). **Sociedade de geographia:**
Boletim. Ser. 4. Nr. 6 und 8—11.
Expedicao scientifica à serra da Estrella Nr. 1—3.
Le Zaire et les contrats de l'association internationale.
Resposta a Sociedade anti Esclavista de Londres.

London. **British Museum (Zoological department):**
Catalogue of birds. Vol. 10.
Catalogue of the Lizards on the British Museum. 2. Edition. Vol. 1.
Catalogue of fossil Mammalia. 1885.
Guide to the Galleries of Mammalia. Part. 1.
Guide to the collection of fossil fishes. 1885.
Report of the zoological collections made in the Indo-Pacific-Ocean during the voyage of H. M. S. Alert. 1881—82.

— **Entomological Society:**
Transactions. Jahrg. 1879, 1880 und 1884.

— **Linnean society:**
List of the Linnean society of London. 1883.
The journal. Botany. Vol. 20. Nr. 130—131.
» » » » 21. » 132—133.
» » Zoology. » 17. » 101—102.
Transactions. Botany. Ser. 2. Vol. 2. Part 6—7.
» Zoology. » 2. » 2. » 9—10.
» » » 2. » 3. » 1.
Proceedings. 1882—83.

London. Royal society:
Philosophical transactions. Vol. 174. Part 2—3.
Proceedings. Vol. 35. Nr. 227. Vol. 36. Nr. 228—231.
List of the members. 30. Nov. 1883.

— Royal microscopical society:
Journal. Ser. 2. Vol. 4. Part 3, 5—6.
» » 2. » 5. » 1—2.

— Zoological society:
Proceedings. 1884. Part 1—3.
List of the fellows. 1884.

— British association for the advancement of science:
Report of the 53. meeting. 1883.

St. Louis. Academy of sciences:
Transactions. Vol. 4. Nr. 3.

Lüneburg. Naturwissenschaftlicher Verein:
Jahreshefte 9. 1883—84.

Lüttich (Liège). Société royale des sciences:
Mémoires. Supplement au Tome 10.

— Société géologique de Belgique:
Annales. Tome 10. 1882—83.
» » 11. 1883—84.

Lyon. Académie des sciences belles lettres et arts:
Mémoires. Vol. 26. 1883—84.

Mailand (Milano). Reale istituto Lombardo di scienze e lettere:
Memorie. Ser. 3. Vol. 15—16. Fasc. 2—3.
Rendiconti. Vol. 16.

— Società Italiana di scienze naturali:
Atti. Vol. 25. Fasc. 3—5.
» » 26. » 1—4.

Manchester. Literary and philosophical society:
Memoirs. Ser. 3. Vol. 7 und Vol. 9.

Montreal. Geological and natural history survey of Canada:
Comparative vocabularies of the Indian.
Tribes of British Columbia.
Descriptive Sketch of the physical Geography and Geology of the dominion of Canada, mit 3 Karten.

Moskau (Moscou). Société impériale des naturalistes:
Bulletin. Année 1883. Nr. 4.
» » 1884. » 1—2.
Beilage zum Bulletin. Tome 60.
Nouveaux mémoires. Tome 15. Livr 1 u. 3.

München. Königl. Bayerische Akademie der Wissenschaften:
Abhandlungen. Bd. 15. Heft 1.
Almanach. 1884.
Kupffer, C.: Gedächnisrede auf Th. L. W. v. Bischoff.
Haushofer, K.: Franz von Kobell, eine Denkschrift.
Sitzungsberichte. 1884. Heft 1—4.
» 1885. » 1.

Münster. Westfälischer Provinzial-Verein:
Jahresbericht 12. 1883.

Neapel. Zoologische Station:
Mitteilungen. Bd. 5. Heft 2—4.
» » 6. » 1.

Neuchâtel. Société des sciences naturelles:
Bulletin. Tome 14. 1884.

New-Haven. Connecticut academy of arts and sciences:
Transactions. Vol. 6. Part. 1.

Nürnberg. Naturhistorische Gesellschaft:
Jahresbericht. 1882.

Odessa. Neurussische Naturforscher-Gesellschaft:
Bote. Tome 8. No. 1.
» » 9. » 1.

Offenbach. Verein für Naturkunde:
Bericht 24—25. 1882—84.

Paris. Société géologique de France:
Bulletin Tome 2. No. 1—2.
» » 5. 10—12.
» » 10. » 7.
» » 11. 8.
» » 12. » 5—8.
» » 13. » 2—3.

— Société zoologique de France:
Bulletin. Part. 1—5. 1884.

St. Petersburg. **Académie impériale des sciences:**
Bulletin. Tome 29. No. 3—4.
» » 30. » 1.
Mémoires. Tome 31. No. 15—16.
» » 32. » 1—13.
— **Comité géologique:**
Jahresbericht. 1883. No. 1—9.
» 1884. » 1—7.
» 1885. » 1—5 und 8—10.
— **Kaiserlicher Botanischer Garten:**
Acta horti Petropolitani. Tomus 8. Fasc. 3. Tomus 9. Fasc. 1.

Philadelphia. **Academy of natural sciences:**
Proceedings. Part. 1—3. 1884.
» » 1. 1885.
— **American philosophical society:**
Proceedings. Vol. 21. No. 115—116.
Register of papers published in the Transactions and Proceedings.

Pisa. **Società Toscana di scienze naturali:**
Atti (Memoirie) Fasc. 3.
» Processi verbali. Vol. 4. 3 Hefte.

Prag. **Deutscher akademischer Leseverein:**
Jahresbericht. 1884—85.

Regensburg. **Zoologisch-mineralogischer Verein:**
Korrespondenzblatt. Jahrg. 37. 1883.
» » 38. 1884.

Reichenberg. **Österreichischer Verein der Naturfreunde:**
Mitteilungen. Jahrg. 15.

Riga. **Naturforscher-Verein:**
Korrespondenzblatt. Jahrg. 27. 1884.

Rom. **R. comitato geologico del regno d'Italia:**
Bollettino 1884. No. 5—12.
» 1885. » 1—4.

Salem. **Peabody academy of science:**
Annual report of the Trustees. 1874—84.

Sitten (Sion). **Société Murithienne du Valais:**
Bulletin des travaux. 1883.

Sondershausen. **Botanischer Verein »Irmischia«:**
Korrespondenzblatt 1884. Jahrg. 4. No. 5—9, 11—12.
» 1885. » 5. » 1—2.

Stettin. **Entomologischer Verein:**
Entomologische Zeitung. Jahrg. 45. 1884.

Stockholm. **Königl. Akademie der Wissenschaften:**
Bihang (Supplement aux mémoires) in 8°. Bd. 6. No. 1—2. Bd. 7. No. 1—2. Bd. 8. No. 1—2.
Handlingar (Mémoires) in 4°. Bd. 18—19. No. 1—2.
Lefnadsteckningar (Biographies des Membres) Bd. 2. Heft 2.
Méteorologiska Jakttagelser (Observations méteorologiqnes) Bd. 20—21.
Oefversigt (Bulletin) in 8°. Arg. 1881—83.

— **Bureau de la recherche géologique de la Suède:**
Carte géologique de la Suède.
Kartbladen. Ser. Aa. No. 88 und 91.
» » Ab. » 10.
» » Ba. » 4.
» » C. » 61—64 u. 66. No. 88 u. 91.
Med beskrifningar.
Afhandlingar och uppsatser. Ser. C. No. 63, 64 u. 66.

— **Entomologiska Föreningen:**
Entomologisk Tidskrift. Arg. 5. Heft 1—4.

Strassburg. **Kaiserliche Universitäts-Bibliothek:**
6 diverse Inaugural-Dissertationen.

Stuttgart. **Königliches Polytechnikum:**
Jahresbericht. 1883—84.

Sydney. **Royal society of New-South-Wales:**
Journal and Proceedings. Vol. 16—17.
Mineral Products of New-South-Wales.
Report of the trustees for 1883.

— **Linnean society of New-South-Wales:**
Proceedings. Vol. 8. Part. 10.
» » 9. » 1—4.

Toronto. **The canadian Institute:**
Proceedings. Vol. 2. Fasc. 1—3.
» » 3. » 1.

Tokyo. **Deutsche Gesellschaft für Natur- und Völkerkunde Ostasiens:**
Mitteilungen. Inhaltsverzeichnis zu Bd. 2 u. 3.
» 1880. 3 Hefte. Juni, Aug. u. Dezbr.
» 1881—82. Heft 23—27.
» 1884. Heft 31.

Triest (Trieste). Adriatische naturwissenschaftliche Gesellschaft:
Marchesetti: La necropoli di Vermo.
» Di alcune antichità scoperte a Vermo.

— Società agraria:
L'amico dei campi. Anno 1884. Nr. 5—12.
» » » » 1885. Nr. 1—4.

— Museo civico di storia naturale:
Atti Vol. 7.

Tromsö. Tromsö Museum:
Aarsberetning for 1883.
Aarshefter. 7.

Turin. Reale accademia delle scienze:
Atti. Vol. 19. Disp. 3—7.
» » 20. » 1—4.
Bollettino. Anno 1883.
Memorie. Ser. 2. Tomo 36.

Upsala. Societas regia scientiarum:
Nova acta. Vol. 12. Fasc. 1. 1884.

Washington. Smithsonian Institute:
Annual report of the board of regents. 1882.
Proceedings and Transactions. Vol. 1.
Bulletin of the Minnesota academy of natural science. Vol. 2. Nr. 4.

— Department of agriculture:
Report of the commissioner of agriculture. 1883.

— Department of the Interior:
Annual report of the United States geological survey. 1880—81.
Mineral resources of the United States.
Third annual report of the United States geological survey. 1881—82.
Atlas to accompany the geology of the Comstock Lode and the Washoe districts of the United States geological survey mit Text. Monographs 3.

Wien. K. k. Akademie der Wissenschaften:
Anzeiger. Jahrg. 1884. Nr. 15—28.
» » 1885. » 1—8.
Denkschriften. Bd. 47.

— **K. k. geologische Reichsanstalt:**
Abhandlungen. Bd. 11. Abt. 1.
Jahrbuch. 1884. Bd. 34. Nr. 3—4.
Verhandlungen. 1884. Nr. 13—18.

— **Zoologisch-botanische Gesellschaft:**
Personen-, Orts- und Sachregister der 3. zehnjährigen Reihe 1871—1880 der Sitzungsberichte und Abhandlungen.

— **Verein zur Verbreitung naturwissenschaftlicher Kenntnisse:**
Schriften. Bd. 24. 1883—84.

Wiesbaden. **Nassauischer Verein für Naturkunde:**
Jahrbücher. Jahrg. 37. 1884.

Würzburg. **Physikalisch-medizinische Gesellschaft:**
Sitzungsberichte. Jahrg. 1884.
Verhandlungen. Neue Folge. Bd. 18.

New-York. **Academy of sciences:**
Annals. Vol. 3. Nr. 1 u. 2.
Transactions. Vol. 2. General-Index.

Zürich. **Schweizerische naturforschende Gesellschaft für die gesamten Naturwissenschaften:**
Neue Denkschriften. Bd. 29. Abt. 1.
Verhandlungen der Schweizerischen naturforschenden Gesellschaft in Zürich vom 7.—9. August 1883. (66. Jahresversammlung.)

Zwickau. **Verein für Naturkunde:**
Jahresbericht. 1883.

C. Durch Kauf erworben.

Die mit * bezeichneten sind auch früher gehalten worden.

* Abhandlungen der schweizerischen paläontologischen Gesellschaft.
* American journal of arts and sciences.
* Annales des sciences naturelles (zoologie et botanique.)
* Annals and magazine of natural history.
* Archiv für Anthropologie.
* Archiv für Anatomie und Physiologie.
* Archiv für mikroskopische Anatomie.
* Archiv für Naturgeschichte.
* Berliner entomologische Zeitschrift.

* Bronn: Klassen und Ordnungen des Tierreichs.
Butler: Catalogue of Diurnal Lepidoptera of the family Satyridae.
* Cabanis: Journal für Ornithologie.
* Carus, Prof. J. V.: Zoologischer Jahresbericht, herausgegeben von der zoolog. Station in Neapel.
von Dechen, Dr.: Erläuterungen der geologischen Karte der Rheinprovinz und der Provinz Westfalen (I. Teil: Die geographischen und hydrographischen Verhältnisse).
Deshayes: Observations sur les fossiles de la Crimée.
* Deutsche entomologische Zeitschrift.
Ecker, Prof. Alex.: Icones Physiologicae (Erläuterungstafeln zur Physiologie und Entwickelungsgeschichte).
Ewald, Roth und Dames: Leopold von Buchs gesamte Schriften. Band 4. Hälfte 1—2.
* Fauna und Flora des Golfes von Neapel.
* Gegenbaur: Morphologisches Jahrbuch. (Eine Zeitschrift für Anatomie und Physiologie.)
* Geological magazine.
Gervais, Prof. M. P.: Zoologie et Paléontologie françaises. Edition 2. Text und Atlas.
* Groth: Zeitschrift für Krystallographie und Mineralogie.
* Hoffmann und Schwalbe: Jahresbericht über die Fortschritte der Anatomie und Physiologie.
* Jahreshefte des Vereins für vaterländische Naturkunde, Württ.
* Just, Leop.: Botanischer Jahresbericht.
* Kobelt: Jahrbücher der Deutschen malakozoologischen Gesellschaft.
Kosmos, Zeitschrift für die gesamte Entwickelungsgeschichte.
Lederer, Jul.: Beiträge zur Kenntnis der Pyralidinen.
* Leuckart und Nitsche: Wandtafeln.
List of the specimens of Lepidopterous Insects in the collections of the British Museum. Part 27—30.
* Martini-Chemnitz: Systematisches Konchylien-Kabinet. Lieferung 328—333.
* Müller: Archiv für Anatomie und Physiologie.
* Nachrichtsblatt der Deutschen malakozoologischen Gesellschaft.
* Nature.
* Neues Jahrbuch für Mineralogie, Geologie und Palaeontologie.

* Palaeontographica.

Pflüger: Archiv für die gesamte Physiologie des Menschen und der Tiere. Bd. 27—35.

* Semper: Arbeiten aus dem zoologisch - zootomischen Institut in Würzburg.

* Siebold und Kölliker: Zeitschrift für wissenschaftliche Zoologie.

* Silliman: The american journal of sciences and arts.

Staudinger: Exotische Schmetterlinge.

* Troschel: Archiv für Naturgeschichte.

* Tschermak, G.: Mineralogische und petrographische Mitteilungen.

Verneuil: Mémoire géologique sur la Crimée.

Westerlund, K. Ag.: Fauna der in der paläarktischen Region lebenden Binnenkonchylien. Heft 1. Genus Balea und Clausilia.

* Zeitschrift für Ethnologie.

Bilanz der Senckenbergischen naturforschenden Gesellschaft

Aktiva. per 31. Dezember 1884. **Passiva.**

Aktiva	M.	Pf.	Passiva	M.	Pf.
Per Sparkasse-Konto	2 016	97	An Kapital-Konto	3 986	70
» Obligationen-Konto	96 651	26	» Geschenke- und Legate-Konto	80 534	28
» Konto Dr. Senckenberg. Stiftungs-Administration	34 285	71	» Hch. Mylius Gehalt-Konto	20 000	—
» Hypotheken-Konto	58 000	—	» Hch. Mylius Geschenk-Konto	8571	43
» Kassa-Konto	49	19	» Dr. von Sömmerring-Preis Kapital-Konto	3 817	50
» Konto Abhandlungen über Madagaskar-Schmetterlinge	500	—	» Dr. Tiedemann-Preis Kapital-Konto	3 558	60
» Konto Haus Hochstraße Nr. 3	30 000	—	» Reserve-Konto	5 000	—
	221 503	13	» Feuer-Versicherungs-Prämien-Konto	14	—
			» Mylius Vorlesungs-Konto	13 714	29
			» Konto Dr. Rüppell-Stiftung	35 573	37
			» Reise-Konto	11 476	46
			» Konto P. A. Kesselmeyer	17 142	86
			» Dr. Rüppell fl. 10 000-Konto	17 142	86
			» Frankfurter Bank	970	78
				221503	13

Übersicht der Einnahmen und Ausgaben

vom 1. Januar bis 31. Dezember 1884.

Einnahmen.

	M.	Pf.
Kassa-Saldo pro 1. Januar 1884	209	08
Beiträge von 408 Mitgliedern	8 160	—
Städtische Subvention pro 1884	2 000	—
Verlooste 3½% Frankfurter Obligation	171	43
Miete aus dem Hause Hochstraße No. 3	2 190	—
Kellermiete	200	—
Miete vom Physikalischen Verein	274	29
Zinsen von Wertpapieren, Hypothek und Bankguthaben	5 981	96
Zinsen von der Dr. Senckenberg. Stiftung	1 337	14
Von der Sparkasse erhoben	2 000	—
Geschenk des Herrn Grafen Bose für Reisezwecke	2 200	
Gräfl. Bose'sche Stiftung	4 643	84
Geschenk des Herrn W. Roose (ewiges Mitglied)	500	—
Verkauf der Abhandlungen	890	39
» » » über Madagaskar Schmetterlinge	455	—
Vorschuß der Frankfurter Bank	970	78
Verkaufte Bücher	156	—
	32 339	91

Ausgaben.

	M.	Pf.
Unkosten	2 872	40
Gehalte und Pension	5 009	
Vorlesungen	2 183	75
Naturalien	4 076	46
Bibliothek	3 292	77
Drucksachen	3 658	39
Abhandlungen über Madagaskar-Schmetterlinge	2 611	91
Haus Hochstrasse No. 3	686	98
Herrn Dr. Ed. Rüppell	1 405	72
Reise-Konto	3 238	27
Feuerversicherung für 10 Jahre	3 146	—
Zinsen-Konto	19	07
Kassa-Saldo am 31. Dezember 1884	49	19
	32 339	91

Anhang.

A. Sektionsberichte.

Säugetiersektion.

Die Sammlung wurde in dem verflossenen Jahre durch Geschenke, Tausch und Kauf um 41 Exemplare vermehrt. Nach dem Kataloge Ende 1884 enthält dieselbe:

Quadrumana .	79	Species	in	171	Exempl.
Lemuridae .	15	»	»	28	»
Chiroptera	97	»	»	191	»
Insectivora .	27	»	»	59	»
Carnivora . .	127	»	»	277	»
Pinnipedia	11	»	»	15	»
Marsupialia . .	50	»	»	82	»
Rodentia . .	168	»	»	345	»
Edentata . .	22	»	»	30	»
Ruminantia . .	95	»	»	198	»
Solidungula	4	»	»	5	»
Multungula	13	»	»	29	»
Cetacea . . .	5	»	»	5	»
	713	Species	in	1435	Exempl.

Die Skelettsammlung enthält:

Quadrumana . .	50	Species.
Lemuridae .	13	»
Chiroptera .	27	»
Insectivora . .	14	»
Carnivora	94	»
Pinnipedia . . .	9	»
Marsupialia	27	»
Transport .	234	Species.

	Transport	234 Species.
Rodentia		94 »
Edentata		9 »
Ruminantia		90 »
Solidungula		7 »
Multungula		18 »
Cetacea		13 »
		465 Species.

Schwanheim a. M. Dr. W. Kobelt.

Herpetologische Sektion.

Über wichtigere Vorkommnisse in der Sektion im Laufe des Jahres 1884/85 ist kaum zu berichten. Die Bestimmungsarbeiten gingen ihren gewohnten Gang; die Neuaufstellung und Neukatalogisierung der immer umfangreicher werdenden Sammlungen kann dagegen erst beginnen, wenn Raum für eine bessere Aufstellung derselben geschaffen sein wird. Bei der Determinierung einiger besonders schwieriger westindischer Eidechsen wurde der Sektionär bereitwilligst von Herrn G. A. Boulenger vom British Museum in London unterstützt. Die litterarische Verwertung der aus China, vom Kongo und aus Nordafrika eingelaufenen Suiten ist im Gange.

Von besonders erwähnenswerten Geschenken sind zu verzeichnen: die große Kollektion südchinesischer Reptilien und Amphibien des Herrn Konsuls Dr. O. von Moellendorff in Hongkong, die das Senckenbergische Museum mit den Museen von Berlin und Görlitz zu teilen haben wird, die wichtige Suite tunesischer Kriechtiere des Herrn F. Miceli in Tunis und der prachtvolle Schädel eines *Crocodilus acutus* Cuv. aus dem Orinoko von Herrn Dr. Fr. Kinkelin hier.

Die Reisen des Herrn Dr. W. Kobelt und des Herrn Hofrat O. Retowski brachten eine Fülle interessanter und z. T. der Sammlung noch fehlender Species und Varietäten aus Nordafrika und den Kaukasusländern, der Ankauf der P. Hesse'schen Reptilien vom Kongo mehrere Arten aus einem Teile Afrikas, der in unseren Sammlungen noch nicht vertreten war.

Dr. O. Böttger.

Geologische und zoopaläontologische Sektion.

Die Thätigkeit fand teils innerhalb des Museums, teils im Revier statt. Diejenige innerhalb des Museums betraf in erster Linie die Bestimmung der während dieses Jahres wieder zahlreich eingegangenen Geschenke (Siehe S. 36). Bezüglich des von Herrn Karl Jung uns zugewendeten riesigen Wirbels erfreuten wir uns des Rates unseres korr. Mitgliedes, des Herrn Pfarrer Dr. Probst in Essendorf.

Ein weiteres war die geordnete Aufstellung, sowohl der Sammlung fossiler Säugetiere, wie auch der Fossilien, welche speciell auf die Geologie von Frankfurt und nächste Umgebung Bezug haben — erstere ebendaselbst (Reptiliensaal), wohin sie s. Z. aus dem Skeletsaal disloziert wurde, die letzteren im Saale: Boden Frankfurts. In den letzten Monaten wurde ferner mit der Vereinigung und geologischen Ordnung der im Museum vorhandenen, aus dem Mainzer Tertiärbecken und im weiteren aus der Tertiärformation überhaupt stammenden Fossilien begonnen, als Vorbereitung für die — so hoffen wir — in möglichst naher Zukunft zu realisierende Aufstellung einer geologischen Sammlung.

Mit dieser Absicht stehen im Zusammenhang die Ankäufe von gut erhaltenen Unterkiefern von *Aceratherium incisivum* aus dem obermiocänen Eppelsheimer Sand, dem Schädel eines Iltis und den Skeletteilen von *Arctomys marmotta* aus dem Löß von Eppelsheim, von Geweihresten und Extremitäten von *Cervus canadensis*, Skeletresten und Zähnen von Mammut, Wirbel und Backenzahn von Rhinoceros, Kieferästen von Biber, Pferd und Elentier, Geweihrest von Reh, Horn von Bos primigenius etc. aus dem diluvialen Sand von Mosbach, einer größeren Kollektion von Blattabdrücken von Münzenberg und endlich einer Sammlung oberdevonischer Petrefakten von Grund im Harz. Auch in diesem Jahre wurde mit derselben Tendenz wie im vergangenen eine größere Kollektion im Mainzer Tertiärbecken zusammengebrachter Fossilien durch Ankauf erworben. Dieser fügte sich noch eine größere Suite von pflanzlichen Versteinerungen aus dem Rotliegenden von der Nauenburg bei Kaichen an.

Der eine der Sektionäre, speciell auch von der Gesellschaft mit der geologischen Durchforschung hiesiger Gegend beauftragt, brachte in dem am 3. Januar gehaltenen Vortrag in einer wissenschaftlichen Sitzung seine Anschauungen über die tektonischen Verhältnisse in der Tertiärformation des hiesigen Mainthales zur Geltung, welche sich ihm im Laufe seiner neueren Untersuchungen mit Evidenz ergeben hatten.

Zur Aufklärung der geologischen Horizonte von Sanden und Sandsteinen, welche im Landrücken »hohe Straße« auftreten, wie auch solcher, auf der linken Seite des Mains gelegentlich einer Brunnengrabung in Offenbach geförderter, beging Unterzeichneter die diesen Horizonten entsprechenden in Rheinhessen. Aus letzteren brachte er, unterstützt von Herrn Lehrer Lauterbach dahier, eine diese Horizonte charakterisierende Flora in Form von Blattabdrücken mit. Unser Sektionär für Phytopaläontologie, Herr Dr. Geyler, hatte die Güte diese letzteren, wie auch diejenigen von Seckbach und Offenbach — letztere im Besitze von Herrn Geheimrat Greim in Darmstadt — zu bestimmen. Zum Teil sind diese Studien das Thema der Abhandlung: Sande und Sandsteine im Mainzerbecken — im letztjährigen Jahresbericht.

Hervorhebenswert sind die Studien, die sich durch die zum Zwecke der Stadtwald-Grundwasserleitung in demselben vorgenommenen Bohrungen geboten haben, in deren Verbindung auch zahlreiche Exkursionen nach Griesheim, Nied, Raunheim, Bad Weilbach etc. stattfanden. Besonders dankenswert sind die Unterstützungen, welche dem Unterzeichneten hierbei von den Herren Stadtbaurat Lindley und Stadtbauinspektor Feineis, Direktor Stroff und Baumeister Folenius in Griesheim, Dr. Fischer in Nied und Rg.-Baumeister Greve in Raunheim wurden. Die Bohrproben sämtlicher Bohrlöcher werden s. Z. im Museum niedergelegt werden, während vorderhand nur die Bohrcylinder der Thonschichten an dasselbe abgegeben worden sind.

Hierbei sei auch noch der gütigen Mitteilung der Bohrproben aus dem Bohrloch oberhalb unseres Nizza zur Gewinnung der Grindbrunnenquelle durch Herrn Rg.-Baumeister Stahl gedacht, welche bis zu 50 m Tiefe die Schichtfolge darstellen: ein ähnliches, wenn auch nicht bis zu so bedeutender Tiefe, gilt von den Zuwendungen des Herrn Rg.-Baumeister Schellen aus der Heiligkreuzgasse dahier.

Die Baugrube am Grindbrunnen brachte nicht allein dem Museum die schon vom Bau des Winterhafens her bekannten Septarien in mustergültiger Erhaltung, sondern gab zur Aufnahme des hochinteressanten Profiles Anlaß, das schließlich, wenigstens zu einem nicht unbeträchtlichen Teil, in einem aus 17 Photographieen bestehenden, ca. 3,5 m langen Gesamtbild von Herrn Böttcher dahier, zum Zwecke der Aufstellung im Museum, aufgenommen wurde. Der freundlichen Unterstützung seitens der Herren Rg.-Baumeister Stahl und Ingenieur Zimmer und Müller muß hier dankend erwähnt werden.

An Fossilien brachte der in der Grindbrunnenbaugrube aufgeschlossene Schichtkomplex eine durch zahlreiche *Cerithium plicatum pustulatum*, etwas tiefer eine durch *Cerithium plicatum pustulatum* und *Cerithium margaritaceum conicum* charakterisierte Schicht, welch' letztere auch Fischreste enthält.

Der am Pohl unterhalb des Gutleuthofes durch den Main ziehende Anamesit gab gelegentlich der Vertiefung des Mainbettes daselbst Sphaerosiderit und Halbopal in ganz gleicher Form, wie er von Steinheim bei Hanau bekannt ist.

Ein zweiter Schacht oberhalb Seckbach brachte einen zweiten Dickhäuter, ein *Anthracotherium*, in zahlreichen Zahnresten zu Tage; hierbei sei der Freundlichkeit der Herren Berg-Ingenieur Bomnüter und Steiger Hisgen dankend gedacht.

Die für die Geologie Frankfurts wichtigsten organischen Funde stammen aus der Baugrube zur Herstellung des Nordreservoires der Flußwasserleitung nahe der Friedberger Landstraße. Die sehr mannigfaltige Fauna enthält unter den Säugern Räuber, Insektenfresser, Nager, schweinsartige Tiere und Wiederkäuer; auch die Vogelreste gehören verschiedenen Arten an, und unter den Reptilien sind Schildkröten, Lacerten, Scheltopusiks und Schlangen vertreten, auch Reste von Fröschen und Fischen finden sich unter den leider sehr fragmentären Skeletteilen: unter den geringfügigen Molluskenresten ist auch die Nacktschnecke von der Schleusenkammer. Bei Ausbeutung wurde Unterzeichneter besonders durch Herrn Ingenieur Löhr, Herrn Bauaufseher Schneider und Herrn Ingenieur Wehner unterstützt.

Der Umbau des Hainertempelchens, ebenfalls der Mainwasserleitung dienend, brachte wie vor Jahren wieder die Bank mit *Perna Sandbergeri*; die Zuwendung einer solchen Platte ist Herrn Stadtbauinspektor Feineis zu danken.

Noch sei der Aufstellung von zwei mächtigen Blöcken aus der diluvialen Terrasse im Klärbecken und zweier Braunkohlen-

Stämme aus dem obertertiären Sand von ebendaselbst gedacht, die wir der freundlichen Zuwendung des Herrn Baurat Lindley danken; solche Blöcke sind uns auch aus der Kelsterbacher Schleusenkammer-Baugrube von Herrn Ingenieur Riese zugesandt, wofür wir ihm sehr zu Dank verpflichtet sind.

Schließlich müssen wir noch referieren über die Vervollständigung der Sammlung der von Prof. A. Heim redigierten geologischen Reliefs, welche sowohl dem Dozenten beim Unterricht, als auch zur allgemeinen Instruktion im Museum dienen sollen. Es sind dies:

Thalbildung durch Erosion (Gebiet eines Wildbaches) 1 : 10000 und Steilküste und Dünenküste des Meeres. 1 : 3000.

Sie haben im selben Saale ihre Aufstellung erhalten, wo auch schon das Modell eines Gletschers und einer vulkanischen Insel steht.

April 1885.

Die Sektionäre:

Dr. Friedrich Kinkelin.

Dr. O. Boettger.

Sektion der Insekten (ausschließlich der Schmetterlinge).

1. Die Gesellschaft erhielt am 5. Juni und 24. Novbr. 1884. von Herrn Gymnasiallehrer O. Retowski in Theodosia, Krim. 4 Kästchen mit Insekten zugeschickt, als Resultat seiner Reise nach dem Schwarzen Meer und der Krim, welche er unter Beihülfe pekuniärer Mittel von seiten der Gesellschaft dorthin unternommen hatte. Das Material wird eben noch von dem Unterzeichneten bestimmt, was zum Teil sehr zeitraubend ist, da einzelne Gruppen nur mit Zuhülfenahme auswärtiger Specialisten zu benennen sind. Später soll das Resultat in dem Jahresberichte veröffentlicht werden.

2. Als Geschenke für die Sektion sind zu verzeichnen:
   a) von Herrn Joseph Grünewald ein Wespennest.
   b) ein desgleichen vollständig erhaltenes von Herrn Dr. med. Heinrich Schmidt.
   c) Von Major z. D. Dr. von Heyden das Platt-Gespinnst einer erkrankten Seidenraupe an Stelle eines zur Puppenaufnahme geeigneten Cocons.

d) Von Herrn Anton Stumpff in Madagaskar eine prachtvolle Suite des Goliathiden-Käfers, *Ceratorhinus Derbyanus* Westwood, nebst Varietäten dieser Art von Bogomoyo an der Ostküste von Afrika.

3. Unser verstorbenes ewiges Mitglied, Herr Wilhelm Roose, hat neben seiner sehr bedeutenden und wertvollen paläarktischen Schmetterlingsammlung und einer Anzahl naturwissenschaftlicher Bücher, der Gesellschaft auch seine Hymenopteren- (Immen) und Dipteren- (Zweiflügler) Sammlung vermacht, welche beide letzteren er in der Umgegend von Frankfurt zusammenbrachte. In Verbindung mit den früher schon von Herrn Th. Passavant geschenkten Sammlungen aus diesen beiden Ordnungen, geben beide nun ein recht anschauliches Bild von deren Vorkommen in der Frankfurter Gegend.

Außer dem Instandhalten der vorhandenen Bestände war der Sektionär damit beschäftigt, die neuhinzugekommenen Insekten zu präparieren, zu benennen und in die Sammlungskästen einzureihen.

24. April 1885.

Dr. von Heyden, K. Major z. D.

Sektion für Schmetterlinge.

Die systematische Einordnung der Sammlung wurde auch in diesem Jahre fortgesetzt, die Nymphaliden nochmals einer Revision unterworfen und beendet und hieran die Elymniiden, Morphiden und Satyriden angeschlossen, für welch' letztere ein ansehnliches Material von Dr. Staudinger in Dresden gekauft wurde. Weiteren Zuwachs erhielt die Sammlung durch die nun vollendete Übernahme der Roose'schen Sammlung, die vorläufig dicht gedrängt in Kasten des Museums umgesteckt werden mußte. Eine kleine Sendung von Herrn Hesse am Kongo und im Tausche Schmetterlinge von Kalifornien von dem Museum in Lübeck bereicherten weiter die Sammlung.

Saalmüller.

Sektion der Mollusken.

Die Konchyliensammlung erhielt in dem verflossenen Jahre einen Zuwachs von 185 Arten, eine geringere Zahl als in den früheren Jahren, wobei aber zu berücksichtigen ist, daß der Sektionär während eines erheblichen Teiles des Jahres abwesend war, und daß von der Ausbeute seiner letzten Sammelreise bis jetzt noch wenig aufgestellt werden konnte.

Eine sehr wertvolle Bereicherung erfuhr das Museum durch eine Serie Landkonchylien aus China, welche Herr Dr. von Möllendorff in Hongkong schenkte und von welcher 50 Arten, als für die Sammlung neu, ausgestellt wurden. Da schon früher durch den Sektionär zahlreiche chinesische Landkonchylien, ebenfalls von Herrn von Möllendorff, zum Teil auch von Herrn Prof. Gredler stammend, der Sammlung überwiesen wurden, kann dieselbe sich jetzt rühmen, eine der reichsten auf diesem Gebiete zu sein.

Eine weitere Anzahl interessanter Arten erhielt die Sammlung durch die vom Rüppellfonds unterstützte Reise des Herrn Hofrat Retowski; 15 Arten waren für uns neu.

Gekauft wurden von dem Institut Linnaea dahier 7 Arten uns noch fehlender Landkonchylien: von Herrn Dr. Dohrn in Stettin eine Serie interessanter Landschnecken von Neu-Guinea und Celebes.

Vom Sektionär erhielt die Sammlung 52 Arten, darunter eine Suite seltener und interessanter Arten aus dem südlichen Indien, und die seltene *Helix papilla* Müll. von Celebes.

Dr. W. Kobelt.

Von den nackten Landschnecken, welche der Unterzeichnete im Laufe des Jahres aus mehreren großen Museen zur Untersuchung und Bestimmung in Händen hatte, war ihm gestattet, Doubletten zurückzubehalten. Dieselben, aus vielen sowohl europäischen als exotischen Arten bestehend, hat er der Sammlung einverleibt, und sie bilden mit den sonst von ihm zugewiesenen Geschenken und den gekauften und gegen andere Nacktschnecken getauschten Arten eine Kollektion, wie sie jetzt kein anderes Museum so aufzuweisen hat.

D. F. Heynemann.

Botanische Sektion.

Der Direktion der Senckenbergischen naturforschenden Gesellschaft erlaubt sich der unterzeichnete Sektionär folgenden Bericht zu überreichen.

An Geschenken gingen im Laufe des verflossenen Jahres ein: das Herbar des verstorbenen Herrn Roose (meist Gartenpflanzen) und eine Suite getrockneter Pflanzen von Herrn Kesselmeyer. Durch Kauf wurden erworben: 2 Lieferungen des Herbarium Europaeum von Baenitz und einige Centurien mexikanischer von E. Kerber gesammelter, sehr schön erhaltener Pflanzen. Hierzu kommt noch eine Suite japanischer von Rein gesammelter und von mir während der letzten Zeit bestimmter Pflanzenarten. Mit Ausnahme der letzten Erwerbungen sind diese Pflanzen in das Gesamtherbar eingereiht und in den vor ein paar Jahren von mir für die Blütenpflanzen vollständig fertig gestellten Katalog*) eingetragen worden, so daß derselbe derzeit 24—25000 Arten (bei Übernahme der Sektion 1869 fand ich etwa 9000 Species vor) in ca 200000 Nummern beträgt. Zudem bestanden die neuen Erwerbungen fast bloß aus spontan gewachsenen Pflanzen, nicht aus Gartenexemplaren. Die Vertretung der einzelnen Florengebiete nach Grisebach (vergl. Jahresber. 1877/78) zeigt derzeit folgende Verhältnisse und stelle ich in dieser Übersicht in Parenthese die Zahl der Arten hin, welche sich im Jahre 1872, wo schon das Herbar um mehr als 3000 Arten gewachsen war, in der Hauptsammlung befanden.

Arktische Flora 242 (196); Östliches Waldgebiet gegen 6000 Arten (3488); Mittelmeergebiet etwa 4000 (1007); Steppengebiet 663 (269); China-Japan etwa 800 (1), mit einer einzigen Ausnahme lauter japanische von Rein gesammelte Arten; Indisches Monsungebiet 2189 (34); Sahara 432 (399); Sudan 285 (246); Kalahari ist noch nicht vertreten; Kap der guten Hoffnung 2583 (539); Australien 741 (26); Nordamerikanisches Waldgebiet 2014 (978), wozu den Stamm von etwa 1000 Arten ein wertvolles Geschenk unseres langjährigen korrespondierenden im verflossenen Jahre leider verstorbenen Mitgliedes, Georg Engelmann, lieferte; Nordamerikanisches Präriegebiet 879 (52); Kalifornien 62 (0); Mexiko 314 (1), wozu durch die neu erworbene Sammlung von Kerber noch 2—300 neue Arten voraussichtlich kommen dürften; Westindien 555 (390); (nördliches) Südamerika 175 (1); Hyläa fehlt derzeit noch; Brasilien 304 (76); Anden 3 (1); Pampas 199 (1); Chili 355 (9); Antarktisches Gebiet 124 (3); Oceanische Inseln 418 (71).

*) Derselbe umfaßt 25 Bändchen.

Die pflanzenpaläontologische Sammlung wurde durch ein wertvolles Geschenk (eine Suite Bernsteinvorkommnisse) des Herrn Dr. Conwentz, Direktor des westpreußischen Provinzial-Museums zu Danzig, bedacht, welcher Sendung am 1. Mai dieses Jahres noch eine zweite aus 23 Nummern bestehende folgte.

Dr. Geyler.

B. Protokoll-Auszüge über die wissenschaftlichen Sitzungen während 1884/85.

In diesen Sitzungen werden regelmäßig die neuen Geschenke und Ankäufe für die Sammlungen, sowie für die Bibliothek vorgelegt.

Diese sind, da ein Verzeichnis derselben unter S. 33 bis 61 gegeben ist, hier nicht erwähnt, insofern sich nicht etwa Vorträge daran knüpften. Ebenso ist nicht erwähnt, daß, was regelmäßig geschah, das Protokoll der vorigen Sitzung verlesen wurde.

Samstag, den 25. Oktober 1884.

Vorsitzender Herr Dr. H. Schmidt.

Den angekündigten Vortrag hält Herr D. F. Heynemann: über naturwissenschaftliche Museen und ihre Einrichtungen.

In der Einleitung wies der Vortragende darauf hin, daß seine Stellung als 2. Direktor ihn veranlasse, das Thema der Verbesserungen und Veränderungen, welche unsere Gebäude und unsere Sammlungen schon lange erfordern und die durch reicheren Zufluß an Mitteln nunmehr in Angriff genommen werden können, zur Sprache zu bringen; der Redner will an dem Beispiele anderer Museen und ihrer Einrichtungen nicht nur ein Bild dessen geben, was man anderwärts erstrebt und erreicht, sondern auch was hier zu thun seine Ansicht sei. Die Aufgabe teilt er in drei allerdings eng miteinander in Verbindung stehende Teile:

1) Die Verbesserung und Vergrößerung der Gebäude,
2) Die Gesichtspunkte, welche für die Sammlungen maßgebend sind und
3) Die Aufbewahrung der Objekte u. s. w.

Den ersten Punkt, die Gebäude betreffend, hebt der Vortragende besonders die Museen von Cambridge, Kiel und London hervor und erwähnt u. a. noch diejenigen von Berlin und Leiden, um mit Erläuterung der da statthabenden Verhältnisse die Einrichtung des sogenannten Magazinsystems zu erklären und dasselbe gegenüber den ungleich mehr Raum erfordernden Museen, in welchen alles zur Anschauung gebracht werden soll, zu empfehlen. — So lange nicht Specialisten zum Ordnen der Sammlungen angestellt seien, was künftig nicht unterlassen werden dürfe, schlägt er gemischtes System vor. Diese Einrichtung sei nicht unähnlich der im British natural history Museum adoptierten. Freilich ein Vergleich mit dem Raumverhältnis und dem Luxus dieses merkwürdigen Gebäudes sei nicht anzustellen; dennoch dringt er auf Einführung einer schüchternen Pracht auch für unser Museum und die Einführung des unumgänglichsten Teiles des Guten, was sich anderwärts erprobt hat. — Im zweiten Teile des Vortrages wird besprochen, ob nur systematische Sammlungen aufgestellt und ob der ganze Erdboden bedingungslos als Sammelgebiet betrachtet werden soll. Redner ist sehr für Aufstellung nach Faunen neben den systematisch geordneten Abteilungen und empfiehlt die Ausbildung der Lokalsammlung und Vervollständigung der paläarktischen Fauna und Flora. Hier hatte Redner Anlaß u. a. die vortrefflichen Einrichtungen des Stuttgarter Museums hervorzuheben. — Die anderen Gebiete seien aber nicht zu vernachlässigen, im Gegenteil nach den verschiedensten Belehrung bietenden Richtungen fort zu sammeln. Wurde durch diese Erörterungen der Beweis geführt, daß die Sammlungen künftig weit mehr arbeitende Kräfte, als seither zur Verfügung standen, erforderten, so konnte der Vortragende dann durch Besprechung des dritten Teiles seines Vortrages — die Aufbewahrung der Sammlungen — dies noch mehr bekräftigen. Die notwndige Vergrößerung der Gebäude, die damit verbundene Umstellung der Objekte, die Einführung aller Vorsichtsmaßregeln gegen Licht, Staub und Insekten, die Etikettierung und Katalogisierung u. s. w. bildeten dafür die Anhaltspunkte. Vortragender hofft der Lösung der Aufgabe etwas vorgearbeitet zu haben, welche die Gesellschaft der Museums-Kommission in Betreff der Aufstellung eines förmlichen Programmes für die Zukunft gestellt hat.

Im Anschlusse an diesen Vortrag motiviert Freiherr von

Maltzan das von ihm Citierte, er wünscht im Hinblick auf das hiesige Material, daß die Gesellschaft sich auf das paläarktische Gebiet und Afrika beschränke, die übrigen Teile der Erde also nur untergeordnet behandle. Herr Prof. Noll beschreibt die Einrichtungen im Kieler Museum und weist darauf hin, daß die von der Gesellschaft ausgehende Lehrthätigkeit in den Vordergrund zu stellen sei, und daß eine Lehrsammlung aus allen Teilen der Erde das Präparations-Material zu entnehmen habe. Nach einer kurzen Diskussion über Konservierungsmittel schließt der Vorsitzende die Sitzung mit der Bemerkung, daß die Gesellschaft stets bestrebt war, mit den Mitteln, die ihr zur Verfügung standen, Mißverhältnisse zu beseitigen, Verbesserungen einzuführen, und daß sie das nun in höherem Maße thun werde.

Samstag, den 13. Dezember 1884.

Vorsitzender Herr Dr. H. Schmidt.

Vorerst ergreift der Vorsitzende das Wort. »Wir haben heute Vormittag den einzigen noch überlebenden Mitstifter unseres Museums begraben, den wärmsten Förderer unserer Bestrebungen, den Mann, welchem unser Museum seinen glänzenden Ruf verdankt, dessen ganze Thätigkeit darin aufzugehen schien, die reichen Schätze derselben zu vermehren und für die Wissenschaft zu verwerten, den unvergeßlichen Dr. Eduard Rüppell.« Nachdem der Redner ein kurzes Bild seines Lebens und Wirkens gegeben, hebt er hervor, daß es der Gesellschaft eine erhebende Aufgabe sein werde, die Biographie dieses großen Toten demnächst, aus möglichst guten Quellen ergänzt, zur Darstellung zu bringen. Alle wissenschaftlichen Reisen ohne Ausnahme und alle Publikationen mit wenig Ausnahmen hat Dr. Rüppell aus seinem Vermögen bestritten. Er hat der Gesellschaft alles gegeben, was er besaß, sein Wissen, seine Arbeit, seine fahrende Habe. Er hat das Museum von dem Standpunkte einer bescheidenen Ortssammlung zu der Höhe emporgehoben, die es ohne ihn nie hätte erlangen können. Das kurzgefaßte Lebensbild schließt Redner mit den Worten: »Möge er stets uns mahnen, ihm nachzustreben an Wissenseifer, an selbstloser Arbeit im Dienste der Wissenschaft. Das sei unser Gelöbnis an der Gruft des unvergeßlichen Toten«.

Nach dieer Ansprache zum Andenken an den verstorbenen Dr. Eduard Rüppell erheben sich auf Aufforderung des Vorsitzenden die Versammelten von ihren Sitzen.

Darauf erstattet Herr Dr. Kobelt den Bericht über seine letzte Reise nach Nordafrika. Siehe diesen Bericht.

Den zweiten Vortrag hält Herr Dr. Kinkelin: über eine neue Theorie von der Entstehung einerseits der Meere, anderseits der Kontinente und Gebirge. Nach einem geschichtlichen Rückblick auf die Vorstellungen, welche bisher über die Ursachen der Verteilung des Festen und Flüssigen in den verschiedenen geologischen Epochen geltend gemacht wurden, hebt Redner hervor, daß man neuerdings dahin neige, daß die Lage der großen Wasserbecken und auch wohl die der Festlandsockel im wesentlichen schon von den alten geologischen Perioden her unverändert geblieben sei. Das Klima während derselben reflektiert sich in den damaligen Faunen und Floren, deren Kenntnis, indem sie sich wesentlich gemehrt, über jene Aufklärung brachte. Vor einigen Jahren hat Probst zur Erklärung dieses während der alten geologischen Perioden vom Pol zum Äquator herrschenden, gleichförmigen Klimas eine recht plausible Theorie gegeben, darin gipfelnd, daß bei einer vorherrschend ozeanischen Beschaffenheit der Erdoberfläche, welche an sich ein gleichförmigeres Klima (Seeklima) bedingen mußte, noch eine vom Äquator nach dem Pole an Dichte zunehmende, beständige Wolkenhülle das äquatoriale Klima bis fast nach dem Pole hin zu erhalten geeignet war. Indem Probst seine an der Nordhemisphäre gewonnenen Vorstellungen an der Südhälfte prüft, kommt er zum physikalischen Verständnis eminenter geologischer Probleme. Die Verteilung von Wasser und Land einerseits und Klima anderseits stehen in Wechselbeziehung; die klimatischen Verhältnisse werden also auch bestimmend auf das Relief der Erdfeste etc. wirken. Die gegen alle Erwartung nach dem Südpol zu stärker wachsende Abnahme des mittleren Seeklimas führt zur Annahme eines eiserfüllten Kontinents, der den Südpol und einen großen Teil der antarktischen Zone inne hat. Das Vorhandensein desselben führte Redner dazu, besonders auch die Epoche in die Besprechung zu ziehen, in welcher die Nordhälfte noch weiter gegen den Äquator mit Eis bedeckt war, und die Anschauungen zu entwickeln, welchen Probst das Entstehen und Schwinden dieser Vergletscherung beimißt — ersteres veranlaßt durch die Aufrichtung der in der Nähe der Meere liegenden Hochgebirge. Hierbei gedenkt Redner auch der Adhémar'schen Theorie, welche zur Erklärung der Glacialzeit durch kosmische Einflüsse aufgestellt und verfochten wurde. Nach den kritischen Erörterungen Probst's muß dieselbe als Hauptprinzip, die Eiszeit zu erklären, entschieden aufgegeben werden. Immerhin suchen sie noch hervorragende Geologen zu halten.

Verschiedene geographische Momente bringen den Beweis bei, daß im Bereiche der Südhälfte Senkungen vorherrschen. Diese Senkungen schreibt nun Probst der vom Südpol nach der Meeressohle sich senkenden Kalt-Wasserströmung, die in der Äquatorialzone die größte Beschleunigung annehmen muß, zu, da diese Strömung eine Zusammenziehung, Verdichtung des Meeresgrundes veranlassen muß, also eine Vertiefung und damit ein vermehrtes Zuströmen von Wasser dahin. Die Mächtigkeit der auf der Meeressohle lastenden Wassermasse nimmt somit stetig zu. Als Korrelat dieser Senkung resp. dieses vermehrten Druckes wird die nachbarliche Erdfeste nach oben hin ausweichen, sich also heben. So wird es erklärlich, daß also die höchsten Gebirge nahe den Rändern der großen Ozeane verlaufen. Als Zonen größter Nachgiebigkeit laufen ihnen weit hinziehende vulkanische Linien parallel. Daß aber diese Vorgänge besonders in die mittlere und jüngere Tertiärzeit fallen, daran trägt eben das seit Ende der Kreidezeit konstatierte allmählich sich mehrende Zusammenschließen des Festlandes, resp. sein Einfluß auf das Klima, das sich nach und nach zu den heutigen Kontrasten einrichtete, die Schuld. Die ursprüngliche Verteilung der Erdfeste hat den polaren Tiefwasserströmungen von vornherein einen mehr oder weniger bestimmten Weg vorgezeichnet; dieser hat sich durch jene zu den heutigen Tiefen ausgebildet. Mit der Senkung der Meerestiefen geht aber die Hebung der Erdfeste und speciell der Kontinente und Gebirge parallel.

Samstag, den 3. Januar 1885.

Vorsitzender Herr Dr. med. Fridberg.

Herr Dr. F. Kinkelin hält seinen angekündigten Vortrag: Geologische Tektonik der Umgegend von Frankfurt a. M. (Siehe diesen Bericht).

Samstag, den 7. Februar 1885.

Vorsitzender Herr D. F. Heynemann.

Vorerst gedenkt der Vorsitzende der Verluste, welche die Gesellschaft in den letzten Tagen erlitten. Am 29. Januar verstarb Herr Wilhelm Roose, seit 1869 wirkliches Mitglied und Sektionär. Sein großes Interesse für die Gesellschaft bekundete der Heimgegangene zuletzt auch darin, daß er ihr seine schöne Schmetterlingsammlung vermachte und durch Einzahlung von M. 500.— sich in die Reihe der ewigen Mitglieder aufnehmen ließ. — Am 3. Februar verschied nach kurzem Krankenlager der mit der Gesellschaft seit 1842 eng verbundene und bis an sein Lebensende unermüdliche Dozent und Sektionär, Herr Professor Joh. Chr. Gustav Lucae. Ein ausführlicher Nekrolog wird das Wirken Lucaes in eingehender Weise würdigen. — Die anwesenden Mitglieder erheben sich zum Andenken an die beiden Dahingeschiedenen von ihren Sitzen.

Herr Dr. W. Schauf hält nunmehr seinen angekündigten Vortrag: Über die südafrikanischen Diamantfelder. Von Herrn Eisenbahndirektor Wernher wurden dem Museum im vorigen Jahre zwei eingewachsene Kapdiamanten geschenkt, sowie eine größere Suite der in den Diamantfeldern auftretenden Gesteinsarten. Dies, bemerkte Redner, veranlaßte ihn zur Wahl seines heutigen Themas.

Bekanntlich vermag sich keiner der anderen Fundorte mit dem Kaplande an Diamantreichtum zu messen, und insbesondere sind seit Entdeckung der Gruben (1867) mehr große Gesteine gefördert worden, als seit alters her an allen anderen Orten zusammen. Einige Zahlen illustrieren diese Bemerkung.

Das Diamantrevier befindet sich etwa innerhalb eines Dreiecks, welches von dem Oranjefluß und Waalfluß, sowie dem Stück des 26. Meridians (Greenwich) zwischen beiden gebildet wird, worin aber nur wenige Punkte, vier Gruben vornehmlich, von hervorragender Bedeutung sind. Die ersten Steine fand man in altem Flußsand, und bot ihr Auftreten kaum etwas Abweichendes von dem in anderen Ländern. Diese älteren Seifen sind jetzt wenig mehr in Betrieb und liefern nur geringe Ausbeute. Später aber fanden sich die Steine in einer Auftretungsweise, wie sie bisher nicht bekannt war und auch seitdem nirgends wieder beobachtet worden ist. Das eben bezeichnete Gebiet besteht aus horizontal lagernden Schichten von Sandsteinen und Schiefern (Dyas und Trias), welche von zahlreichen Grünsteinbänken durchsetzt werden. In diesen Schichten finden sich vereinzelt trichterartige, kraterähnliche Vertiefungen, welche unten mit einem harten, blauen, in den oberen Lagen mit einem weichen, gelblichen Tuff, dem Träger der Diamanten, ausgefüllt sind. Dieser Tuff ist gegen das Nebengestein scharf abgegrenzt, schließt Fetzen und grössere Brocken desselben ein, zeigt sich aber von demselben vollständig unabhängig; auch führt letzteres niemals Diamanten. Redner bespricht die Gewinnung derselben und teilt einige Zahlen über die Ausdehnung und den Bodenwert der Kimberley-Grube, der bedeutendsten der vier Hauptgruben, mit. Die Bildung des Diamantbodens ist auf vulkanischem Wege vor sich gegangen. Jene Trichter sind wahrscheinlich nach Art der Explosionskrater entstanden und der sie ausfüllende Tuff hauptsächlich aus den Trümmern der von den Gasen und Dämpfen durchbrochenen Felsmassen zusammengesetzt. Das eigentliche Muttergestein der Diamanten ist in der Tiefe unter den anstehenden Felsarten zu suchen, wahrscheinlich ein altkrystallines Gestein, welches bei der Bildung der Explosionskrater zertrümmert wurde, während die Diamanten der Zerstörung widerstanden.

Für die Entstehung des Diamanten bieten also die Vorkommnisse am Oranje nichts Neues: seine Muttergesteine sind auch anderwärts krystalline Schiefer (Itakolumit). Wahrscheinlich ist, daß er sich gleichzeitig mit jenem gebildet hat, besonders da neuerdings Gorce in metamorphen paläozoixischen Gesteinen einen Diamanten in Anatas eingewachsen und einen auf Eisenglanz aufsitzend gefunden hat. Sollte der Diamant aber auch an allen Orten krystallinen Schiefern entstammen, so ist damit seine Entstehung noch nicht erklärt, da wir über die Genesis dieser Gesteine selbst noch sehr wenig wissen. (Cohens Südafrikanische Diamantenfelder.)

Anknüpfend an einen vorliegenden Seebären, *Callorhinus ursinus Gray*, Geschenk des Herrn Aug. Wassermann, verbreitete sich sodann Herr J. Blum über die Lebensweise dieses ebenso wertvollen wie interessanten Tieres, dessen Naturgeschichte erst durch die Beobachtungen und Forschungen Henry W. Elliotts bekannt wurde. Die Hauptsammelplätze des Seebären sind heutzutage die Pribylovinseln St. Paul und St. George, nordwestlich von der Halbinsel Alaska, mit einem Flächenraum von 60 englichen Quadratmeilen. Die Alaska Commercial Company, in deren Pacht sich diese Inseln befinden, hat die Erlaubnis, jährlich ein hunderttausend junge männliche Seals von den fünf Millionen, welche alljährlich an diese Inseln kommen, zu töten. Das Töten und Abhäuten der Tiere sowie das Einsalzen und Verpacken der Häute wird von den Bewohnern der Inseln in der Zeit vom 1. Juni bis 1. August besorgt. Diese Bewohner, etwa 400 an Zahl, sind Eingeborene der benachbarten Aleuten; sie werden von der Gesellschaft mit allem Notwendigen, zum Teil gratis, versorgt und erhalten ausserdem 40 Cents pro Fell. Die amerikanische Regierung, welche die Oberaufsicht führt, erhält etwas über 2½ Dollars Steuer von jedem Fell. Die Felle kommen nach London zur Auktion. Hier auch werden sie zu den bekannten Sealskins verarbeitet. Nächst den Pribylovinseln kommen als Sammelplätze für die Seebären die Berings- und Kupferinseln in Betracht. Die Alaska Commercial Company hat diese Inseln von der russischen Regierung gepachtet und ihr jährlicher Ertrag an Sealskins schwankt zwischen zwanzig und fünfzigtausend.

Herr Dr. Heinr. Reichenbach bespricht endlich kurz die Ergebnisse der Untersuchungen Metschnikoffs über fressende Zellen, sog. Phagocyten. Die Fähigkeit der meisten Blutkörperchen, Elemente in sich aufzunehmen, sei zwar schon lange bekannt, man habe aber den Verdauungsakt nicht anerkannt. Um diesen zu konstatieren untersuchte Metschnikoff den Schwanz der Batrachierlarven im Stadium der Atrophie und konstatierte, daß große amöboide Zellen Muskelprimitivbündel, Nervenfasern u. s. w. aufnahmen und verdauten. Von besonderer Tragweite sei die Beobachtung, wonach bei künstlicher Blutvergiftung durch Bakterien jene großen amöboiden Wanderzellen die Bakterien in großer Zahl aufnehmen. Da die mit Bakterien beladenen Phagocyten in besonders großer Menge in der Milz sich vorfanden, so schreibt Metschnikoff der Milz eine krankheitverhütende Wirkung zu, da durch andere Experimente dargethan ist, daß frischer Milzsaft Eiweiß löst. Auch bei Erzeugung von Entzündung sah Metschnikoff die fressenden Zellen damit beschäftigt, feste Fremdkörperchen (Karmin etc.) aufzunehmen und wegzutransportieren. Redner erwähnt noch kurz die Entzündungstheorien und ihr Verhältnis zu den erörterten neuen Befunden und bespricht am Schluß zwei Arten von fressenden Zellen, die in der Entwickelung des Krebses eine wichtige Rolle spielen. Letztere werden unter dem Mikroskope demonstriert.

Samstag, den 7. März 1885.

Vorsitzender Herr Dr. med. Fridberg.

Herr Prof. Dr. Noll erstattet den Bericht über seine Reise in Norwegen. Siehe diesen Bericht.

C. Wissenschaftliche Sitzung am 7. April 1885.

Bericht der Kommission zur Erteilung des Sömmerringpreises.

Am 7. April, dem Jahrestag des 50jährigen Doktorjubiläums des großen Physiologen und Anatomen Samuel Thomas von Sömmerring, versammelten sich die Mitglieder im festlich geschmückten und mit der Büste Sömmerrings gezierten großen Hörsaal des Bibliothekgebäudes, um den Bericht der Kommission zur Erteilung des Sömmerringpreises entgegenzunehmen. Dieser Preis, bestehend in einer prachtvollen Denkmünze und 500 M., kommt alle 4 Jahre zur Verteilung und soll demjenigen deutschen Naturforscher zuerkannt werden, der die Physiologie im weitesten Sinne des Wortes während der letzten vier Jahre am meisten gefördert hat.

Der erste Direktor, Herr Dr. med. Fridberg, erteilt das Wort dem Vorsitzenden der Kommission Herrn Dr. med. Blumenthal zur Berichterstattung, der wir folgendes entnehmen: Die Kommission bestand aus den Herren Prof. Askenasy (Botanik), Dr. med. Blumenthal (Anatomie und allgemeine Physiologie), Dr. med. Edinger (Histologie und Physiologie des Nervensystems und der Sinnesorgane), Dr. phil. Reichenbach (Zellentheorie und Physiologie der niederen Tiere), Dr. med. Wirsing (Embryologie) und Dr. phil. Ziegler (physiologische Chemie).

6

Diese Kommission hat in zahlreichen Sitzungen die wichtigsten in Betracht kommenden Werke eingehend besprochen, von denen Referent folgende besonders hervorhebt und die Ergebnisse bespricht:

Kronecker und Meltzer. Über den Mechanismus der Schluckbewegung.

Engelmann. Über die Bewegung der Zapfen und Stäbchen in der Netzhaut.

Nägeli. Mechanisch-physiologische Theorie der Abstammungslehre.

Straßburger. Über den Teilungsvorgang der Zellkerne und das Verhältnis der Kernteilung zur Zellteilung.

— — Die Kontroversen der indirekten Kernteilung.

— — Neue Untersuchungen über den Befruchtungsvorgang bei den Phanerogamen als Grundlage für eine Theorie der Zeugung.

— — Über den Bau und das Wachstum der Zellhäute.

Pfeffer. Lokomotorische Bewegungen durch chemische Reize.

Engelmann. Ueber eine neue Methode zur Untersuchung der Sauerstoffausscheidung tierischer und pflanzlicher Organismen.

Krukenberg. Grundzüge einer vergleichenden Physiologie der Verdauung.

Hierauf übernimmt das Referat Herr Dr. Reichenbach und bespricht eingehend die Arbeiten Pflügers: Über den Einfluß der Schwerkraft auf die Teilung der Zellen und das Werk: **Zellsubstanz, Kern und Zellteilung** von Walter Flemming, Prof. der Anatomie in Kiel.

Letzteres wurde auf Vorschlag der Kommission von der Versammlung preisgekrönt.

J. Blum.

Vorträge und Abhandlungen.

Professor Dr. med. Gustav Lucae.

1814—1885.

Worte der Erinnerung an Professor G. Lucae,

gesprochen von Dr. **W. Stricker**

bei dem Jahresfeste der Gesellschaft am 31. Mai 1885.

Wenn die Direktion der Senckenbergischen naturforschenden Gesellschaft mir den ehrenvollen Auftrag erteilt hat, einige Worte zur Erinnerung an Lucae an dieser Stelle zu sprechen, so geschah es wohl aus dem Grunde, weil ich der einzige überlebende der Fachgenossen bin, welche von der Gymnasialzeit an mit ihm verbunden waren, denn sonst wären bessere Männer vorhanden, um seinen Leistungen auf den von ihm angebauten Gebieten gerecht zu werden. Die Aufgabe, in einer so kurzen Spanne Zeit ein siebzigjähriges arbeitsvolles Leben zu schildern, wird dadurch erleichtert, daß noch nicht neun Jahre verflossen sind, seit, gelegentlich des am 18. August 1876 gefeierten 25. Jubiläums seiner Lehrthätigkeit, von berufener Seite die verschiedenen Richtungen seiner Wirksamkeit charakterisiert worden sind.

Die darüber erschienene Schrift ist in allen Händen, die meisten der damals Mitwirkenden leben noch. Lucaes schriftstellerische Thätigkeit war damals fast abgeschlossen, seine Lehrthätigkeit bereits in die festen Bahnen eingelenkt, in welchen sie bis zu seinem Tode geblieben ist. Ich kann daher all das dort Gesagte hier nicht wiederholen, ich kann nur seine Lebensumstände rekapitulieren und den Versuch machen, in einer Charakteristik die Summe seines Lebens zu ziehen.

Joh. Christian Gustav Lucae hat sich offenbar zur Aufgabe gemacht, das Werk fortzusetzen, welches seinem verehrten Vater, Samuel Christian Lucae, ein allzufrüher Tod aus den Händen genommen. Er bewegte sich in denselben wissenschaftlichen Bahnen, nur, der veränderten Zeitrichtung zufolge, nicht als Anhänger der Naturphilosophie, in deren Blütezeit die Wirksamkeit seines Vaters fiel, sondern als exakter und selbständiger

Forscher. Der Vater, Samuel Christian Lucae, war dahier geboren am 30. April 1787, studierte Medizin zu Mainz seit 1805, zu Tübingen seit 1807, promovierte zu Tübingen am 2. November 1808, wurde 1809 unter die Zahl der Frankfurter Ärzte aufgenommen, ließ sich aber im Mai 1812 als Privatdozent in Heidelberg nieder. Bereits in demselben Jahre kehrte er in die Vaterstadt zurück, indem er an der 1812 vom Fürsten Primas errichteten und am 2. November eröffneten medizinischen Specialschule zum Professor der vergleichenden Anatomie und Physiologie ernannt wurde, eine Wirksamkeit, welche bekanntlich nach einem Jahre zugleich mit dem Großherzogtum Frankfurt ihr Ende erreichte.

1815 wurde Lucae als Professor der Pathologie und Therapie und Direktor der inneren Klinik nach Marburg berufen, starb aber schon am 28. Mai 1821. Trotz seiner kurzen Lebensdauer von 34 Jahren hat er zahlreiche Schriften veröffentlicht, welche Anatomie, Physiologie, Entwickelungsgeschichte und Anthropologie betreffen.

Sein Sohn, Joh. Christian Gustav Lucae, geb. dahier am 14. März 1814, wurde in dem Institut des Pfarrers Bang zu Goßfelden bei Marburg und dann auf dem Frankfurter Gymnasium vorgebildet, bezog 1833 die Universität Marburg, studierte daselbst und in Würzburg Medizin und promovierte am 10. September 1839 zu Marburg mit einer Dissertation, welche bereits ein Thema behandelt, das er später mit Vorliebe pflegte, über die Symmetrie und Asymmetrie der tierischen Organe, besonders des Schädels.

1840 wurde er unter die Frankfurter Ärzte aufgenommen, begann aber seine Praxis zunächst in Bornheim, wo sein Andenken noch nicht erloschen ist.

1845 nach dem Tode Dr. Cretzschmars wurden ihm die von der Senckenb. naturf. Ges. zu veranstaltenden zoologischen Vorlesungen übertragen, 1851 nach der Resignation Dr. Heinrich Hoffmanns wurde er Lehrer der Anatomie am Senckenbergischen medizinischen Institut und erhielt 1863 gelegentlich des 100 jährigen Jubiläums der Senckenb. Stiftungen den Professortitel. Nach dem Tode des Professor Schmidt von der Launitz 1869 wurden ihm auch die vom Städel'schen Kunstinstitut veranstalteten Vorlesungen über Anatomie für Künstler übertragen. 1873 machte er eine längere Reise nach Italien zu und mit seinen dortigen Verwandten, von Frau und Nichte begleitet. 1876 wurde sein 25jähriges Jubiläum als Dozent unter allgemeinster Teilnahme gefeiert.

Dies war der einfache Gang seines äußeren Lebens, wie er aber in rastloser Arbeit sein inneres, sein Geistesleben gestaltet und welchen Ausdruck er demselben gegeben hat, soll jetzt auszuführen versucht werden.

Wir finden drei Eigenschaften in Lucaes Charakter aufs schärfste ausgeprägt: Uneigennützigkeit, wissenschaftlichen Eifer, Gemeinsinn. Diese Eigenschaften vereinigten sich zu seiner Wirksamkeit für die Senckenb. naturf. Gesellschaft. Er hat ohne jeden Anspruch auf Entschädigung seine ganze Zeit und Kraft in den Dienst der Wissenschaft gestellt, sei es als Lehrer oder als Schriftsteller. Er hatte ein wahres Lehrgenie, wie besonders von seiten der Künstler anerkannt wurde, welchen er Anatomie vortrug. Das Lehren war ihm Herzensbedürfnis. Wir alle wissen, mit welcher Liebe er an seinen Schülern hing, wie er sie mit warmer Teilnahme bis in ihr späteres Lebensalter begleitete, und ihre Laufbahn in jeder Weise zu fördern suchte, welchen Schmerz es ihm bereitete, als den Gymnasiasten die Erlaubnis entzogen wurde, seine Vorlesungen zu besuchen. Seinem Eifer ist ein großer Einfluß darauf zuzuschreiben, daß unter den akademischen Lehrern der Naturwissenschaften die Söhne von Frankfurt im Verhältnis bei weitem am zahlreichsten sind unter allen deutschen Städten.

Wie Lucae sein Amt als Hauptaufgabe seines Lebens aufgefaßt hat, lehrt auch ein Blick auf den jetzigen Zustand der anatomischen und anthropologischen Sammlung, worüber einer der Koryphäen der Wissenschaft, Geh. Rat Schaaffhausen, ein Verzeichnis angefertigt hat. (Archiv f. Anthropologie Bd. 14).

Wie ein Fels im brandenden Meere, so stand Lucae als Repräsentant der früheren Zeit der Senckenbergischen Gesellschaft unter den wechselnden Mitgliedern derselben; er sah die Geschlechter kommen und gehen, die Hermann von Meyer, Hessenberg, Fresenius, Rüppell; kein Wunder, daß ein autokratischer Zug sich bei ihm ausbildete, daß er schwer dem konstitutionellen Prinzip der Kommissionen sich fügte, aber sicher hat er immer das Beste gewollt.

Zu dem vielgestaltigen Gebiet der Anthropologie wurde Lucae zunächst durch sein schon in seiner Dissertation kund gegebenes Interesse an der Form des Schädels hingeleitet. Er war bei der Versammlung von 1861 zu Göttingen, auf welcher die Gründung einer deutschen anthropologischen Gesellschaft beschlossen wurde. An dieser Versammlung nahmen außer Lucae und den Göttinger Gelehrten Henle, Krause jun., Meissner und Rudolf Wagner noch Teil: Karl Ernst von Baer, Vrolik aus Amsterdam, Bergmann von Rostock und Ernst Heinr. Weber von Leipzig. Auf der hiesigen Anatomie kamen am 1. Juni 1865 Desor aus Neuenburg, A. Ecker aus Freiburg, Wilhelm His aus Basel, L. Lindenschmit aus Mainz, H. Schaaffhausen aus Bonn und Karl Vogt aus Genf mit Lucae zusammen, um das Archiv für Anthropologie zu gründen.

1882 bei der Versammlung der Anthropologen zu Frankfurt wurde Lucae zu deren Präsidenten gewählt und hielt am 14. August im großen Saale des Saalbaus vor einer zahlreichen Versammlung ausgezeichneter Männer die Eröffnungsrede, in welcher er die Ziele und die Geschichte der Gesellschaft darlegte und die Notwendigkeit streng wissenschaftlicher Forschung betonte. Bei der 14. allgemeinen Versammlung der deutschen anthropologischen Gesellschaft zu Trier vom 9.—12. August 1883 fungierte Lucae als zweiter Vorsitzender. Einer der Hauptsitze deutscher anthropologischer Wissenschaft anerkannte sein Verdienst, indem er zum korrespondierenden Mitglied der königlich bayerischen Akademie der Wissenschaften zu München erwählt wurde.

Lucaes Werke beziehen sich auf die normale und krankhafte Anatomie des Menschen, auf vergleichende Anatomie und Entwickelungsgeschichte. Sie sind, soweit sie nicht selbständig erschienen sind, meist in den Abhandlungen und Jahresberichten der Senckenbergischen naturforschenden Gesellschaft, in der Zeitschrift: der zoologische Garten und in der Festschrift zur Anthropologen-Versammlung von 1882 niedergelegt. Eine Bibliographie derselben zu geben, würde an dieser Stelle ungeeignet sein. Seine Arbeiten auf diesen Gebieten zeichnen sich durch die korrekte Zeichnung aus, wozu er neue Wege angegeben hat. Schon 1843 zeigte er seinen geometrischen Zeichenapparat der Senckenbergischen naturforschenden Gesellschaft vor, welchen er immer weiter zu verbessern bestrebt war. Eines genaueren Eingehens auf diesen

Gegenstand können wir uns enthalten, da Herr Dr. Kinkelin in der Festschrift zum Frankfurter Anthropologen-Tag denselben einer historischen Darstellung unterzogen hat (s. auch Landzert im Archiv für Anthropologie II., 1. Lucae, ebenda VI. 1873). Diese Zeichenkunst, sowie die mathematischen Kenntnisse, welche er sich angeeignet hat und bei der Statik und Mechanik des Tierkörpers verwertete, war ein Produkt des Selbststudiums, denn auf dem Frankfurter Gymnasium war zu unserer Zeit keine Gelegenheit zur Ausbildung darin gegeben. Die Muskellehre der Säugetiere aufzuklären, hat er eine Reihe schätzbarer Arbeiten geliefert, besonders aber waren die Verhältnisse des Menschenschädels anziehend für ihn, und wie die Anregung zu den darauf bezüglichen Forschungen von der unwissenschaftlichen Kranioskopie ausgingen, so hat er der Schädellehre eine wissenschaftliche Basis zu geben beigetragen. Daneben war er an seiner philosophisch-ästhetischen Ausbildung thätig. Als sein Verwandter, Prof. Lucae aus Marburg, bei seinem Jubiläum 1876 ihn begrüßte, sprach derselbe die Worte: »Als ich vor 20 Jahren auf einer Studienreise dich kennen lernte, trat der Dr. med. bei dir gar sehr in den Hintergrund. In philosophische Studien vertieft, lebtest du ganz in Goethes Faust, dein drittes Wort bezog sich auf den zweiten Teil desselben und es sah fast so aus, als ob du zu den 99 Kommentaren, die über Goethes Faust existieren, den hundertsten schreiben wolltest.« Nehmen wir noch dazu die Thätigkeit in der Bücher- und Redaktionskommission und in den Preiskommissionen der Senckenbergischen naturforschenden Gesellschaft, deren zweiter Direktor er wiederholt war, die ärztliche Praxis und die Mühewaltung in dem Vorstand des von ihm gegründeten Kleinkinderasyls in Bornheim, so bedarf es keines Beweises, daß eine solche umfassende Thätigkeit nur durch Anstrengung vom frühesten Morgen an möglich war. Der Abend war ja fast regelmäßig, wenigstens im Winter, durch Vorlesungen besetzt. Nur Erholungsreisen, meistens auch mit wissenschaftlichen Zwecken verbunden, unterbrachen das ziemlich einförmige Leben. Eine längere Unterbrechung brachte nur jene bereits erwähnte Reise nach Italien 1873. Aber er war mit seinem Los zufrieden, bis die Trübung des Augenlichts ihm die Arbeit erschwerte. Da erst wurde er unglücklich, als das Übel auf einen Grad stieg, der ihm die Fortsetzung seiner geliebten Vorlesungen nur auf kurze Zeit noch in

Aussicht stellte. Es sollte nicht zur Probe kommen, ob es der Kunst eines seiner Schüler gelingen würde, ihm das Augenlicht wieder zu geben; ein rascher Tod nach kurzer Krankheit hat ihn am 3. Februar 1885 dahingerafft. An seinem Grabe ist der Klage um seinen Verlust bereits Ausdruck gegeben worden, wir wiederholen sie hier in der Überzeugung, daß sein Name mit dem Bestehen unserer Gesellschaft unlöslich verbunden ist!

Eben da wir diese Worte der Erinnerung an Lucae in Druck geben, kommt uns durch die Güte des Verfassers, Geh.-Rats Prof. Dr. R. Virchow, ein Abdruck des Nachrufs zu, welchen dieser in der Sitzung der Berliner Gesellschaft f. Anthropologie etc. vom 21. Febr. 1885 gesprochen hat (Verhandl. der Berl. Ges. etc., S. 54). Gewis werden die Leser des Jahresberichts gern die Würdigung vernehmen, welche ein so kompetenter Richter den Verdiensten Lucaes hat angedeihen lassen. Virchow sagt:

»Seit dem Anfang der fünfziger Jahre hat er in einer langen Reihe mühsamer und scharfsinniger Detailuntersuchungen, welche sowohl den Menschen, als die Säugetiere, physiologische und pathologische Verhältnisse betrafen, die Lehre von der Entwickelung des Schädels auf strengen Grundlagen aufzubauen versucht. Jede wesentliche Wendung in der Kraniologie veranlaßte ihn zu neuen Arbeiten und sein Eingreifen hat nicht wenig dazu beigetragen, streitige Methoden der Untersuchung oder Erklärung zur Entscheidung zu bringen. Eine Menge von Einzelverhältnissen sind durch ihn geklärt worden. Was Lucae aber besonders auszeichnete, war die Richtung auf die Ergründung des gesetzmäßigen Geschehens und auf den inneren Zusammenhang der formbildenden Prozesse, eine Richtung, die unter dem verwirrenden und verflachenden Gedränge der Einzelfälle nur zu oft zurückgedrängt wird, die aber immer wieder von Neuem hervortritt und die glücklicherweise in der deutschen Wissenschaft stets geachtet geblieben ist.«

Verzeichnis der Schriften von Prof. Dr. G. Lucae.

(Vorbemerkung. In dem Nachstehenden habe ich die bibliographische Übersicht in den »Gedenkblättern zu dem Dozentenjubiläum des Prof. Dr. J. Chr. G. Lucae 1876« einer Durchsicht zum Behuf der Ergänzung und Berichtigung unterzogen. Wo weder eine Berichtigung noch Bestätigung der Angabe möglich war, habe ich die dortige Angabe unverändert wiedergegeben und mit einem Stern (*) bezeichnet).

1. Diss. inaug. de symmetria et asymmetria organorum animalitatis imprimis cranii, mit 3 Taf. Marburg. 1839. 4°.
2. Zur organischen Formenlehre, mit 12 Abbildungen. Frankfurt a. M. 1844 (1845). Frz. Varrentrapps Verlag (Phil. Krebs). 4°. (Taf. 1. 2. Wilh. Heinses Schädel, gezeichnet von W. Sömmerring, Tfl. 3—12 gezeichnet von Lucae. 3. 4. Büngers Schädel, 5. Chinesen-Schädel, 6. Grönländer-Schädel, 7. Negerschädel, 8. Nubierschädel, 9. Japaner-Schädel, 10. Schädel eines Bewohners der Insel Floris, 11. Papuaschädel, 12. Portraits von Heinse und Bünger.
3.* Über das Studium der Zoologie in Frankfurt a. M.
4. Über das Schwingen des Beines beim Gehen. Frorieps Tagesberichte etc. Abteilung Anatomie und Physiologie. Novbr. 1850. No. 211. I. Band.
5.* Samuel Christian Lucae, Prof. der Medizin in Marburg. Manuskript 1851.
6. Der Pongo- und Orang-Schädel in Bezug auf Species und Alter. Senckenbergische Abhandlungen. I. Bd. S. 154. Taf. 8—13. 1854/55. (Zugleich Gratulationsschrift im Namen der Senckenb. naturf. Ges. zum 50jährigen Doktorjubiläum des GR. Prof. Dr. F. Tiedemann.)
7. Zehn Schädel bekannter Personen. fol. Frankfurt 1854, mit 9 Taf. Gratulationsschrift Lucaes zu Tiedemanns Jubiläum. (Arnoldi, Bünger, Seidenfaden, Heinse, Leißring, Joel Friedberg, Schinderhannes, schwarzer Peter, Helfer Brehm, Frau Ruthard).
8. Schädel abnormer Form. fol. Frankfurt 1855. Keller. Mit 18 Tafeln. (Zugleich als Gratulationsschrift namens der Senckenb. naturf. Ges. für die k. Akademie der Naturforscher in Moskau).

9.* Über die Launitzsche Methode des anatomischen Unterrichts. Henle und Pfeufer, Jahrgang IX. (Die Zeitschrift für rationelle Medizin von Henle und Pfeufer zählt nicht nach Jahrgängen, sondern nach Folgen und Bänden).

10. Zur Architektur des Menschenschädels mit 32 Taf. Frankfurt a. M., Keller 1857. fol. (Faßt die unter 7 und 8 verzeichneten Schriften in vermehrter Form und unter Zugabe von Tafeln zusammen).

11. Die mattgeschliffene Glastafel zum Zeichnen beim demonstrativen Vortrag. Frorieps Notizen 1858. Bd. II. N. 10.

12. Bericht über die Dr. Senckenbergische anatomische Anstalt, im Jahresbericht über die Verwaltung des Medizinalwesens etc. in Frankfurt. I. Jahrgang für 1857. Frankfurt 1859. S. 246—274.

13. Abbildungen der menschlichen Skelet-Teile als Unterlagen zur mattgeschliffenen Glastafel. 28 Taf. Frankfurt a. M. 1860. gr. fol. (Dem Bildhauer Ed. von der Launitz gewidmet).

14. Zur Morphologie der Rassenschädel. 1. Abteilung Senckenbergische Abhandl. III. 483. Taf. 15—26. 1859/61. Zweite Abtlg. V. Tfl. 1—12. 1864/65.

15. Über Schizostoma reflexum (Gurlt). Senckenb. Abhandl. IV. 145. Taf. 6. 1862/63.

16. Die Hand und der Fuß. Ein Beitrag zur vergleichenden Osteologie der Menschen, Affen und Beuteltiere. Senckenbergische Abhandl. V. 275. Taf. 35—38. 1864/65. (Zugleich Gratulationsschrift zum 50 jährigen Doktorjubiläum von Dr. S. F. Stiebel 1865).

17. Der Zahnwechsel bei Menschen und Affen. Der zoologische Garten. 1866. VII. Jahrg. S. 244. (Einschaltung in eine Abhandlung von Dr. F. Noll: Beiträge zur Frage über die Stellung des Menschen).

18. Die Stellung des Humerus-Kopfes zum Ellenbogengelenk bei Europäer und Neger. Mit Holzschnitten. Archiv f. Anthropologie I. Bd. 1866. S. 273.

19. Über die Zeugungswege des weiblichen Känguruh. Mit Holzschn. Der zoologische Garten. VIII. Jahrg. 1867. S. 418. X. Jahrg. 1869. S. 61.

20. Zur Anatomie des weiblichen Torso. Mit 12 Taf. Leipzig und Heidelberg. C. F. Winter 1868. gr. fol.

21. Der Fuß eines japanischen Seiltänzers. Mit 1 Taf. Archiv für Anthropologie. IV. Band. 1870. S. 313.

22. Der Schädel des japanischen Maskenschweins und der Einfluß der Muskeln auf dessen Form. Mit 3 Taf. Senckenb. Abhandl. 1869/70. Bd. VII. S. 457.

23. Noch einiges zum Zeichnen naturhistorischer Gegenstände. Mit Holzschnitten. Archiv für Anthropologie. VI. Band. 1873. S. 1.

24. Affen- und Menschenschädel in Bau und Wachstum. Archiv für Anthropologie. VI. Bd. S. 13. (Zugleich Gratulationsschrift zum 50jährigen Doktorjubiläum des Dr. G. A. Spieß).

25. Die Robbe und die Otter in ihrem Knochen- und Muskelskelet. I. Abtlg. mit 15 Taf. Senckenb. Abhandl. VIII. 272. (1872). II. Abtig. mit 17 Taf. Bd. IX. 369. (1873/75). (Auch zusammen: Frankfurt a. M., Chr. Winter 1876, der Senckenb. Stiftungsadministration gewidmet).

26. Die Morphologie der letzten fünfzig Jahre und die Bestrebungen der Senckenb. naturf. Ges. Vortrag bei der Jahresfeier 1874. Jahresbericht der Senckenb. Ges. 1873/74.

27. Erste Erteilung des Tiedemann-Preises 1875. Jahresbericht der Senckenb. Ges. 1874/5.

28. Skelet eines Mannes in statischen und mechanischen Verhältnissen, von Lucae und H. Junker, 4°. Mit 1 Taf. gr. fol. Frankfurt a. M., Chr. Winter 1876. (Nach graphischen Aufrissen in halber Größe. Vorder-, Seiten- und Rücken-Ansicht).

29. Dem Andenken an Karl Ernst von Baer gewidmet, vorgetragen in der wissenschaftlichen Sitzung vom 27. Januar 1877, Jahresbericht der Senckenb. Ges. 1876/77. S. 47.

30. Ein Beitrag zum Wachsen des Kinderkopfes vom dritten bis vierzehnten Lebensjahr, in der Festschrift zur dreizehnten Jahresversammlung der deutschen anthropologischen Ges. in Frankfurt 1882. S. 117.

31. Übersichtliches vom Wachsen des Schädels, ebenda. S. 124 mit 3 Taf.

32. Eröffnungsrede der 13. allgemeinen Versammlung der deutschen anthropolog. Gesellschaft zu Frankfurt a. M. am 14. August 1882, in: Corresp.-Blatt der deutschen Ges. f. Anthropologie etc. Septbr. 1882. S. 65—70.
33. Die Statik und Mechanik der Quadrupeden an dem Skelet und den Muskeln eines Lemur und eines Choloepus erläutert. Mit 24 Taf. Senckenb. Abhandl. XIII. S. 1. 1883/84. Auch unter dem Titel: Der Fuchsaffe und das Faultier zum 50jährigen Doktorjubiläum von GR. Prof. Dr. Bischoff in München. Frankfurt, Mahlau u. Waldschmidt. 1882.
34. Altes und Neues, vorgetragen bei der Jahresfeier am 27. Mai 1883 (über Entwickelungsgeschichte). Jahresbericht der Senckenb. Ges. 1882/83.
35. Zur Sutura transversa squamosa ossis occipitis bei Tieren und Menschen. Mit 4 Taf. Senckenb. Abhandlungen XIII. S. 247. 1882/84.

Gedächtnisrede auf Dr. Eduard Rüppell,

gehalten bei dem Jahresfeste, den 31. Mai 1885

von

Dr. med. **Heinrich Schmidt.***)

Einem aus früheren Jahren überkommenen Brauche gemäß beschäftigt sich der bei dieser festlichen Gelegenheit gegebene Vortrag mit einem Thema, das einem allseitigen Verständnis leicht zu erschliessen ist. Was bisher vorzüglich sich bewährt hat, darf auch heute als maßgebend gelten. Erwünscht wäre daher ein wissenschaftlicher Gegenstand, entnommen dem stets sich weiternden Gebiete der Naturwissenschaften, der, zum mindesten nicht allgemein bekannt, einer auch weniger tiefgehenden Auffassung unschwer sich erklären liesse. Für diesmal jedoch ist der Gesellschaft keine Wahl gelassen worden. Mit zwingendem Gebote hat ihr das Schicksal vorgezeichnet, wem der Festvortrag in diesem Jahre gelten soll. Wer nur einigermaßen mit den Leistungen vertraut ist, welche Frankfurt in diesem Jahrhundert auf wissenschaftlichem Gebiete hervorgebracht hat, wer den Thaten edelsten Bürgersinnes, der selbstlos alles für das gemeine Beste zu arbeiten und zu geben sich berufen fühlt, beachtenden Sinn geschenkt, für den tritt aus der stattlichen Reihe verehrungswürdiger Männer einer heraus, der Jahrzehnte hindurch für die naturforschende Gesellschaft Unvergleichliches gewirkt und dessen Ruhmestitel keine Zeit zu vernichten vermag, Dr. Eduard Rüppell. Ihn haben wir am 13. Dezember v. J. zur letzten Ruhe geleitet. Ihm gilt unsere Gedächtnisfeier, dem ausgezeichneten Forscher, dem großen Toten.

---

*) Infolge später noch vorgefundenen geschichtlichen Materials mußte die ursprüngliche Fassung größtenteils geändert werden.

Wollte jemand den Versuch machen, die Lebensgeschichte dieses Mannes in der Weise darzustellen, daß er die bedeutenden Ereignisse und die hervorragenden Leistungen schilderte, ohne fortwährende Hinweise zu geben auf dessen Beziehungen zu unserer Gesellschaft, so würde er mit Recht der Einseitigkeit geziehen werden. Die vorhandenen Belegstücke liefern den sicheren Nachweis, daß Rüppell, wie er einerseits befruchtende Anregung durch die naturforschende Gesellschaft empfing, andrerseits wieder mit unglaublichem Eifer und beharrlichem Fleiße für sie thätig war. Es bestand somit ein enges Verhältnis zwischen dem großen Forscher und unserer Gesellschaft, welches nur der Tod zu trennen vermocht hat. Daher es denn fast natürlich erscheint, daß dieser Beziehungen in folgendem gebührender Weise Erwähnung geschehen ist. Wenn nun auch Rüppells Stellung zur naturforschenden Gesellschaft den mit den Frankfurter Verhältnissen näher Bekannten offenkundig sein dürfte, so erschien es doch recht nötig, dem auswärtigen, ferner stehenden Leser diese Erklärungen zuvor zu bieten, damit er die Berechtigung, an diesem Orte vielfache geschichtliche Einzelheiten über die naturforschende Gesellschaft zu geben, gerne anerkennen möge.

Rüppells Vorfahren waren ansässig in dem kurhessischen Örtchen Großalmerode, allwo sein Großvater, wie in einer, leider Bruchstück gebliebenen Autobiographie des Enkels ausdrücklich erwähnt wird, als schlichter Landmann lebte. Der Sohn dieses Mannes nahm infolge seiner Befähigung, seines Fleißes und seiner Rechtlichkeit in Frankfurt eine wohlgeachtete Stellung ein. Denn er bekleidete das Amt eines kurhessischen Oberpostmeisters und hatte den Charakter eines großherzoglich hessischen Geheimen Finanzrates. Als nach dem Inslebentreten des Rheinbundes der Großherzog von Frankfurt, Karl von Dalberg, das Weiterbestehen des nunmehr königlich westfälisch gewordenen, besonderen Postamtes inhibieren wollte, hatte er lobenswerte Zähigkeit und Thatkraft in seiner amtlichen Stellung bewiesen, welche nützliche Eigenschaften in höherem Maße auf den Sohn sich vererbten.

Am 20. November 1794 ist dieser geboren, der drittjüngste von neun Geschwistern. Von den Vornamen, die ihm gegeben worden, Eduard Wilhelm Peter Simon, war der erstere sein Nennname. Rüppells Vater, welcher bei seiner Verehelichung, ebenso wenig wie seine Ehegattin, eine geborene Arstenius aus Hanau, eigenes Vermögen besaß, hatte sich durch rührige Thätigkeit als Teilhaber des Bankhauses Rüppell & Harnier zu großer Wohlhabenheit erhoben. Er war nämlich eine Reihe von Jahren hindurch Bankier und zugleich Postmeister, bekleidete somit eine Doppelstellung, welche die Neuzeit gar nicht mehr kennt. Sein Bemühen war eifrig darauf gerichtet, den Kindern eine wissenschaftliche Bildung zu geben, deren Abgang bei sich selbst er öfter lebhaft beklagte. Er scheute keine Ausgaben, um durch tüchtige Privatlehrer im Hause den Unterricht zu fördern. Bei seinen häufigen geschäftlichen Reisen liebte er es eines oder das andere seiner Kinder mitzunehmen, dem er dann aufgab, den zu Hause gebliebenen Geschwistern einen genauen brieflichen Bericht über das Gesehene zu schicken. So kam Rüppell bereits in seinem 7. Jahre ins Salzkammergut und nach Berchtesgaden, wo er die erste kleine Mineraliensammlung zum Geschenk erhielt. Als Weihnachtsgabe für den 10jährigen Knaben hatte der Vater eine recht schöne, reiche Kollektion der gleichen Art ausersehen, so daß dem für die Betrachtung von Naturobjekten besonders Beanlagten früh schon ein gewisses Verständnis sich eröffnete. Übrigens scheint die Unterweisung durch Privatlehrer nach Rüppells eigner Aussage kein günstiges Ergebnis geliefert zu haben, indem die Unterrichtenden mehr darauf bedacht waren, die gute Stimmung des Schülers zu erhalten, als ernstes Ermahnen zum fleißigen Lernen walten zu lassen, aus Besorgnis, dessen Gunst zu verlieren.

Ein rechtzeitiges Einsehen der fehlerhaften Bildungsart seitens des Vaters führte dazu, daß Eduard in seinem 12. Jahre dem Darmstädter Gymnasium überwiesen wurde. Im Hause des Rektors der Anstalt, des wackeren J. G. Zimmermann wohnend, fand er tüchtige Anregung zum Lernen. Über den Erfolg seines drei und ein halbes Jahr währenden dortigen Aufenthaltes hat er in dankbarer Anerkennung sich folgendermaßen ausgesprochen: »was ich in meiner Jugend nützliches gelernt habe, verdanke ich dem sehr gründlichen Unterrichte, der in jenem Lyceum damals erteilt wurde.« Besondere Vorliebe hatte er für Mathematik gewonnen; und als Oberbaurat Schleiermacher, der später durch mehrere wissenschaftliche Schriften über Mathematik sich einen Namen gemacht hat, freiwillig und ohne Vergütung ihm über ein Jahr lang Unterricht in den höheren Zweigen dieser Disciplin

7

erteilt hatte, erklärte der Schüler, diesem Fache sich widmen zu wollen. Sein Plan, bald eine Universität zu beziehen, wurde jedoch zu nichte, da der Vater, kränklich geworden, den Eintritt des Sohnes in das Geschäft von ganzem Herzen wünschen mußte. Damit ihm eine Ablenkung von seiner ernsten wissenschaftlichen Beschäftigung zu Teil werde, wurde er 1810 auf einer Reise nach Paris mitgenommen. Der Aufenthalt in der damaligen Hauptstadt Europas, in welcher der Glanz des Kaisertumes sowie der in stets neuer Form verkündete Ruhm des gewaltigen Herrschers und siegesgewissen Feldherrn den jugendlichen Sinn mit unwiderstehlicher Gewalt gefangen nahm, so daß alsbald eine Sammlung von zu Ehren Napoleons geprägter Medaillen von ihm begonnen wurde *), gab dem Vater Veranlassung, darauf hinzuweisen, wie dem Kaufmann vor allen anderen Gelegenheit sich biete, die Welt zu sehen und seine Kenntnisse von Menschen und Dingen zu bereichern. Hatte Eduard schon durch die häufige Betrachtung der prächtigen geographischen, archäologischen und artistischen Kupferwerke der Darmstädter Bibliothek, deren eingehendere Benützung ihm Direktor Schleiermacher der Ältere gestattet hatte, für Länder- und Völkerkunde sowie für Reisen einen regen Sinn bei sich erweckt, so scheint darnach das freundliche väterliche Zureden unschwer bewirkt zu haben, daß die wissenschaftliche Laufbahn zunächst verlassen wurde. Der bereits 1812 erfolgte Tod des Vaters gab Rüppell recht bald ausgiebige Gelegenheit seine geschäftliche Befähigung zu beweisen und dies umsomehr, als in demselben Jahre auch die Mutter abgerufen wurde, und nunmehr an ihn, als den älteren Sohn, die Aufgabe herantrat, die verwickelten und weitausgedehnten Vermögensverhältnisse zu ordnen. Aus dieser Zeit hat er für zwei seiner Geschwister, den Bruder sowie die innigst geliebte Schwester Friederike, theilweise wegen ihres bei der Erbteilung bezeugten Verhaltens, das sehr günstig gegen das der anderen abstach, die wärmste Zuneigung bewahrt. Als unvergeßliche Erinnerung nahm er mit in seinen Beruf die bekannten Anfangsworte aus Sallusts Geschichte der Verschwörung des Catilina: »Omnes homines, qui sese student, praestare ceteris animalibus, summa ope niti decet,

*) Die später vervollständigte Kollektion befindet sich auf der Stadtbibliothek.

vitam silentio ne transeant«, und dementsprechend den Wunsch, »dereinst etwas zu leisten, was ihn auszeichnen würde.«

Da es in Rüppells Charakter lag, alles, was nach reiflichem Überdenken er zu unternehmen beschlossen hatte, mit Energie zu betreiben, so wollte er dem Kaufmannsstande auch ganz sich widmen und den Beweis liefern, daß selbst ohne ererbtes Vermögen er recht wohl im stande sein würde, sein Brot sich zu verschaffen. Nicht in der Vaterstadt jedoch bemühte er sich, die nötigen Kenntnisse zu erwerben. Denn am hiesigen Orte würde er leicht in Gefahr geraten sein, dem Beispiel junger Leute von Familie zu folgen, »welche in Nichtsthun und lächerlicher Verschwendung das väterliche Erbteil verprassen.« Er trat daher Sommer 1813 in Beaune in das Geschäft des Bruders seines Frankfurter Vormundes als Volontär ein, zunächst in der Absicht, das Französische sich tüchtig anzueignen. In dieser Stadt lebten als Kriegsgefangene damals mehrere spanische Offiziere, welche durch eine vorzügliche Bildung sich auszeichneten und sich gerne der nicht unbelohnt gelassenen Mühe unterzogen, dem strebsamen jungen Manne in seinem Studium der höheren Mathematik behülflich zu sein. Da die geschäftliche Thätigkeit ihm genügend freie Zeit ließ, wurde auch das Erlernen der englischen und der italienischen Sprache tüchtig in Angriff genommen. Als die verbündeten Heere in Frankreich eingezogen waren, wandte sich Rüppell über Lyon und Genf nach Lausanne und trieb daselbst unter der speciellen Leitung von Professor Struve Mineralogie. So nützlich nun auch diese Bildungsart im allgemeinen war, in weiterem Zusammenhange mit der Laufbahn eines Kaufmannes schien sie einem Freunde seines Vaters nicht zu stehen. Er machte daher Eduard ernsten Vorhalt und bewirkte dadurch, daß dieser sich nach London zu gehen entschloß (1814). Die Reise ging über Holland, von dem er einen größeren Teil, insbesondere Amsterdam, näher kennen lernte.

In London widmete sich Rüppell einer anstrengenden comptoiristischen Beschäftigung; denn er brachte, wie er uns berichtet, an jedem Wochentage fünfzehn Stunden in der Schreibstube zu. Die Zufriedenheit seines Chefs mag am besten die Thatsache bekunden, daß er ihm den für damalige Verhältnisse außerordentlich hohen Gehalt von 300 Pfund jährlich bewilligte. Allein die rastlosen Anstrengungen, sowie das nebelig feuchte Klima untergruben nach kurzer Frist Rüppells Gesundheit, und auch ihm drohte der Untergang durch Lungenschwindsucht, welche die Mutter und zwei Schwestern hingerafft hatte. Es gaben ihm daher tüchtige englische Ärzte den dringlichen Rat, nach Madeira überzusiedeln; große Hoffnung aber auf Wiederherstellung scheinen sie ihm, der an Bluthusten litt, nicht eröffnet zu haben. Ehe er England verließ, machte er eine Vergnügungsreise nach Oxford, Manchester, Liverpool und Birmingham, »um etwas mehr von diesem Lande durch eigene Anschauung kennen zu lernen, als bei der comptoiristischen Einkerkerung in London der Fall gewesen.« Es war dies im September 1815. Um diese Zeit erhielt er die schmerzliche Kunde, daß seine innigst geliebte Schwester Friedericke, gleich ausgezeichnet durch Talent, Geistesbildung, Liebenswürdigkeit und edlen Charakter, wie hervorragend in folge vorzüglicher Körperschönheit und Grazie, nach nur vierzehntägiger Ehe in Lübeck freiwillig in den Tod gegangen sei. Dieser Verlust berührte ihn um so schmerzlicher, als er mit dieser Schwester in ununterbrochenem, regem Briefverkehr gestanden hatte.

Bis zum Frühjahr 1816 hielt sich Rüppell in Frankfurt auf, da sein Gesundheitszustand die Weiterreise nicht gestattete. Hier erwachte die alte Vorliebe für Mineralogie; überhaupt scheint er von da an mehr und mehr die kaufmännische Thätigkeit als nebensächlich betrachtet zu haben. Obgleich er nun die Überzeugung aus seinen Londoner Erfahrungen gewonnen hatte, daß in seinem Berufe »nicht Fleiß und Talent, sondern sehr oft zufälliges Glück« den Ausschlag geben, so sah er sich doch nicht veranlaßt, demselben zu entsagen, weil er offenbare Befähigung in dieser Richtung besaß. Bei einer späteren Veranlassung hat er hervorgehoben, wie es ihm als ein Glück erscheinen müsse, eine tüchtige kaufmännische Bildung sich verschafft zu haben; denn diese habe sich bei seinem mannigfachen Verkehr in verschiedenen Ländern als äußerst nützlich erwiesen. Das Herannahen der milderen Jahreszeit bewog Rüppell, die ihm aus Gesundheitsrücksichten warm empfohlene Reise nach dem Süden anzutreten. Über Genf und den Mont Cenis begab er sich nach Turin. Auf dieser Tour schenkte er den geologischen Formationen überall besondere Aufmerksamkeit, sammelte und kaufte gelegentlich seltene Stufen. In der Hauptstadt Piemonts trat er in nähere

Beziehungen zu dem Vorsteher des königl. Mineralien-Kabinets, Professor Borson, der auch später den brieflichen Verkehr mit ihm fortsetzte. Während eines dreimonatlichen Aufenthaltes in Mailand, wohin er sich alsdann wandte, ward ihm die liebevollste Aufnahme in dem Hause eines Freundes seines Vaters, des aus Frankfurt stammenden Kaufmanns Heinrich Mylius des Älteren. Eine innige Freundschaft verband von nun an die beiden Männer; und es muß zum Ruhme Rüppells gesagt werden, daß er in späterer Zeit nie müde wurde, seinen reichbegüterten Freund zur Förderung der naturwissenschaftlichen Forschungen zu beeinflussen. Auch in Mailand hatte er das Glück, das besondere Wohlwollen eines tüchtigen Geologen, Scipio Breislack, sich zu erwerben, der ihm den freiesten Zutritt zu seiner ausgezeichneten Mineralien-Sammlung gestattete, während er gesprächsweise gerne über die wichtigsten Revolutionen unseres Erdballes in plutonischem Sinne sich verbreitete.

Glücklicherweise hatte ein längerer Gebrauch von Eselsmilch in Verbindung mit sehr geregelter Lebensweise eine wesentliche Besserung des Gesundheitszustandes des jungen Mannes zu Wege gebracht. Erfüllt von den tiefen Eindrücken, welche der blaue Himmel, die südliche Vegetation, die ungemein fesselnde Eigenart des italienischen Volkes bei ihm hervorgerufen, verließ er das freundliche Mailand im Juli 1816 und ging über Pavia, Piacenza Parma und Bologna nach Florenz, indem er überall sowohl den Kunstschätzen, wie auch den öffentlichen und privaten Naturaliensammlungen aufmerksame Betrachtung widmete. In der Arnostadt verweilte er einen Monat und »diese Aufenthaltszeit rechnete er stets zu der angenehmsten und genußreichsten seines Lebens.« Der Verkehr mit toskaner Naturforschern jener Zeit, dem altem Fabroni, Professor Nesti, dem Grafen Bardi brachte eine erfreuliche Förderung seiner wissenschaftlichen Bestrebungen. Von Livorno aus, das er alsdann besuchte, machte er mineralogische Ausflüge in die Berge um Carrara, durchwanderte einen Teil des Luccaeser Gebietes und verweilte einen Monat lang auf Elba. Das Ergebnis dieser Exkursionen befriedigte ihn außerordentlich, da er außer einer Sammlung seltener Stücke an letztgenanntem Orte die Beobachtung der fortwährenden Bildung von Quarzkrystallen mit eingeschlossenen Wassertropfen im verwitterten Granit einheimsen konnte, welches der Gegenstand einer seiner ersten wissenschaftlichen Abhandlungen wurde *). Nachdem seit dem Weggange von England jede merkantile Thätigkeit bei Seite gelassen worden war, trat er in Livorno wieder in ein Geschäft ein, und zwar als Volontär mit der bestimmten Absicht, den ihm abermals von Frankfurt aus gemachten Vorwurf zu beschwichtigen er hinge vorzugsweise sogenannten nutzlosen Liebhabereien nach ohne bestimmte Tendenz für eine künftige Laufbahn.

Dieses Livorneser Handlungshaus hatte ausgedehnte Geschäftsverbindungen mit dem Oriente. Eines Tages erkundigte sich Rüppell, ob der in Ägypten befindliche Agent des Hauses wohl imstande sei, aus Kairo ihm Exemplare des krystallinischen Chrysoliths, der nach den Handbüchern in den zwischen Nil und rotem Meere liegenden Gebirgen gefunden und öfter nach genannter Stadt zum Verkaufe gebracht werde, zu verschaffen. Der Chef, welcher gerechte Zweifel in das mineralogische Verständnis seines Agenten setzte, gab Rüppell den Rat selbst nach Ägypten zu reisen, wozu ein mit Gütern des Geschäftes befrachtetes und dorthin bestimmtes Schiff gerade günstige Gelegenheit bot. Auch schlug er ihm vor, an dem eventuellen Gewinne bei der Warensendung durch Einschießen einer größeren Summe sich zu beteiligen. Beides nahm Rüppell an; vielleicht hat hierbei, wie aus einer Randnotiz eines biographischen Fragmentes entnommen werden kann, entscheidend der Rat eines befreundeten Arztes gewirkt, indem dieser zur völligen Wiederherstellung der noch immer schwankenden Gesundheit des jungen Mannes einen längeren Aufenthalt in Ägypten warm empfahl. Außerordentlich rasch wurden die Vorbereitungen zur Reise beendigt. Unter Mitnahme der nötigen Ausrüstung und mehrerer vorzüglichen Werke über Ägypten stieg Rüppell bereits am 20. Januar 1817 in Alexandrien ans Land. Hier hatte die wenig rechtliche Art, mit welcher sein Livorneser Chef die Erledigung des verabredeten Geschäftes ihm gegenüber versuchte, die Folge, daß Rüppell, ohne dabei den kürzeren ziehen zu müssen, von der kaufmännischen Thätigkeit sich völlig abwandte, nachdem er ein englisches Haus mit der Vertretung seiner Interessen betraut hatte. Er faßte den Plan einer touristischen Bereisung von ganz Ägypten und fuhr Ende Januar über Rosette nach Kairo ab. Wie die Beziehungen

*) Mineralogische Notizen über Elba u. s. w. Leonhards mineralogisches Taschenbuch 1885.

zu den Verwandten in der Heimat damals gewesen sein müssen, erhellt daraus, daß sie von dem Reiseplan gar nichts erfuhren, und erst durch einen von Ägypten aus geschriebenen Brief ihnen der Aufenthaltsort ihres Angehörigen bekannt wurde.

Für unseren Touristen, der arabisch nicht verstand, war es von großem Vorteile, in dem Agenten des zuvor erwähnten englischen Geschäftes einen freundlichen Führer zur Seite zu haben, der ihn alsbald mit dem hochgeschätzten abessynischen Reisenden, Henry Salt, damals englischer Generalkonsul in Kairo, näher bekannt machte. Mit diesem Manne, in dessen Hause er sehr zuvorkommend aufgenommen wurde, machte er einen zehntägigen Ausflug nach den Pyramiden von Gizeh, deren Inneres gerade von Belzoni und Caviglia genauer erforscht wurde, während in der Umgebung der großen Sphinx umfangreiche Ausgrabungen geschahen. Rüppell fühlte sehr bald »ein lebhaftes Interesse für ägyptische Altertumskunde in sich aufkeimen« und da er gut, auch perspektivisch richtig zu zeichnen verstand, ferner ein gesundes Urteil bei verschiedenen Gelegenheiten zeigte, machte ihm Salt den Vorschlag, als wissenschaftlicher Gehülfe in seine Dienste zu treten. Daß es hierzu nicht kam, war der Einwirkung Ludwig Burckhardts zuzuschreiben, welchen der junge Mann in Salts Hause kennen gelernt hatte und zwar auf eine ganz eigentümliche Art. Burckhardt, der berühmte Afrikaforscher und beste Kenner der orientalischen Verhältnisse in jener Zeit, lebte unter dem Namen Scheik Ibrahim der Syrer und von den Gläubigen für einen gelehrten Muselmann strenger Richtung gehalten, in völliger Abgeschiedenheit von jedem Verkehr mit Europäern in Kairo. Nur Salt und einige ganz vertraute Freunde wußten um seine Abstammung, sowie davon, daß er im Auftrage der Londoner afrikanischen Gesellschaft reise. Als Rüppell einstmals bei Salt zu Tische war, kam Burckhardt, der als frommer Moslem am Essen nicht teilnahm, sich aber lebhaft an der Unterhaltung beteiligte. Da das Gespräch auf die im Orient sich gegenwärtig aufhaltenden wissenschaftlichen Europäer gelenkt worden war, bemerkte Rüppell, daß sein früherer Chef in London noch eine Forderung von mehreren Pfunden Sterling an einen gewissen Burckhardt zu machen hatte, der über Malta mit allerlei chimärischen Plänen in den Orient gegangen sei und von dem man seitdem nichts mehr vernommen habe; ebensowenig sei die angeblich von einer

Gesellschaft englischer Gelehrten zu leistende Zahlung erfolgt. Scheik Ibrahim schien von dieser Mitteilung etwas betroffen und brachte die Unterredung auf einen anderen Gegenstand. Allein einige Tage darauf erhielt Rüppell den Besuch des Scheiks, der nach einiger prüfenden Unterhaltung sich ihm zu erkennen gab und sehr erfreut war, die von dem Sekretär der afrikanischen Gesellschaft vergessene Schuld berichtigen zu können. Zugleich bot er Rüppell auf das herzlichste seine Dienste in Kairo an und bewährte sich ihm weiterhin als aufrichtiger Freund. Leider hat ihn bereits am 17. Dezember desselben Jahres, als die schon langersehnte Reiseunternehmung nach Darfur und Timbuktu endlich sich verwirklichen sollte, ein hitziges Fieber dahingerafft.

Burckhardt nun gab Rüppell den Rat, selbständig zu bleiben, ermunterte ihn lebhaft »seine künftigen Lebenstage einer wissenschaftlichen Reise in den Orient zu widmen«, da er zu einer solchen Aufgabe durch Persönlichkeit und unabhängige Lebensstellung ganz besonders befähigt sei. Ferner gab er ihm den Rat, »falls diese Reiseideen ihn ansprächen, vor allem nach Europa auf mehrere Jahre zurückzukehren, um durch besondere Studien für solche Zwecke sich wissenschaftlich auszubilden, namentlich aber mit astronomischen Beobachtungen sich vertraut zu machen, um zur Erweiterung der geographischen Kenntnisse nützliche Beiträge liefern zu können.« »In Kairo war es«, sagt Rüppel, »daß ich im September 1817 den unwiderruflichen Entschluß faßte, eine mehrjährige wissenschaftliche Reise zur Erforschung des nordöstlichen Africa zu unternehmen.« *)

Während seines ersten, sechs Wochen dauernden Aufenthaltes in Kairo ward dem Reisenden günstige Gelegenheit, verschiedene diplomatische Agenten, insbesondere viel vermögende türkische Staatsbeamte kennen zu lernen. Diese Beziehungen sind späterhin für ihn von besonderem Vorteil gewesen. Nachdem aber die Pest in der Hauptstadt gegen Ende März ausgebrochen war, und als in Folge derselben sämtliche Europäer entweder streng sich gegen jeden Verkehr abschlossen oder abreisten, rüstete sich auch Rüppell zum Weggehen. Auf einem mit Zimmern versehenen Ruderbote verließ er in Begleitung eines Dolmetschers und eines Ordonnanzsoldaten, welche sein Freund

*) Bruchstück der Biographie, Fasc. III. S. 3.

Burckhardt ihm verschafft hatte, wohlgemut Kairo, versehen mit einem in nachdrücklicher Form abgefaßten Empfehlungsschreiben der Regierung. Die Route ging nilaufwärts. Da begegnete ihm das Unglück, von einem rekonvalescenten Eselstreiber bei einem Ritt in das Thal von Fajum mit Blattern angesteckt zu werden, obgleich in seiner Jugend er schon blatternkrank gewesen war. Die Erkrankung war außerordentlich heftig, und dabei von ärztlicher Hülfe keine Rede. Man brachte den Kranken auf seinen dringenden Wunsch zu einem in Siût, der Hauptstadt Mittelägyptens stationierten Leibarzte des dort residierenden Paschas, einem aus Piemont gebürtigen Chirurgen, namens Maruschi, bei dem er liebevolle Pflege und völlige Wiederherstellung fand. Sieben Jahre später traf er seinen Helfer abermals im türkischen Heerlager von Kurgos.

Wieder reisefähig geworden, besuchte er den großen Tempel von Karnak, dessen ungeheure Ruinen einen überwältigenden Eindruck auf ihn hervorbrachten, so daß er in folgender Weise über dieselben sich aussprach: »Als ich in jene prachtvolle Tempelhalle eintrat, deren flache Steindecke von 140 kolossalen Säulen getragen wird, von welchen die mittlere Reihe elf französische Fuß im Durchmesser hat, sträubten sich meine Kopfhaare durch eine Art von schauerlichem Bewunderungsgefühl. Das Riesenhafte der ersten Anlage der Monumente, ihre sorgsame artistische Ausführung und ihr wundervoller Erhaltungszustand selbst nach Verlauf von vierthalbtausend Jahren, der Lichteffekt und die Vegetationsaccessorien der Umgegend, alles vereinigt sich hier zu einem, tiefes Staunen erregenden Ganzen.« Drei Wochen hielt sich Rüppell im Rundkreis des hundertthorigen Theben auf, beschäftigt mit Zeichnen und dem Ankauf merkwürdiger Kunstaltertümer.*) Nachdem es ihm gelungen, in Esne durch Vermittelung eines Missionärs der römischen Propaganda die gewünschten Chrysolithkrystalle zu erwerben**), fuhr er nach der jenseits der ersten Stromschnelle gelegenen Insel Phylae, dem südlichsten Ziel seiner Nilreise. Auf einer in diesem Katarakt gelegenen, von Europäern unbeachtet gelassenen Insel fand Rüppell unter allerlei Trümmern und Schutt eine schöne Syenittafel mit langer griechischer Inschrift eines Ptomelmaeus Philometor. Sie bildet

*) Diese hat er der Frankfurter Stadtbibliothek geschenkt.

**) Jetzt im Museum Senkenbergianum.

jetzt eine Zierde der Frankfurter Stadtbibliothek, in deren Vorhalle sie aufgestellt ist.*) Auf der Rückfahrt nach Kairo entdeckte er im Tempel von Tentyris, dessen eine Deckenfläche die allbekannte, seitdem längst weggebrochene kreisförmige Sternbilderskulptur zierte, in den zur Ausfüllung des übrigen Deckenraumes angebrachten Darstellungen einen großen Mondskalender, der von verschiedenen Gelehrten bis dahin wohl abgebildet, aber nicht für das, was er vorstellte, erkannt worden war.

Nach Kairo im Juli zurückgekommen, unternahm er noch einen, nahezu einen Monat dauernden Ausflug in das steinige Arabien, um die Ruinen von Sarbat el Chadem aufzufinden, die Niebuhr unter dem Namen Gîbbel el Mokkateb beschrieben und kein europäischer Reisender, auch Burckhardt nicht, seitdem erreicht hatte. Über diese erfolgreiche Exkursion hat Rüppell ebenfalls an den Herausgeber der Fundgruben des Orientes, von Hammer in Wien, berichtet. Nachträglich möge noch ein Ereignis Erwähnung finden, das er von seinem Aufenthalte in der Umgebung Thebens erzählt hat. Eines Tages war ein alter Araber zu ihm gekommen und hatte mit geheimnisvoller Miene das Anerbieten gemacht, falls er 20 spanische Piaster erhielte, den Aufbewahrungsort eines verborgenen ungeheuren Schatzes zu zeigen. Als Rüppell in ihn drang, zu erklären, warum er selbst nicht den Schatz heben wolle, beteuerte der Mann, das sei ihm unmöglich, da derselbe von grauenhaften, aber nur für einen Araber furchtbaren Dämonen bewacht werde. Rüppell wies den Mann ab, den er von einer krankhaften Phantasie ergriffen wähnte, erzählte jedoch kurz darauf einem auf Rechnung des Generalkonsul Salt zum Ausgraben eines nubischen Tempels abgesandten Manne obiges Erlebnis. Letzterer hat denn auch den Schatz vorgefunden an der Stelle, an welcher der Araber ihn gesehen haben wollte. Es war der kostbare Alabastersarg mit der Mumie eines Psammetich; der glückliche Besitzer verhandelte ihn bald darauf für eine außerordentlich große Summe an ein Londoner Museum.

Vor der Abreise aus Kairo machte Rüppell noch die Bekanntschaft der beiden englischen Forschungsreisenden Mangels und Irby, sowie des französischen Mineralogen J. Caillaud, dessen

*) Beschrieben in »Fundgruben des Orients«, Bd. V, P. 427.

äußerst interessante Reisen in verschiedene Oasen, nach den am roten Meere gelegenen Smaragdgruben und nach Meroë ausführlich veröffentlicht worden sind. Von diesem erkaufte er zwei prächtige Papyrusrollen — damals noch sehr seltene Wertstücke —. *)

Im Dezember 1817 befand sich Rüppell wieder auf italienischem Boden. Während er im Lazarett von Livorno Quarantäne halten mußte, erhielt er die ganz unerwartete Nachricht, daß sein einziger, vielgeliebter Bruder, der in Göttingen dem Studium der Rechtswissenschaft sich gewidmet hatte, in Nizza, wohin ihn sein Universitätsfreund Dr. med. Valentin Müller geleitet, an der Schwindsucht gestorben sei. Die Auseinandersetzung der Erbschaftsinteressen mit den Schwestern machte zunächst seinen Aufenthalt in Frankfurt nötig. Um aber nicht im Winter dorthin zu kommen, unternahm er noch mineralogische Exkursionen auf Elba, verweilte längere Zeit in Florenz und reiste erst im April 1818 nach der Vaterstadt ab. Als ein ganz anderer sollte er sie wiedersehen, wie er sie verlassen. Denn er hatte die Entscheidung für seine künftige Thätigkeit getroffen; mit dem Handelsmanne war es aus für ihn; er wollte ein tüchtiger Forscher, zunächst auf dem nordöstlichen Gebiete Afrikas werden und für solchen Beruf die erforderliche akademische Bildung sich zu eigen machen. Zu diesem Zwecke wählte er Pavia, weil daselbst die Naturwissenschaften von besonders tüchtigen Lehrern gepflegt wurden, und noch aus dem besonderen Grunde, weil er den günstigen Einfluß des italienischen Klimas auf seine Konstitution genießen wollte. Betrachtete er doch Italien aus Dankbarkeit für seine Wiederherstellung jederzeit als ein zweites Vaterland.

Sein Weg führte ihn durch Genua. Hier lernte er durch Vermittelung des schweizer Konsuls Schläpfer den vortrefflichen Mathematiker und Astronomen Franz von Zach kennen, dessen Wunsch es war, den aus Ägypten nach längerem Aufenthalte Zurückgekehrten sprechen zu können. An die Erzählung des Erlebten knüpfte sich eine Darstellung der von dem jungen Mann gehegten Zukunftspläne. Außer dem dreijährigen Studienkursus in Pavia hatte er den Besitz praktisch astronomischer

---

*) Später schenkte er sie der Frankfurter Stadtbibliothek.

Kenntnisse, wie sie zu geographischen Ortbestimmungen taugen, für durchaus notwendig erkannt. Um diese zu erwerben, lag es in seiner Absicht, während der Universitätsferien auf der Mailänder Sternwarte sich einzuüben. v. Zach erbot sich sogleich, die nötige Unterweisung nach jeder Richtung selbst zu übernehmen; denn »als ein vielgereister Praktikus kenne er alle nötigen Beobachtungen viel besser, als die sedentären Herren einer Sternwarten - Kongregation«. Daß Rüppell während der Vakanzen in Pavia regelmäßig von diesem vortrefflichen Anerbieten ausgiebigen Gebrauch machte, erscheint fast selbstverständlich, zumal von Zach ihn jederzeit mit dem schmeichelhaftesten Wohlwollen beehrte. Ein bis zu des letzteren Tode (1832) rege unterhaltener Briefwechsel giebt einen Beleg für die ununterbrochenen warmen Beziehungen zwischen Meister und Schüler. *)

Als Rüppell auf der Durchreise bei seinem Freunde Mylius in Mailand verweilte, machte er durch dessen Vermittelung eine weitere, für ihn recht bedeutsame Bekanntschaft. Nachdem er schon frühe seitens des Vaters an den Einzelstücken einer reichen Sammlung von Siegeln, von schönen Thalern und Schaumünzen auf die Deutung von Schildsymbolen und Helmzier hingewiesen war und, wie erwähnt, eine Kollektion von Medaillen mit Napoleons Bildnis bereits in Paris begonnen hatte, ließ er von dieser Nebenbeschäftigung zu keiner Zeit ab. Sehr erwünscht mußte es daher für ihn sein, dem Stifter und Direktor des kaiserlichen numismatischen Kabinets in Mailand, G. Cattaneo, näher treten zu können, mit welchem er viele Jahre hindurch einen freundschaftlichen schriftlichen Verkehr unterhalten hat. Diesem Fachmanne zeigte er nun auch eine schöne, zu sehr billigem Preise in Alexandrien angekaufte Suite antiker Münzen. Um die Wohlfeilheit erklärlich zu machen, hatte der Verkäufer ihm in strengstem Vertrauen gesagt, sämtliche Stücke seien in der Kriegszeit aus einem öffentlichen Museum entwendet worden, daher man suchen müsse, außerhalb Europas sie passend anzubringen. Wie erstaunt mußte aber Rüppell sein, als Cattaneo alles für Falsifikate erklärte und noch obendrein imstande war, den Hersteller der an

*) U. a. Reihenfolge von Briefen, geschrieben an Baron von Zach 1822—1832 in des letzteren Corréspondance astronomique VI.—XIII. Genua.

sich recht sorgfältigen Arbeit zu nennen, nämlich den damals berüchtigten Fälscher Becker aus Offenbach. Eine solche Erfahrung mußte für den jugendlichen Sammler von unschätzbarem Werte sein, zumal sie die Anleitung zur kritischen Erkenntnis des Echten im Gefolge hatte.

Nach Frankfurt im Mai 1818 zurückgekehrt, ordnete er die Erbschaftssachen und stattete auch dem langjährigen Arzte seiner Familie, Dr. med. Neuburg, dessen Sohn und Stiefsohn Jugendfreunde von ihm waren, einen Besuch ab. Es war wohl natürlich, daß bei diesem freundlichen Wiedersehen die Unterhaltung auch ein Ereignis berührte, das in der ganzen Stadt lebhaft besprochen wurde und bei jedermann, insbesondere bei allen Personen, die durch Rang und Reichtum, auf dem Gebiete der Wissenschaft und der Kunst eine hervorragende Stellung einnahmen, des lebhaftesten Interesses sich erfreute, nämlich die im abgelaufenen Jahre geschehene G r ü n d u n g d e r n a t u r f o r s c h e n d e n G e s e l l s c h a f t, die zu Ehren Dr. Joh. Christian Senckenbergs, des unvergeßlichen Errichters des nach ihm genannten medizinischen Institutes und des Bürgerhospitals, sich ebenfalls als S e n c k e n b e r g i s c h e bezeichnete. Dr. Neuburg war erster Direktor dieser Neuschöpfung; als ein feingebildeter, in Naturwissenschaften wohlbewanderter Mann sprach er mit Wärme von den Zwecken, die jene verfolgen solle und von der Art und Weise, wie diese am sichersten zu verwirklichen seien. Das rasche Emporwachsen der Gesellschaft seit der kurzen Zeitspanne ihres Bestehens, ihre weithinaus gesteckten Ziele, die allgemeine Zustimmung, deren sie sich erfreuten, mußten den wissenseifrigen, angehenden Studenten ungewöhnlich anregen; und da er sich mit den Bestrebungen der Gesellschaft durchaus einverstanden erklärte, schlug Dr. Neuburg ihn zum m i t s t i f t e n d e n Mitgliede vor. Die Aufnahme erfolgte einstimmig, wie das Protokoll vom 13. Juli 1818 kundgiebt. Mit der Überreichung des Diplomes, an den »hiesigen Bürger und Studiosus der Naturwissenschaft«, war der damalige zweite Direktor Dr. med. Philipp Jacob Cretschmar betraut worden. Seit diesem, sowohl für die Gesellschaft, wie für Rüppell selbst ungemein wichtigen Ereignis ist eine lange Reihe von Jahren dahingegangen, und von Augenzeugen der damaligen Geschehnisse ist keiner mehr unter den Lebenden. Wohl hat uns Rüppell einige Hefte biographischer Aufzeichnungen hinterlassen, die sicherlich erst gegen

Ende der vierziger Jahre verfaßt worden sind, also nachdem Cretschmar bereits gestorben war. Allein diese außerordentlich wertvollen, erst in der allerjüngsten Zeit uns bekannt gewordenen Notizen sind für die Beziehungen zwischen beiden Männern nicht zu verwerten, da das geradezu feindselige Verhältnis, in welchem Rüppell zu Cretschmar, wahrlich nicht durch Verschulden des letzteren, in späterer Zeit stand, ihn verhinderte, den großen Verdiensten und dem weitreichenden Einflusse Cretschmars gerecht zu werden. Glücklicherweise besitzen wir eine lautere Quelle, aus welcher wir in dieser Hinsicht das Richtige entnehmen können, nämlich die zahlreichen Briefe, die er an Cretschmar gerichtet und die Sitzungsprotokolle der Gesellschaft, während leider sämtliche Schreiben, die dieser an Rüppell gesandt hat, ausnahmslos abhanden gekommen sind. *)

Cretschmar, damals 32 Jahre alt, von gewinnendem Äußeren, ungewöhnlich redegewandt, so daß seine feurige Sprache geradezu hinreißend wirkte, war ein vielbeschäftigter Arzt, hatte tüchtige zoologische Kenntnisse und bekleidete die Stelle eines Dozenten der Anatomie am Senckenbergischen medizinischen Institute. Von ihm war der Gedanke der Gründung einer naturforschenden Gesellschaft in Frankfurt ausgegangen; um ihn scharten sich alsdann die fünfzehn, verschiedenen Lebensstellungen angehörenden, Männer, welche die Konstituierung der Gesellschaft zustande brachten. Die Unterredung, die Rüppell mit dieser hervorragenden Persönlichkeit damals hatte, ist, wie bestimmt behauptet wird, nur von kurzer Dauer gewesen. Gleichwohl hat sie auf ihn einen tiefen und nachhaltigen Eindruck hervorgebracht, wie aus einem bald darauf an Cretschmar gesandten Briefe zu entnehmen ist. **) Die bezügliche Stelle lautet so: »Ich muß Ihnen mein inniges Bedauern ausdrücken, daß mir auf so kurze Zeit das Glück Ihres Umganges zu teil geworden ist. Ich fühlte mich so tief von den patriotischen Gesinnungen ergriffen, mit welchen Sie Ihre wissenschaftlichen Talente dem wahren Besten unserer Mitbürger widmen, daß ich eifrigst wünsche, Ihnen nachzustreben — Sie aus besten Kräften zu unterstützen.« Wie folgenschwer dieses Zusammentreffen außerdem gewesen ist, er-

*) Von zuverlässiger Seite ist uns versichert worden, daß Rüppell eine große Anzahl von zuvor sorgfältig bewahrten Briefen habe verbrennen lassen.

**) Aus Zürich d. d. 23. Sept. 1818.

hellt aus einer Äußerung Rüppells, laut welcher die »zu gewärtigenden Leistungen der naturforschenden Gesellschaft« ihn zu dem festen Entschlusse brachten, »seine ganze zukünftige Thätigkeit diesem Institute zu widmen«. *) Vor dem Antritt der Reise zur Universität Pavia hatte er noch ein Testament gemacht, in welchem er der Gesellschaft ein reiches Vermächtnis in Aussicht stellte. Der Schein für die auf dem Stadtgerichte hinterlegte letztwillige Verfügung war Cretschmar zur Aufbewahrung übergeben worden. Das Begleitschreiben schließt mit den Worten: »Sollte es das Schicksal wollen, daß sich meine Laufbahn vor der Ihrigen schließt, so besorgen Sie ja die Eröffnung meines Testaments.« **)

Nachdem Rüppell im Spätsommer eine für ihn sehr lehrreiche Fußtour in den Schweizer Bergen, insbesondere dem Gotthard Gebiete gemeinsam mit dem talentvollen Mineralienkenner Joseph Menge aus Hanau ausgeführt hatte, wobei er neben der Naturbeobachtung auch den Sammlungen eingehende Aufmerksamkeit schenkte, auch gelegentlich in Zürich mit dem älteren Escher von der Linth und dem Weltumsegler Horner näher bekannt wurde, wandte er sich nach Pavia. Hier waren damals gerade für den Unterricht in den Wissenschaften, in denen er sich auszubilden beabsichtigte, ganz ausgezeichnete Männer in Thätigkeit. Die freundliche, wohlwollende Aufnahme seitens der dortigen Professoren — Panizza, später Rusconi für Anatomie, für Physiologie und vergleichende Anatomie Spedaliere, Mangili später Zendrini für Naturgeschichte, Brugnatelli für Chemie, für Physik Configliachi und Lotteri für Mathematik — förderten sehr den Fortgang seiner Studien. Leider war der botanische Unterricht in Pavia nicht besonders gut vertreten; dieser Mangel hinderte Rüppell in der betreffenden älteren Disciplin sich gehöriges Wissen zu erwerben und war auch die Veranlassung, daß er später die Beschäftigung mit derselben gänzlich fallen ließ. Während Professor Spedaliere, ein Freund des Hauses Mylius in Mailand, ein besonders gefälliges Entgegenkommen zeigte, waren auch die anderen Universitätslehrer jederzeit bereit, dem jungen Manne ihre Hülfe zu gewähren, indem sie ihm zu beliebigen Stunden die Benutzung der Universitätssammlungen gestatteten und er die Erlaubnis er-

*) Bruchstück der Biographie. Fasc. III. S. 12.

**) Aus Frankfurt d. d. 14. Aug. 1818.

hielt, jegliches Prachtwerk der reichhaltigen Bibliothek in seine Wohnung mitzunehmen. Erwähnenswert erscheint es wohl, daß ihm als Leitfaden in der Naturgeschichte nicht der allenthalben, besonders auch in Pavia maßgebende Blumenbach, sondern die Cuvierschen Werke bereits dienten, was für seine naturwissenschaftlichen Arbeiten von besonderem Vorteile war.

Nach Schluss des Sommersemesters 1819 wurde sogleich der praktische Unterricht in geographischen Ortsbestimmungen bei Baron von Zach in Genua begonnen. Dieser hatte dem sehr anstelligen Schüler auf seinen Wunsch vorzüglich zuverlässig gearbeitete Instrumente aus London und aus München kommen lassen, mit denen nun auf das eifrigste die Übungen fortgesetzt wurden. Als Rüppell diese eines Tages unbedeckten Hauptes in glühender Sonnenhitze mehrere Stunden mit dem Sextanten getrieben, erkrankte er nach siebenstündiger schwüler Seefahrt bei der Ankunft in Livorno an »einer heftigen Hirnentzündung, die ihn zwei Monate lang in bewußtlosem Delirium niederwarf.« Nachdem ihn zwei tüchtige Ärzte bereits aufgegeben, trug seine starke Natur den Sieg davon; er genas, war aber furchtbar abgemagert, ganz kahl geworden und hatte das Gedächtnis total verloren. Begleitet von dem ihm befreundeten Handelsherrn C. W. Dalgas in Livorno begab er sich auf ärztlichen Rat hin zur Erholung nach Neapel, woselbst er Ende des Jahres 1819 eintraf. Hier beschäftigte er sich, soweit seine Kräfte solches gestatteten, mit dem Studium der Meertiere, insbesondere der Fische und konnte rasch zu der Einsicht gelangen, wie außerordentlich viel auf diesem Gebiete noch zu thun sei. Außerdem übte er sich unter Leitung des geschickten Meisters Auria in der Aquarellmalerei und ließ auch von seiner alten Liebhaberei, der Mineralogie, nicht ab, zumal auf Breislacks Empfehlung die vortrefflichen Vertreter dieses Faches in Neapel, Monticelli und Tondi ihn sehr zuvorkommend aufnahmen. Seine Absicht ging nun dahin, Sicilien zu bereisen. Auf dieser drei Monate dauernden Tour, die ihn zunächst nach Palermo führte, ward er bekannt mit dem Vorsteher der dortigen Sternwarte Cacciatore und dem Naturforscher Bivona Bernardi. Ein längerer Aufenthalt an der Südküste der Insel diente zur Besichtigung der dortigen reichen Schwefelgruben und ihrer prächtigen Strontiankrystalle, von denen er auserlesene Stücke erwarb, welche noch jetzt eine Zierde der Sammlungen unserer Gesellschaft sind. In Catanea traf er, als er das Museum des alten Gioene besuchte, mit dem Wiener Naturforscher J. Heckel zusammen. Heckel, der in einem gewissen Dienstverhältnisse zu dem kaiserlichen Museum in Wien stand, befreundete sich bald mit Rüppell, und beide verabredeten eine gemeinschaftliche Besteigung des Ätna. Diesem Manne machte ferner Rüppell den Vorschlag, mit ihm eine Forschungsreise nach Nubien zu unternehmen und zwar unter der Bedingung, daß die sämtlichen Kosten dem Antragsteller zur Last fallen sollten, während die Beschreibung der wissenschaftlichen Ausbeute nach Übereinkunft zwischen beiden Reisenden zu teilen wäre. Da Heckel der zu diesem Zwecke erbetene Urlaub in Wien verweigert wurde, konnte jedoch der Plan nicht zur Ausführung gelangen. Von Catanea ging Rüppell alsdann über Messina und Malazzo nach den Liparischen Inseln und widmete der Untersuchung dieser Vulkanengruppe einen ganzen Monat. Zweimal stieg er bis zum unteren Boden des halberloschenen Kraters von Volkano, erkletterte den Kegel des stets feuerspeienden Stromboli, überall beobachtend und sammelnd, und sandte alsdann die von ihm sorgfältig ausgewählten geologischen Suiten in die Museen von Florenz, Frankfurt und Petersburg.

Rüppell war kaum nach Messina zurückgekehrt, als auf der Insel zur Wiederherstellung der konstitutionellen Verfassung eine allgemeine Revolution ausbrach, welche mit furchtbaren Mordscenen in Palermo ihren Anfang genommen hatte. Auf einer Ruderbarke verließ er Sicilien und kam nach 7 Tagen in Genua an als Überbringer der ersten glaubwürdigen Nachrichten über den losgebrochenen gewaltigen Aufstand.

Bis zu dem am Schluß des Oktober 1820 eröffneten Wintersemester verblieb er dann in Genua bei seinem Lehrer und Gönner von Zach. Welch unberechenbaren Nutzen neben dem Unterrichte die Unterhaltungen mit diesem vielseitig gebildeten, ausgezeichneten Manne, der im Verlaufe eines langen thatenreichen Lebens mit gefeierten Gelehrten und Staatsmännern in sehr nahen Beziehungen stand, ihm gebracht haben, hat er mit dankbarer Gesinnung stets offen bekannt. Die Zuneigung v. Zachs zu seinem Schüler vermehrte sich in dem Grade, als dieser immer größere Fortschritte machte, und nachdem derselbe bei der am 7. Sept. 1820 beobachteten ringförmigen Sonnenfinsternis die Spitze eines unge-

8

mein hohen Mondberges, der auf einige Augenblicke ein Segment des Sonnenlichtringes abschnitt, gesehen hatte, spendete ihm von Zach in seiner Correspondance astronomique *) großes Lob.

Auch in Pavia wurde die astronomische Thätigkeit fortgesetzt, indem der berühmte Oriani in freundlicher Weise seine eigenen Instrumente dem jungen, strebsamen Manne zur Verfügung stellte. Bei Rusconi, dem Anatomen, lernte Rüppell dann auf geschickte Art feine Injektionen machen und verschaffte sich durch Vermittelung dieses Professors die hierzu benötigten Instrumente, die später bei der Plünderung von Esue in Oberägypten leider sämtlich verloren gingen. In den Mußestunden arbeitete er einige naturhistorische Abhandlungen aus. Diese wurden an die Senckenbergische naturforschende Gesellschaft eingeschickt und kamen in deren Sitzungen durch den damaligen zweiten Direktor Dr. Cretschmar zum Vortrag und zur Besprechung, nämlich Untersuchungen über den fossilen Unterkiefer eines Hippopotamus aus dem Arnothale, ichthyologische Miscellen als Resultate der Forschungen in Neapel, Bemerkungen über in Italien erworbene und dem Frankfurter Museum überwiesene Reste von Elen, Köpfe verschiedener Ochsenarten u. a. Der spätere Aufenthalt in Genua gab Rüppell Gelegenheit, mit dem piemontesischen Kapitän Albert de la Marmora, einem eifrigen Ornithologen, der in der Folge durch ein tüchtiges Werk über Sardinien als Geograph und Archäolog sich einen Namen gemacht hat, in besonders freundlichen Verkehr zu treten. Unterdessen bemühte sich Baron von Zach auf jede Weise, seinen Schüler von dem Gedanken einer Forschungsreise in die Nilländer abzubringen. Hatte er doch den vielversprechenden jungen Seetzen, dem er ebenfalls Unterricht erteilt, in Arabien spurlos verschwinden sehen und war doch vor kurzem erst trotz langen Gewöhnens an orientalische Lebensweise der ausgezeichnete Burckhardt den Tücken des Klimas erlegen. Rüppell thäte am besten, so meinte er, der von der österreichischen Regierung ausgerüsteten Expedition nach China und Südamerika sich anzuschließen, da er bei dieser eines wünschenswerten Wirkungskreises sicher sein könne. Als alle Vorstellungen ohne Erfolg blieben, sprach Zach die Bitte aus, der junge Mann möge, da er

*) Bd. VI. P. 185.

unzweifelhaft einem verderblichen Geschick entgegengehe, vor der Abreise von Europa ihm sein Bildnis verehren; er selbst wolle nach besten Kräften Sorge tragen, daß dessen Leistungen, falls sie wissenschaftlich nutzbringend ausfielen, in die Öffentlichkeit kämen.

Im Frühjahr 1821 glaubte sich Rüppell so weit vorgebildet, um mit gewissem Erfolge die Orientreise antreten zu können, deren Ausführung ihm bis dahin stets im Sinne gelegen hatte. Nach der schweren Erkrankung, welche ihn im Spätsommer 1819 heimgesucht hatte, mußte er freilich an der Möglichkeit eines solchen Unternehmens fast verzweifeln. »Denn es war ihm damals die traurige Gewißheit geworden, diese letzte Krankheit habe seinen ganzen Körper auf das innerste erschüttert und er könne nie wieder einer rechten Gesundheit teilhaftig werden, um alle Strapazen zu ertragen, denen man bei Reisen im Orient ausgesetzt ist«. *) Aber die ihm eigne Willensstärke veranlaßte ihn, auf der Durchführung dessen, was er sich vorgesetzt, zu beharren und nicht, was geschickte Ärzte ihm dringend empfohlen, die Orientpläne für immer aufzugeben.

Wie bereits angeführt worden ist, hatte sich Rüppell entschlossen, die naturforschende Gesellschaft nach jeder Richtung und nach besten Kräften zu fördern. Er korrespondierte daher fleißig mit Cretschmar und bat ihn, die Desiderata für die Sammlungen ihm mitzuteilen; **) auch gab er auf des letzteren diesbezügliche Anfrage Nachricht über die beabsichtigten wissenschaftlichen Vorbereitungen für die Reise in die Levante, wobei er erklärte, er wolle etwa Winter 1822 sich praktisch in die Beschäftigung naturhistorischen Sammelns unter Cretschmar's Leitung einschießen.« ***) Nachdem er anfangs des Jahres 1821 »diesem seinem verehrten Freunde Cretschmar« einen genaueren Plan für die Reise dargelegt hatte, nach welchem ein zweijähriger Aufenthalt in Ägypten und Nubien vorgesehen war, um dann von Bab el Mandeb entweder nach Abessynien oder Ostindien zu gehen, verständigte er sich in mehreren Briefen mit ihm über einen geeigneten Reisebegleiter, der vor allen Dingen ebenfalls mit dem Einsammeln und Konservieren von

*) Brief aus Neapel vom 15. März 1820.

**) Protok. 17. Okt. 1818.

***) Brief aus Pavia vom 18. März 1819.

Tieren vertraut sein müsse. Dr. Cretschmar empfahl den aus Rüdesheim am Rhein gebürtigen Chirurgen Michael Hey. Rüppell war mit der Annahme dieser Persönlichkeit durchaus einverstanden, *) widerstrebte auch nicht einem zweiten Reisebegleiter, der als sicherer Schütze sich nützlich erweisen sollte. Leider mußte er letzteren später, schon von Genua aus, wegen gänzlich unpassenden Verhaltens wieder zurückschicken. Dagegen hat sich Hey als Zergliederer und Konservator in der Folge vorzüglich bewährt, wenn auch der Ruhm seiner Tüchtigkeit durch einen erst im Oriente zur Entwickelung gekommenen Hang zum starken Genuß von Spirituosen nicht geringe Einbuße erlitten hat.

Bis dahin waren die Vorbereitungen, auf deren Geheimhaltung Rüppell besonderen Wert legte, gekommen, als er am 18. August 1821 **) durch Cretschmar der naturforschenden Gesellschaft ankündigen ließ, es sei seine Absicht, eine längere Reise in den Orient anzutreten und zwar unter folgenden Bedingungen: zunächst habe die Gesellschaft die Ausrüstung der Begleiter zu übernehmen und auf ihre Kosten dieselben nach Livorno zu senden; als Ersatz für diese Ausgaben schenke er ihr unter anderen seine prächtige Mineraliensammlung und falls er umkommen sollte, seine ganze Bibliothek; dann aber sei er bereit, die ganze Ausbeute an Naturobjekten, die er zusammenbringen werde, ausnahmslos der Gesellschaft zu überlassen. Diese nahm das Anerbieten des Mannes, der ihr bis jetzt so reiche Geschenke an Naturalien sowie an Büchern zugewandt hatte, mit Freuden an und ernannte eine Kommission, als deren hervorragendste Mitglieder der bekannte Entomologe von Heyden der Ältere, Dr. W. Sömmerring der Jüngere, Dr. Mappes und Dr. Cretschmar zu nennen wären, damit dem Wunsche Rüppells entsprechend vorgegangen werden könne. Da nun dieser dahin ging, daß bis zum Jahresschlusse alles zur Abfahrt bereit sein solle, so mußten die Vorbereitungen in Frankfurt, namentlich in Anbetracht der damaligen trägen Verkehrsverhältnisse, rasch betrieben werden, zumal Rüppell seiner Ungeduld mehrmals starken Ausdruck verlieh. Daß die Gesellschaft that, was sie vermochte, war wohl natürlich, erklärlich aber auch, daß kleine Mißgriffe nicht vermieden werden konnten. Am besten wäre es wohl gewesen, wenn Rüppell per-

*) Brief aus Pavia vom 30. Juni 1821.

**) Protok. d. d.

sönlich in Frankfurt über die Einzelheiten der Ausrüstung sich verständigt hätte, während jetzt beide Teile auf den brieflichen Meinungsaustausch angewiesen waren. In dem mehrerwähnten autobiographischen Bruchstück *) hat er mit großer Schärfe auf die mancherlei Verkehrtheiten, Anschaffung von Wasserstiefeln, dressierten Jagdhunden u. s. f., welche die Gesellschaft bei den nötigen Vorbereitungen seiner Ansicht nach begangen, hingewiesen, konnte aber nicht umhin, hinzuzufügen: »es war ersichtlich, daß man aufrichtig wünschte, mir bei meinem Unternehmen nützlich und dienlich zu sein, aber der nötigen Befähigung ermangelte, wegen gänzlicher Unkenntnis sowohl mit den Ländern, die ich bereisen wollte, als mit meinen Plänen überhaupt.«

Wie es nun im weiteren mit der auch fernerhin verlangten Geheimhaltung der ganzen Expedition gehen würde, ließ sich unschwer voraussehen. Konnte man den vielen, die um dieselbe wußten, wirklich Schweigen gebieten, wenn die helle Freude über ein außerordentliches, Aufsehen erregendes Ereignis, über die zu gewärtigenden Bereicherungen des Museums ihnen den Mund öffnete? Dürfen wir uns wundern, daß Rüppells Orientreise lange Zeit hindurch das Tagesgespräch war und seine auf ihn stolzen Mitbürger ihn nannten: unser Voyageur? Wenn außerdem verschiedene Blätter Mitteilungen über den allgemein interessierenden Mann und sein Vorhaben brachten, so kamen sie einem dringenden Wunsche des Publikums entgegen und verdienten wahrlich nicht das wegwerfende Urteil, das Rüppel über die betreffenden Verfasser zu fällen für gut fand. »Glücklicherweise hatte er wegen der bevorstehenden Abreise keine Zeit, über den eigentlichen Stand der Sache nachzugrübeln«; **) wie er uns mitgeteilt hat, beschäftigte er sich vielmehr auf das eifrigste mit der eigenen Zurüstung.

Der Abschied von den ihm so lieb gewordenen Lehrern in Pavia, deren Unterricht er 1818—1821 genossen hatte, war bereits vor sich gegangen, als Hey und sein Begleiter in Genua eintrafen. Nur ersteren nahm er mit nach Livorno, da, wie schon zuvor erwähnt, der andere alsbald wieder entlassen werden mußte. Vor der Abreise wurde noch mit dem ihm eng befreundeten Kaufherrn C. W. Dalgas die Verabredung

*) Fasc. IV. S, 13,

**) Biogr. Bruchstück. Fasc. V. S. 3.

getroffen, daß er sämtliche Zusendungen, welche er von Afrika erhalten würde, rasch und auf sicherem Wege nach Frankfurt besorge.

In der Neujahrsnacht 1821 auf 22 verließ das Schiff Livorno und langte nach neunzehntägiger, nach damaligen Verhältnissen rascher Fahrt glücklich in Alexandrien an, ohne in Berührung mit den die Osthälfte des Mittelländischen Meeres zu jener Zeit höchst unsicher machenden griechischen Korsaren gekommen zu sein. In der Hauptstadt Ägyptens, dem nächsten Reiseziel, fand Rüppell bald einen alten Bekannten, F. Walmas, der ihn auf das herzlichste begrüßte und seinen großen Einfluß als zweiter Dolmetscher des regierenden Paschas von Ägypten, Mehemed Ali, zu Gunsten des Reisenden gerne verwertete. Nachdrückliche Empfehlungen an Befehlshaber und Gouverneure von maßgebender Seite waren bei der echt orientalischen Wirtschaft, die damals in Ägypten im Gange war, von der höchsten Bedeutung. Es ist bekannt, daß einige Jahre zuvor Mehemed Ali einen grausamen Vernichtungskampf gegen die Mamelucken-Beys im ganzen Lande begonnen hatte. Nach Norden, wie nach Süden waren deshalb Kriegszüge unternommen worden, die sich über Nubien, Sennaar, selbst Kordofan, wohin sich viele Beys geflüchtet, ausdehnten und zur Eroberung dieser Länder führten. Um derart ausgedehnte Strecken im Schach zu halten, bedurfte der Pascha einer bedeutenden Militärmacht, so daß die türkische Soldateska in der That überall in ihrer Weise schalten und walten konnte.

Bei einem Essen nun, das Walmas zu Ehren Rüppells gab, lernte diesen der vertraute Ratgeber Mehemed Alis, der Armenier, Boghos Bey, kennen und unterhielt sich mit ihm über den mutmaßlichen Metallreichtum der Gebirge des Landes, von dessen Wert der Pascha selbst außerordentlich viel hielt. Die bisher im Auftrage der Regierung von Sachkennern, sowie von betrügerischen Ignoranten an verschiedenen Stellen ausgeführten Untersuchungen hatten zu keinem nennenswerten Resultate geführt. Eine sehr wichtige Örtlichkeit, so meinte Boghos Bey, wäre jedoch noch unerforscht geblieben, nämlich die zwischen Suez und Akaba, unfern der Karawanenstraße, am Brunnen Nasb angeblich gelegenen Kupfergruben, die schon von den Pharaonen mit großem Erfolge betrieben worden wären. Die Frage, ob er geneigt wäre, diese Stellen zu besichtigen und über die Nützlichkeit der Wiederaufnahme des Baues an die Regierung eingehender zu berichten, bejahte Rüppell. Im Frühjahr 1822 nahm er unter dem Schutze einer starken Eskorte die Untersuchung vor, fand neben Trümmern von Schmelzöfen und Schlacken auch Metallstufen; mußte sich aber gegen die Wiederaufnahme des Betriebes erklären, weil der Mangel jeglichen Brennmaterials und die bedeutende Entfernung von der Küste eine nutzbringende Verwertung seiner Meinung nach ausschlossen. Offenbar hatte die klare, unzweideutige Abfassung des von Rüppell erstatteten Berichtes dem regierenden Pascha sehr gefallen; denn er ließ alsbald anfragen, was er für diese Bemühungen schulde, gleichzeitig aber auch das Anerbieten hinzufügen, Rüppell möge in seinen Diensten als hochbesoldeter wissenschaftlicher Forscher in den neu eroberten Provinzen mineralogische Untersuchungen ausführen. Daß beide Anträge bestimmt zurückgewiesen wurden, letzterer namentlich unter Hinweis auf die durchaus unabhängige Stellung des Reisenden, nahm Mehemed Ali, der von der Uneigennützigkeit der Fremden im übrigen eine recht geringe Meinung hegte, sehr zu dessen Gunsten ein. Er gewährte die gewünschten Firmans, die, in nachdrücklicher Form abgefaßt, den höchstgestellten Personen des Landes, unter anderen zweien seiner Söhne und seinem Schwiegersohne, Rüppell auf das wärmste empfahlen. Kluger Weise verließ sich dieser jedoch nicht auf solche Schreiben allein, sondern vergaß niemals, Dienern und Herren in passender Weise ein Geschenk zu verehren, für welchen Zweck er sich mit geeigneten Gegenständen vorsorglich versehen hatte. Überhaupt war er bei seiner Ausrüstung mit großer Umsicht verfahren, und dieselbe verdient in jeder Beziehung unseren anerkennenden Beifall, wenn wir vernehmen, wie er für jede Reiseunternehmung einen eigenen Plan machte, immer auf eine Art von Basis sich anlehnend, zu welcher er im Falle eines Unglückes ziemlich sicher zurückgehen konnte, und von der aus das in Verlust Geratene für den Beginn einer neuen Exkursion sich ersetzen ließ.

Gleich das erste der übergebenen Empfehlungsschreiben, gerichtet an den Statthalter der Provinz Fajum, erwies sich sehr wirksam; denn es hatte zur Folge, daß den Reisenden ein Ordonnanzsoldat beigegeben wurde, mit der Weisung, dasjenige

*) Biogr. Bruchst. F. V. S. 6.

Haus im Christenquartier, das ihnen passend erschiene, für sie nach Austreibung der rechtmäßigen Besitzer sogleich in Beschlag zu nehmen. Wollte Rüppell überhaupt ein Unterkommen finden, so mußte er diese rücksichtslose Härte geschehen lassen, die allerdings durch ein Geldgeschenk nach Möglichkeit wieder gut gemacht wurde. Als die Reisenden im Buschwerk nahe dem Palaste des Gouverneurs mit Netzen nach den zahllosen, in der Sonnenglut umherschwirrenden Insekten haschten, wurden sie der Gegenstand aufmerksamer Beachtung von seiten der Haremsdamen des hohen Herrn. Wegen des Zweckes ihres wunderlich scheinenden Beginnens durch einen abgesandten Thürhüter befragt, gaben sie zur Antwort, ihre Bemühungen gälten Insekten, die sie zur Bereitung von Arzneien nötig hätten. Kaum waren die Insektenfänger als Männer der Heilkunde erkannt, als eine jede der Haremsfrauen an irgend einer Krankheit zu leiden vorgab und von Rüppell, besonders aber von dem stattlichen Hey behandelt zu sein wünschte, freilich zum großen Verdrusse des Paschas, der bestimmt erklärte, die Krankheiten alle würden nicht von Ärzten, sondern nur von Allah, so es sein Wille sei, geheilt. Um nun nicht wieder in die Lage zu kommen, in ähnlichem Falle als Arzt berufen, aber von den Machthabern sehr ungern gesehen zu sein, hat Rüppell bei späterer Veranlassung als Zweck seiner naturhistorischen Sammlungen erklärt, er »beabsichtige in der Heimat eine Arche Noah nachzubilden, daher in seiner Wohnung ein Pärchen jedes Tiers auf Erden, das Gott geschaffen, in einer naturgemäßen Stellung ausgestopft, aufbewahrt würde, wozu drei Dinge nötig seien: das Skelett, der Balg und eine Skizze der Stellung«. Und diese Erklärung, welche Mohammedanern wie Christen leicht faßlich war, beseitigte alsdann das Anstößige, welches an dieser in gewisser Beziehung anekelnden Beschäftigung gefunden wurde. *)

Gleichsam als Vorbereitung zu seiner großen Reise nach Nubien beabsichtigte Rüppell verschiedene Exkursionen in die sumpfigen Niederungen des Delta, da sich die Ausbeute an Vögeln in der Umgebung des Birket el Fajum (Moeris-Sees) äußerst dürftig erwiesen hatte. Er fuhr den Nil hinunter nach Damiette und machte längere Zeit Jagd auf die in dem großen Mensaleh-See sehr

*) Biogr. Bruchst. F. V. S. 15.

zahlreich sich zeigenden Pelikane, Flamingos und andere Vögel. Die feuchte Atmosphäre erwies sich sehr ungünstig für die Konservierung der Bälge, indem es kaum möglich schien die in unglaublicher Menge vorhandenen Insekten fern zu halten, bis Rüppell durch sorgfältiges Einkleben sämtlicher Naturalien in Papierhüllen der gefährlichen Invasion ein Ende machte. Auch an sich selbst mussten die Reisenden die böse Wirkung der Örtlichkeit erfahren, indem sie eine heftige Dysenterie mehrere Wochen an das Krankenlager fesselte. Wieder hergestellt, unternahmen sie eine Fahrt quer durch das Delta mit der Absicht, nach Alexandrien zu gelangen. Da wurden sie südlich vom Burlos-See in einem der Hauptkanäle ganz unerwartet von Soldaten angehalten, die, beauftragt, sämtliche Fahrzeuge für die in Sennaar stehenden Truppen zu requirieren, auch die Barke Rüppells mit Beschlag belegten. Rüppell protestierte heftig, indem er durch den Dollmetscher auf seine Eigenschaft als Europäer, der unter dem besonderen Schutze der Regierung stehe, hinweisen ließ. Wahrscheinlich würde sein Widerspruch nutzlos geblieben sein, wenn der Dollmetscher nicht erwähnt hätte, der fremde Herr habe einen eigenen Leibarzt (Hey) in seinen Diensten. Daraufhin wurde an Rüppell das höfliche Ersuchen gerichtet, seinem Leibarzte zu gestatten, den seit Monaten an einer Lähmung des ganzen Körpers darniederliegenden Bezirksgouverneur in Behandlung zu nehmen. Die von Hey an diesem hohen Offizier bewirkte Wunderkur, welche dem Patienten nach kurzer Zeit schon den freien schmerzlosen Gebrauch seiner Glieder möglich machte, verschaffte den Reisenden von nun an eine ausgesucht höfliche Behandlung. So rücksichtslos die Türken vorher gewesen waren, ebenso entgegenkommend zeigten sie sich jetzt, ja sie überboten sich in Aufmerksamkeiten, so daß der hergestellte Gouverneur die eigene, prächtig eingerichtete Ruderbarke den Fremden für die Reise nach Alexandrien zur Verfügung stellte.

Von Alexandrien aus verschickte Rüppell die erste Sendung seiner zoologischen und mineralogischen Ausbeute über Livorno an unsere Gesellschaft. Hier traf er auch den trefflichen Zoologen Hemprich, der in Gemeinschaft mit dem berühmten Naturforscher Ehrenberg im Auftrage der königlich preußischen Akademie der Wissenschaften eine Reise nach Nubien unternommen hatte. Hemprich, der seit längerer Zeit vergeblich auf die Zusendung von neuen Geldmitteln und Ausrüstungsgegenständen aus Europa wartete, während sein Gefährte Ehrenberg in Neudongola zurückgeblieben war, schien nicht in der Stimmung zu sein, unserem Reisenden die mannigfach erbetenen Auskünfte über die beste Art der Erlegung gewisser Tiere zu geben. Auch von letzterem hat Rüppell, wie er behauptet, als er ihm in Esne am Nil einen Besuch abstattete, nicht die erwartete Aufmunterung zur Erforschung des Südens erhalten*), wenngleich im übrigen der beiderseitige Verkehr ein durchaus freundlicher gewesen ist. Er hatte damals das außerordentlich gütige Entgegenkommen, welches Henry Salt und Ludwig Burckhardt ihm erwiesen, in frischester Erinnerung; deshalb mochte er die zurückhaltende, wenig mitteilsame Art der beiden Gelehrten um so stärker empfinden.

Als Rüppell Ende Oktober 1822 nach Kairo zurückgekehrt war, wurden die Vorbereitungen zur Reise nach dem Süden mit vorzüglicher Sorgfalt ins Werk gesetzt. Wie er dabei vorging, hat er uns ausführlich erzählt in seinem autobiographischen Bruchstück.**) Selbstverständlich kann von einer Wiedergabe der diesbezüglichen Ausführungen keine Rede sein, wenn auch ihr Verfasser sie nur deswegen niedergeschrieben hat, um solchen, die in ähnlicher Absicht reisen wie er, erprobte Ratschläge zu erteilen. Mit Recht dürfen wir hier wohl fragen, weshalb er sie denn in einem Gefache der hiesigen Stadtbibliothek versteckt gehalten hat, so daß sie erst jetzt zu unserer Kenntnis gelangt sind.

Die Reisegesellschaft bestand außer Hey noch aus 5 Personen, unter diesen ein in Diensten Hemprichs gewesener Nubier. Da widriger Wind die Fahrt nilaufwärts verzögerte, kam Rüppell erst am 26. November in Theben an. Während Hey auf der üppiggrünen Thalfläche der Ruinenstadt mit dem Einsammeln von Naturalien beauftragt wurde, ging der Reisende nach Luxor. Wie sehr ihn auch die großartigen Trümmer der Schöpfungen vergangener Jahrtausende von neuem anziehen mochten, so widmete er sich hier nur der geographischen Ortsbestimmung verschiedener Punkte. Von Luxor begab er sich zu gleichem Zwecke nach der Hafenstadt Kosseir. Nach Luxor zurückgekehrt, wurde er auf das unangenehmste überrascht durch die Nachricht von einem gewaltigen Aufstande der Eingeborenen gegen die türkischen Machthaber in Schendi und von der Ermordung des dortigen Paschas Ismail. Vor-

*) Biograph. Bericht Fasc. VII. S. 6.

**) Fasc. VI S. 11—16.

erst war nun keine Rede davon die südlichen insurgierten Länder zu besuchen, einmal deshalb, weil die Lasttiere in aller Eile von der Regierung zum Transporte von Proviant und Munition in Anspruch genommen wurden und dann auch, weil die Reisenden aus guten Gründen türkische Soldatenkleidung trugen, die unter Eingeborenen bei der augenblicklichen Sachlage große Gefahr gebracht haben würde. Glücklicherweise langten am Jahresschlusse beruhigendere Nachrichten aus dem Süden an, so daß anfangs Januar 1823 die Fahrt nilaufwärts fortgesetzt werden konnte. Das Ziel war zunächst Akromar,*) ein befestigtes Schloß, am Nil gelegen, welches die Türken unter der Bezeichnung, Neudongola, zur Hauptstadt von Nubien erhoben hatten. Unterwegs speicherte Rüppell in einem sicheren Raume der Stadt Esne alle nicht unumgänglich nötigen Gegenstände auf, unter anderem Schießbedarf, Konservierungs-Utensilien, auch ein großes astronomisches Fernrohr, einige Barometer. Während das Gepäck von Kamelen befördert wurde, benützte er selbst die Wasserstraße. Diese sollte in der Umgebung der im Sukkot gelegenen Insel Sai, wie man ihm versicherte, stets einige Nilpferde beherbergen. Um ein solches Tier zu erjagen, wurde ein mehrtägiger Aufenthalt an genanntem Orte genommen; bald aber nach fruchtlosem Suchen die Reise wieder fortgesetzt. In diesem Falle war der Misserfolg ein Glück für die kleine Karawane; denn als dieselbe 2 Tage Sai verlassen hatte, brach auch hier eine Empörung aus, die sicherlich, nach dem Vorgehen der Eingeborenen bei dem Aufstande in Schendi zu urteilen, den europäischen Reisenden das Leben gekostet hätte, wenn dieselben zur Abhäutung und Skelettierung des kolossalen Tieres länger hätten verbleiben müssen.

In Neudongola fand Rüppell die wohlwollendste Aufnahme seitens des dortigen Statthalters, Abdin Beg, der auf seinen Wunsch mehreren Eingeborenen von der Kaste der Hauawiten, die sich mit dem Erlegen von Nilpferden beschäftigten, den bestimmten Auftrag erteilte, ein derartiges Tier herbeizuschaffen. Zunächst war auch dieser Versuch ganz fruchtlos; doch gelang es Rüppell späterhin noch 4 Hippopotamus in der dortigen Gegend zu erbeuten, eine sehr stattliche Zahl, wenn wir erfahren, daß alljährlich in der ganzen Provinz nur 2 Exemplare erjagt zu

*) In der von Rüppell entworfenen Karte (Reise nach Nubien und Cordofan) ist nur der Name Akromar angeführt.

werden pflegen, deren wohlschmeckendes Fleisch — ein ausgewachsenes Tier wird gleich 4—5 Ochsen geschätzt — ebenso wie die derbe Haut sehr gut zu verwenden ist. In der Erwartung einer günstigen Jagd auf Antilopen, begab sich der Reisende alsdann nach der an der südöstlichen Krümmung des großen nubischen Nil gelegenen. befestigten türkischen Militärstation Ambukol. Ein Vertrag mit Arabern vom Hassnie-Stamme, welche die in der Gegend befindlichen Brunnen im Besitze hatten, verbürgte dem dahin abgesandten Hey persönliche Sicherheit, der unter diesen Nomaden fünf Wochen verweilte, dann aber mit Rüppell nach Neudongola zurückging, nachdem die entsetzliche Hitze, 37,5° R. im Schatten, gerade vor Eintritt des Regens für Europäer den Aufenthalt in Ambukol höchst widerwärtig gestaltet hatte. »Es waren, wie Rüppell erzählt,*) »alle Metallgegenstände so erhitzt, daß sie beim Berühren schmerzlich empfindlich auf die Haut einwirkten, das ganze Gesicht war wie durch einen Sonnenstich entzündet, das Atemholen stark beschleunigt. Ein jeder fühlte ein Unbehagen und eine Art von Bangigkeit, die man vergeblich durch Überschütten des Körpers mit Wasser zu beseitigen suchte«. Hey verblieb dann mit einigen nubischen Dienern in Neudongola, indeß Rüppell sich nach Kairo begab, um eine Sendung Naturalien nach Europa abgehen zu lassen. Auf der Reise dahin hatte er seinen Dollmetscher Piossin entlassen können, da er sich nunmehr der arabischen Sprache genügend mächtig fühlte, nahm aber einen früheren Begleiter von Hemprich und Ehrenberg den Holsteiner Fr. Lamprecht, der durch seine Geschicktlichkeit im Erjagen und Zubereiten der Tiere, sowie durch seinen Fleiß das Beste versprach, in seine Dienste. Doch scheint derselbe den Erwartungen nicht entsprochen zu haben, indem er wegen Widersetzlichkeit schon, ehe ein Jahr um war, entlassen werden mußte.

Auf dem Rückwege nach Neudongola nahm Rüppell aus dem Magazin in Esne sein großes astronomisches Fernrohr mit; einen weiteren Teil der Fracht machten 4 Kisten mit je 50 Flaschen besten Jamaikarums aus, die er als Geschenk für seinen Freund Abdin Beg bestimmt hatte, und die von diesem, obgleich er Muselmann war, mit herzlichem Danke entgegen genommen wurden. Sicherlich hat der Gouverneur diese bedeutende Menge geistigen

*) Biographisches Bruchstück Fasc. VII, S. 15.

Getränkes nicht für sich allein in Anspruch genommen, sondern auch anderen, denen er großen Dank schuldete, so dem Chirurgen Hey für die vielfache, ohne Entgelt geleistete ärztliche Hülfe bei Offizieren wie Soldaten, genügende Proben zu kosten gegeben. Für den infolge großer körperlicher Anstrengungen nach Stärkung lechzenden Abendländer sind diese allerdings von entschieden schlimmer Wirkung gewesen.

Obgleich die südlichen Teile Nubiens noch keineswegs ganz beruhigt waren, beschloß der Reisende jetzt, über Edabe und Haraza nach der Nordgrenze von Kordofan vorzugehen. Allein der »fürsorgliche Freund« Abdin Beg untersagte bestimmt die Ausführung dieses Planes, da von irgend welcher Sicherheit auf den Straßen keine Rede sei; er riet dagegen dringend nach Schendi am Nil, dem Aufenthaltsorte des Gouverneurs von Kordofan, Mehemet Bey Defterdar, den Weg zu nehmen. Als Rüppell, nicht weit entfernt von diesem Orte, im Lager von Gurkab am Nil angekommen war, ließ ihn wegen der Abwesenheit des Oberbefehlshabers dessen Stellvertreter nicht weiter. Am 12. November 1823 war der Aufbruch von Neudongola erfolgt, und erst Ende Januar 1824 kam Defterdar von seinem Zuge gegen die Aufständigen, den er bis an die Grenze Abessyniens ausgedehnt und auf welchem er eine empfindliche Schlappe in den Engpässen von Soderab erlitten hatte, in das Feldlager zurück. Da Rüppell der Empfehlungsbriefe dieses Mannes dringend bedurfte, wenn er nach dem Süden und Südwesten gegen Darfur zu sich weiter wagen wollte, so mußte er zunächst in Gurkab bleiben. Glücklicherweise fand er in Defterdar einen gebildeten, für die Naturwissenschaften, sowie für Geographie lebhaftes Interesse nehmenden Mann, der von sämtlichen Gegenden des Südens, die er auf seinen Kriegszügen durchzogen, Karten angefertigt hatte und dieselben bereitwillig Rüppell zur Abschriftnahme überließ. Auch entsprach er rasch dessen Wunsche, die in Sicht liegenden Ruinen des alten Meroë unter dem Schutze einer starken Reiterabteilung besuchen zu können. Noch bevor der Gouverneur im Lager angekommen war, hatte Rüppell, da es seinen Leuten an jeder geeigneten Beschäftigung mangelte, Hey in Begleitung von Lamprecht, zwei ägyptischen Dienern und zwei Negern auf einem mit einer Kanone armierten Bote den weißen Nil (Baher el Abiad) hinauf zur Betreibung naturwissenschaftlichen Sammelns geschickt. Dieses für die Beauftragten sehr gefahrvolle Unternehmen machte ihm große Sorge und ganz besonderen Ärger, als er von Mehemet Bey Defterdar erfuhr, seine Leute seien bereits nach Chartum zurückgegangen, während er selbst drei Monate lang ohne direkte Nachricht über ihr Verweilen verblieben war. In einem sehr energisch gehaltenen Schreiben forderte er Hey auf, sogleich in das Lager zu kommen, von wo aus, da gar keine Möglichkeit zur Reise nach Kordofan vorlag, der Rückmarsch nach Ambukol angetreten wurde.

Unter dem Schutze und mit Hülfe gut entlohnter arabischer Reiter ging es dann in den umliegenden Grassteppen auf die Jagd nach Vierfüßern, bis dieser recht ergiebigen Thätigkeit durch einen Eilboten Abdin Begs ein unerwartetes Ende bereitet ward, indem dieser den bestimmten Befehl überbrachte, so schnell als möglich nach Neudongola zurückzukehren und zwar wegen drohenden Einfalles großer Araberhorden, die von Darfurs Grenzen heranzögen. Während nun Rüppell noch im Nilthal, oberhalb genannter Stadt, sich aufhielt, brach auch in Oberägypten eine Empörung gegen die drückende Regierung Mehemet Alis aus; Esne, woselbst die Reisevorräte untergebracht worden waren, würde zerstört, und damit letztere ganz und gar vernichtet. Nun mußte Rüppell, um das Verlorene zu ersetzen, daran denken, nach Kairo zu gehen, nachdem der Aufstand rasch niedergeschlagen worden war. Allein in der Hauptstadt herrschte noch die Pest, so daß die Annäherung an dieselbe zögernd geschah. Auf dem Mitte Juni 1824 angetretenen Marsche nach Norden, der, allen Windungen des Niles folgend, mit beabsichtigter Langsamkeit vor sich ging, da eine genaue Aufnahme des Flußlaufes geplant war, beging Rüppell die Unvorsichtigkeit, aus einem im Schatten eines Baumes neben einer Grabkapelle aufgestellten Wassergefäße seinen Durst tüchtig zu löschen. Die Folge war, daß rasch Krankheitserscheinungen bei ihm auftraten, durch welche das gefürchtete perniziöse gastrische Fieber der Tropen sich anzukündigen pflegt. Das Enthalten von jeglicher Speise, welches ihm, wie er an anderer Stelle dankbar berichtet, Cretschmar für solchen Fall dringend empfohlen hatte, scheint aber rasch, allerdings nach heftigem Erbrechen, die günstige Wendung herbeigeführt zu haben.

Versehen mit frischen Vorräten kehrte die Karawane nach Neudongola zurück, um in der Umgebung der nördlich von dieser

Stadt gelegenen Insel Argo mit aller Ausdauer die Jagd auf Hippopotamus zu betreiben. Innerhalb zweier Monate, Oktober und November, lag Rüppell dieser Beschäftigung ob und hatte, wie oben bereits angeführt wurde, das seltene Glück, vier erwachsene Tiere zu erlegen, wobei er auf Anordnung Abdin Begs von den dort stationierten Soldaten bestens unterstützt wurde. Anderenfalls wäre es unmöglich gewesen, einen solchen Koloß, zu dessen Emporziehen aus dem Wasser die Kraft von hundert Menschen benötigt wurde, überhaupt nur auf das Trockne zu bringen. Auch zur Fortschaffung von Haut und Skelett lieh der genannte Gouverneur von Neudongola seine Hülfe, indem er eine Anzahl zum Geschütztransport dienender Kamele zur Verfügung stellte.

Gegen Ende 1824 war nach grausamer Unterdrückung des an vielen Orten des Südens entstandenen Aufruhrs die Möglichkeit vorhanden, nach Kordofan, das bis dahin kein europäischer wissenschaftlicher Reisender besucht hatte, aufzubrechen. Hey befand sich in so schlechtem Gesundheitszustande, daß an eine Teilnahme seinerseits bei diesem mühseligen Marsche nicht gedacht werden konnte. Er wurde daher beauftragt, die Naturalien nach Alexandrien zu bringen und bis zu Rüppells Rückkehr dort zu bleiben. Dieser brach am 22. Dezember 1824, begleitet von zwei europäischen Bedienten und einem Sklaven unter dem Schutze dreier türkischen Soldaten von Neudongola auf. Zehn Tage später verließ er den Nil bei Edabbe und gelangte durch die Bergwüste Simrie auf einem sechzehn Tage dauernden anstrengenden Marsche nach El Obeid, der Hauptstadt von Kordofan, das auf einer fast wagrechten, mit Dorngebüsch, Schneitgras, üppig wuchernder Oscher und spärlichen, riesengroßen Adansonien, besetzten Steppenfläche gelegen war und, einige Zeit zuvor von den Türken zerstört, damals aus drei verschiedenen Ansiedelungen bestand. Das salzige Wasser der dortigen Brunnen war die Ursache, daß der Reisende gleich nach der Ankunft an Gelbsucht erkrankte und daher einige Zeit gehemmt war im Einsammeln von Naturalien. Es mochte ihn mit solchem Mißgeschick die Armut der Gegend an Tieren in dieser Jahreszeit aussöhnen; denn außer Nectarinien, Lamprotornis und Fringillaarten in der Umgebung des immergrünen Buschwerkes der ausgetrockneten Bachrinnen ließ sich nichts sehen. Späterhin war die Jagd viel ergiebiger. Vor allen Dingen gelang es, zwei schöne Giraffen in dem an Darfur grenzenden, unbewohnten Gebiete zu erbeuten, nachdem er bis dahin aus der Ferne nur solche Tiere flüchtig hatte beobachten können. Nach einem Aufenthalte von neunundvierzig Tagen wurde Kordofan wieder verlassen, ohne daß Rüppell den Versuch gemacht hatte, nach Darfur vorzudringen. Hatte ihn schon sein Jagdzug nach Westen, nahe dem Brunnen Omsemime, infolge kriegerischer Verwickelungen in ernste Lebensgefahr gebracht, so fühlte er sich durch Strapazen in jeder Hinsicht, wie auch durch das vorausgegangene Kranksein so angegriffen, daß er zu einer ernsten Unternehmung durchaus unfähig war. Während des Zurückgehens nach Neudongola erkrankte er auf halbem Wege in Haraza nochmals. Darnach faßte er den Entschluß, den Süden nunmehr bestimmt zu verlassen, obgleich er mit den zuletzt erlangten Erfolgen außerordentlich zufrieden gewesen war. Er unternahm noch in die zwischen der Wüste von Simrie und dem Nil gelegenen, sehr wildreichen Thäler unter starker Bedeckung arabischer Reiter einen Streifzug, der reiche Ernte an Tieren einbrachte und kehrte im Juli nach Kairo zurück, woselbst er zur Herstellung seiner Gesundheit mehrere Monate verweilen mußte, während Hey zum Zwecke naturhistorischen Sammelns nach Oberägypten abgesandt wurde.

Als letzte Aufgaben hatte sich Rüppell noch die Vervollständigung seiner topographischen Aufzeichnungen des peträischen Arabiens und das Studium der Fauna des arabischen Meerbusens vorgenommen. Die erste Hälfte 1826 brachte er mit seinen Begleitern, zu denen er den schon in Hemprichs Diensten gewesenen, italienischen Maler Finzi gewonnen hatte, an den Küsten der Meerbusen von Suez und Akaba zu. Er machte sorgfältige Aufzeichnungen der Küstenlinien, unternahm auch zwei längere Exkursionen in das Land hinein, von denen die eine quer durch das steinige Arabien zum Sinai führte, die andere an der Ostküste des Busens von Akaba von Mohila an das gebirgische Vorland des wüsten Arabiens bis zur Ostspitze dieses Wasserbeckens durchstreifte. Als endlich nach viermonatlichem Aufenthalte an der abessynischen Küste in Massaua sein eigener Gesundheitszustand und der seiner Begleiter immer bedenklicher sich gestaltete und ein europäischer Jäger an bösartiger Gelbsucht dahingerafft worden war, wurde die Rückkehr beschlossen.

Bevor Rüppell Alexandrien verließ, war ihm noch die betrübende Nachricht von dem Tode Abdin Begs geworden, des fürsorglichen Freundes, Gouverneurs von Dongola, den seine eigenen Soldaten in Mamfalut in grausamer Weise ermordet hatten. Für die Reisenden war die Überfahrt nach Europa nicht ohne Gefahr gewesen; denn als das Schiff achtzehn Stunden in See war, wurde es von griechischen Korsaren gekapert. Glücklicherweise nahm die türkische Flotte den Seeräubern die Beute bald wieder ab, so daß unser Forscher, sein Begleiter Hey, sowie die zweiundzwanzig Kolli ausmachende Naturaliensammlung ihren Bestimmungsort Livorno erreichen konnten. Dies geschah am 20. September 1827. *)

Hiermit wären wir mit der Schilderung der sechsjährigen, nach des Verstorbenen eigenen und bislang völlig unbekannt gebliebenen Aufzeichnungen wiedergegebenen Reise zu Ende gelangt und wüßten nichts Wesentliches hinzuzufügen, wenn nicht ein Auszug aus einigen 90 Briefen Rüppells an Cretschmar, verfaßt von dem ausgezeichneten Entomologen, dem Mitstifter der Gesellschaft, Schöff von Heyden, **) wegen zahlreicher Einzelangaben das Interesse insbesondere unserer älteren Mitglieder lebhaft anzuregen im Stande wäre und daher diesen nicht vorenthalten werden dürfte. Von diesem Auszuge möge das Folgende hier eine Stelle finden.

Im März 1822 wurde von Kairo aus eine Exkursion nach Assuan und an das rote Meer veranstaltet: dann ging es nach Kairo und von da für 2 Monate in das peträische Arabien mit 8 Kamelen. Die Reisenden brachten bei guter Gesundheit von da zwei Naturaliensammlungen mit und sandten die eine nach Livorno. August und September 1822 waren sie in Damiette, um Sumpfvögel zu schießen und erkrankten daselbst zweimal an starker Dysenterie, die jedes Weiterreisen unmöglich machte. Es erfolgte von dort die Absendung von vier Kisten Naturalien und außerdem von Antiquen und Medaillen für die Stadtbibliothek. Ende September waren sie in Alexandrien. Ende Dezember in Luxor; allein wegen eines in Schendi ausgebrochenen Aufstandes konnten sie Ägypten nicht verlassen. Rüppell machte, während Hey zurückblieb, eine Exkursion nach Korseir am roten Meer und fand eine neue Katzenart — Felis Assab. Im März 1823 gelangten beide Reisende nach Neudongola, der Hauptstadt von Nubien. Von dieser Stadt aus begab

*) Br. Livorno 26. Sept. 1827.

**) Ich verdanke dieselben der Güte von dessen Sohn, Major Dr. von Heyden.

sich Rüppell allein nach Kairo, um eine Sendung zu begleiten. Hey machte eine Exkursion in die Wüste und brachte von seinem 32 Tage dauernden Aufenthalt daselbst 3 Strauße und 8 Gazellen mit; von letzteren hat er innerhalb 12 Stunden 5 Stück abgezogen und skelettiert, so daß er vor Anstrengung fieberhaft krank wurde. Nachdem Rüppell verschiedene Male ihm jede Anerkennung gezollt hatte, erfuhr er, daß die auf Kosten der königlich preußischen Akademie der Wissenschaften reisenden Gelehrten Hemprich und Ehrenberg eine größere Zahl neuer Vögel zusammengebracht hätten, und im Gefühle, es könnten diese Männer ihm an Neuheiten und Seltenheiten zuvorkommen, schrieb er aus Wadi Halfa an Hey einen verletzenden, ehrenrührigen Brief. (Der Verfasser des oben erwähnten Excerptes meint, in diesem Briefe liege der Grund, weshalb der tief gekränkte Hey später sich dem Trunk ergeben habe.) In Neudongola traf Rüppell mit dem an diesem Orte verbliebenen Hey zusammen im November 1823, und am 12. November reisten beide nach dem Süden, woselbst der Aufenthalt 6 Monate dauern sollte. Die Route sollte gehen über Ambukol in Nubien, Schendi und Halfaja am Nil, südwestlich den weißen Nil entlang, westlich nach Kordofan, dann wieder nördlich durch das wüste Land von Haraza und Simrie an den Nil zurück. Unterdessen hatte Rüppell, um Heys Thätigkeit anzuspornen, ihm eine Schuldverschreibung von 1000 fl. ausgefertigt, vielleicht weil Hey infolge des kränkenden Briefes nicht weiter mitreisen wollte. Rüppell fuhr auf dem Nil bis zur Insel Kurgos (29. Dez. 1823). Da sich wegen des herrschenden Krieges die Weiterreise sehr schwierig gestaltete, wurde Hey auf einem mit einer Kanone armierten Boote den Baher el Abbiad (weißen Nil) hinauf gesandt bis zum Gebiet der Schilluk Nuba, während Rüppell auf die Ankunft von Mehemet Bey wartete, von dem er eine größere Barke zu erhalten hoffte. Kordofan war zunächst aufgegeben. Rüppell hatte von Gurkab, dem Lager des türkischen Heeres, zwei Kisten mit Vögeln nach Dongola geschickt und war voll banger Erwartung über das Schicksal Heys, dem nachzureisen die Kriegszustände nicht gestatteten. Dieser war bis etwa 50 Stunden entfernt von jedem Militärposten unter feindlichen Eingeborenen vorgedrungen, während er 3¼ Monate von Rüppell getrennt reiste; unglücklicherweise erkrankte er derart, daß er zurück mußte. Nach Heys Herstellung gingen beide von Kurgos (Gurkab) nach Ambukol am Nil; und von hier aus machte Hey eine Exkursion nach Süden, die viele Antilopen, Strauße und Insekten einbrachte. Es wurden damals 14 Kisten mit Naturalien nach Livorno befördert. Von dem Gouverneur von Neudongola erhielt Rüppell einen 16 Tage alten Hippopotamus zum Geschenke. Nachdem er in der zweiten Hälfte des September 1824 von Kairo in Neudongola eingetroffen war, fand er »unseren guten Hey« in einem traurigen Zustande. »Seine physischen Kräfte waren gänzlich zerrüttet, so daß Rüppell glaubte, sein Gefährte werde einer Leberkrankheit erliegen. Als er ihn aber zurücksenden wollte, wurde solches abgelehnt und der edle Entschluß kundgegeben, lieber zu sterben, als aus Kordofan zurückzukehren«. Obgleich fortwährend krank während der Regenzeit, hatte Hey ein Nilpferd abgebalgt und skelettiert und zwei Krokodile bearbeitet. Eine Barke mit 144 Vögeln war leider gesunken, so daß diese Arbeit umsonst verrichtet war. Zuvor waren Rüppell seine sämtlichen Instrumente, Papiere und Effekten, die er in einem Magazin in Esne zurückgelassen hatte, infolge obengenannten Aufstandes in Verlust geraten. Drei Monate später kam die Nachricht aus Neudongola, daß Rüppell mit Hey in Sukkot, einer Landschaft am Nil zwischen 20 und 21° nördl. Br., innerhalb 9 Tagen 3 Hippopotamus und 1 Krokodil erlegt und daß letzterer allein, was unglaublich erscheint, die 3 Nilpferde abgebalgt und 2 außerdem skelettiert habe. Rüppell war nunmehr zu der festen Überzeugung gekommen, der Nil beherberge nicht eine Krokodilart, wie allgemein angenommen wurde, sondern deren zwei, denen er die Speciesnamen Cr. hexaphractos und octophractos beilegte. Inzwischen war Heys Gesundheit so gesunken, daß an eine Teilnahme seinerseits an der Expedition nach Kordofan nicht gedacht werden konnte. Nachdem Hey mit sämtlichen Naturalien nach Kairo aufgebrochen war, trat Rüppell am 22. Dez. 1824 die Reise nach dem Süden an und zwar in Begleitung von zwei europäischen Bedienten und einem Sklaven. Der mächtige Freund Rüppells, Abdin Beg, Gouverneur von Dongola, hatte sämtliche in gleicher Richtung gehenden Karawanen aufhalten wollen, damit Rüppell die starke Sicherheit, welche ein großes Geleite bewaffneter Männer bietet, bei seinem Ritt durch die Bergwüste Simrie genießen könne. Da die Karawanen infolge eines Mißverständnisses zu früh aufgebrochen waren, mußte Rüppell allein reisen. Glücklich gelangte er am 13. Januar 1825 in die Hauptstadt El Obeid, woselbst er infolge des salzigen Wassers 14 Tage krank lag. Wieder hergestellt, begab er sich, versehen mit reichen Geschenken und mit einem Empfehlungsbriefe an den vornehmsten Scheik des Araber-Stammes Hammer, welchen ihm Mehemet Bey Tefderdar, der Schwiegersohn des Paschas von Ägypten, ausgestellt hatte, nach Westen gegen Darfur zu. Kriegerische Verwicklungen dieses Stammes, der ihn freundlich aufnahm, mit einem Araberstamme aus Darfur brachte ihn in große Lebensgefahr. Trotzdem wurde sein sehnlichster Wunsch erfüllt, indem von ihm in die unbewohnte Strecke an Darfurs Grenze ausgeschickte Jäger nach 11tägiger Abwesenheit 2 schöne Giraffen mitbrachten, die er abbalgte und deren größte er auch skelettierte. Während der 35 Tage, die er in arbeitsfähigem Zustande in Kordofan zubrachte, hat er 65 Säugetiere, 160 Vögel, 5 Amphibien und verschiedene Mollusken zusammengebracht und allein an 11 Skelette von Säugetieren, 12 von Vögeln und 1 Amphibienskelett präpariert. Nachdem er auf der Rückreise nach Neudongola in Haraza samt Gefolge krank gelegen und ihm 6 Kamele gefallen waren, finden wir den Reisenden Ende März wieder in Nubiens Hauptstadt und erfahren, wie glücklich und zufrieden gerade dieser Ausflug ihn nach jeder Richtung gemacht hat. Am 17. April 1825 brach er wieder auf und machte unter der schützenden Bedeckung von 22 arabischen Reitern und 40 Fußgängern eine Expedition nach Südosten in die zwischen der Bergwüste von Simrie und dem Nil gelegenen Thäler. Es gelang ihm hier innerhalb 23 Tagen 3 Giraffen, 3 Strauße und eine große Anzahl anderer Säugetiere, Antilopen, Geparde, Luchse zu erbeuten, die alle von ihm allein abgebalgt und skelettiert wurden. An anderem Orte machte Rüppell darauf aufmerksam, welch mühsame Arbeit die Präparation bei beständiger Außenwärme von 30° R. sei, wie außerordentlich rasch man arbeiten müsse, um das Objekt der schnell drohenden

Fäulnis zu entreißen. Im Juli war Rüppell nach Kairo zurückgekehrt. In der Mitte August sandte er den nach längerer Krankheit wieder hergestellten Hey nach Oberägypten auf die Jagd. Er selbst arbeitete ununterbrochen; insbesondere beschäftigte er sich mit Amphibien. Eine Skizze seines Tagebuches einen Teil seiner Zeichnungen und das naturhistorische Journal schickte er an Cretschmar, allerdings mit der dringenden Bitte, »niemanden die Sachen sehen zu lassen«. Dann gedachte er mit einem zweijährigen Aufenthalte am roten Meer seine Reise zu beschließen. Da an ihn die Aufgabe herantrat, gleichsam als Nachfolger des kurz zuvor den Reisestrapazen erlegenen, ausgezeichneten Forschers Hemprich eingehende Forschungen über die bis dahin noch nicht bearbeiteten Fische des roten Meeres zu unternehmen, so war es ein glückverheißendes Ereignis, daß es ihm gelang, den fern von seiner Vaterstadt Triest als Flüchtling in Ägypten lebenden Maler Finzi zu gewinnen. Denn dieser hatte Hemprich 108 kolorierte Abbildungen der eingesammelten Fische geliefert; da nun Hemprich im ganzen 293 Species gefunden, so blieb noch eine viel größere Zahl für die farbige Darstellung übrig. Innerhalb 6 Monaten hat der Maler im ganzen über 200 kolorierte Bilder geliefert und zwar 87 Fische, 30 Krustaceen, 80 Weichtiere, von denen zunächst 21 an Cretschmar mit der Bitte um rasche Veröffentlichung gesandt wurden. Inzwischen war Hey im Februar 1826 nach 167tägiger Abwesenheit mit nur unbedeutender Ausbeute zurückgekehrt. Seine Gesundheit war nach Rüppells Aussage derart zerrüttet infolge übermäßigen Alkoholgenusses, daß er zur Teilnahme an der Arbeit, die am roten Meere geleistet werden sollte, durchaus unfähig erschien. Gleichwohl nahm ihn, der »in früheren Jahren für das Beste der Gesellschaft große Dienste geleistet«, Rüppell auf vielfaches Bitten mit. Nachdem er noch 2 europäische Jäger, welche in Hemprichs Diensten gestanden, angenommen, begab er sich Mitte Februar 1826 an die Ostküste des roten Meeres, verweilte in Tor, von dessen Hafen er eine Abbildung lieferte, längere Zeit, bis er sich wegen Erkrankung einiger seiner Leute genötigt sah, nach Kairo zurückzukehren (Sept. 1826). Da Finzi kränklich geworden, mußte er ihn unter lebhaftem Bedauern entlassen. Am 20. Sept. ging er abermals an den arabischen Meerbusen, und zwar nach Suez. Von hier befuhr er besonders die westliche Küste bis zu der Stadt Massaua im Süden. Als er im Januar 1827 hier einen längeren Aufenthalt machte, erkrankten er, die 2 Jäger und Hey an Leberleiden. Ein Jäger erlag; Hey wurde ins Gebirge abgeschickt und kehrte, immer noch leidend, mit guter Ausbeute zurück. Rüppell hatte 450 Fische und viele Korallen gewonnen. Der Aufenthalt in Massaua dauerte bis anfangs Juni und war, was Naturalien betrifft, recht dankbar, indem ein Elefant erlegt und interessante Vögel und Gazellenarten von den Eingeborenen herbeigeschafft wurden. Weil Rüppell der Mithülfe Heys, der fortwährend große Mengen Weingeist trank, entbehren mußte, war es unmöglich, das Fell des Dickhäuters zu konservieren; die Skelettierung hatte Rüppell allein zu besorgen.

Jedermann in Frankfurt lebte damals der Erwartung, Rüppell werde sobald als möglich in seine Vaterstadt zurückkehren, deren

Museum er mit, besonders für jene Zeit ganz unschätzbaren, äußerst seltenen Naturalien beschenkt hatte. Er that solches nicht, sondern verblieb bis zum März des folgenden Jahres in Livorno. Einesteils trug er Bedenken, den Winteraufenthalt in nördlichem Klima zu nehmen, andererseits scheint die bestimmte Absicht vorgelegen zu haben, direkt von Livorno aus eine neue Reise in den Orient anzutreten, deren Ziel Abessynien und deren Dauer auf vier Jahre zu berechnen wäre. Denn in einem Schreiben aus Livorno *) an Cretschmar führt er genau die Bedingungen an, unter welchen, falls die naturforschende Gesellschaft dieselben annähme, er wieder aufbrechen wolle. Ein kurzer Aufenthalt in Frankfurt werde nur den Zweck haben, die Kollegen anzuregen, seine bisherigen Entdeckungen möglichst rasch der Öffentlichkeit zu übergeben. Jedenfalls wäre es zum beiderseitigen Vorteile gewesen, wenn Rüppell sich persönlich den maßgebenden Mitgliedern der Gesellschaft gegenüber ausgesprochen hätte. Statt dessen zog er es vor, in einem langen Briefwechsel mit Cretschmar seiner Unzufriedenheit über mancherlei Vorkommnisse einen scharfen, für den Empfänger nicht selten verletzenden Ausdruck zu geben. Noch leidend an den Folgen des Massaua-Fiebers, befand er sich in galliger Stimmung. Als bei der Besichtigung der Bälge sich manches Stück von Raubinsekten und Ratten angefressen zeigte, sollte die naturforschende Gesellschaft die Schuld tragen, da sie den unzuverlässigen Hey ihm zum Begleiter bestimmte. Weil Temminck in seinen Mammalia die ganz unrichtige Bemerkung gemacht hatte, Rüppell und Hey reisten auf Rechnung der naturforschenden Gesellschaft, wurde Cretschmar zur Verantwortung gezogen, zu dieser unpassenden Angabe die Veranlassung geliefert zu haben. Auch nahm Rüppell verschiedene Aufsätze, die aus Cretschmars Feder über ihn in der Iris erschienen waren, außerordentlich übel auf und erklärte deren Inhalt für Lügen und Schwindel. Besonders aber verdroß ihn die wissenschaftliche Bearbeitung einiger Neuheiten, deren Beschreibung er sich selbst vorbehalten haben wollte. Im Dezember 1827 veranlaßte ihn sein Unmut, **) die bestimmte Absicht kund zu geben, mit der naturforschenden Gesellschaft jede Verbindung abzubrechen und zu

*) 26. Sept. 1827.
**) Br. Livorno 12. Dez.

verlangen, diese solle die in rüstigster Arbeit fortschreitende Aufstellung der Naturalien nicht fortsetzen. Dürfen wir uns über derartige Äußerungen wundern, nachdem Rüppell mehrmals von Kehlkopfentzündungen befallen worden war, die das Schreckgespenst der Krankheit, derentwegen er England verlassen hatte, immer wieder vor ihm erstehen ließen? Doch schon im Januar folgenden Jahres *) schrieb er einen entschuldigenden Brief an Cretschmar, bat ihn sogar wegen seiner »Leidenschaftlichkeit und Übereilung« um Verzeihung, indem er hinzufügte, dieser möge ganz mit den Sendungen verfahren, wie ihm gutdünke, da er selbst kein Recht mehr auf die Gegenstände habe, die von ihm der Gesellschaft geschenkt worden seien, und indem er gleichzeitig ersuchte, seine Invektiven gegen Hey· niemanden mitzuteilen. Nachdem er sich endlich entschlossen hatte, in die Vaterstadt zurückzukehren, verbat er sich alle Empfangsfeierlichkeiten und sprach sich dahin aus: »Wenn man mit Halsstarrigkeit beschlossen hat, meine Rückkehr mit etwas zu beehren, so wird mir die in Aussicht gestellte Denkmünze am wenigsten unangenehm sein;**) außerdem bitte ich inständigst, geflissentlich auszubreiten, daß ich alle meine Zukunftspläne wegen meiner Gesundheit oder wegen politischer Ereignisse aufgegeben habe.«

Endlich kam Rüppell nach Frankfurt. Die erste Sitzung der Gesellschaft, welcher er anwohnte, fand statt am 23. April 1828. Hierüber sagt das Protokoll: »Die Versammlung hatte das Vergnügen, das verehrliche wirkliche Mitglied, Herrn E. Rüppell, heute zum ersten Male in ihrer Mitte zu sehen«. Obgleich oft abstoßend und wenig Rücksicht zeigend, nahm er jetzt regsten Teil an den Arbeiten, die bisher von so ausgezeichneten Männern, wie Cretschmar, von Heyden, von Meyer, Sömmering, Reuss, Engelmann, Fresenius u. a. zum Besten der Wissenschaft und der naturforschenden Gesellschaft geleistet worden waren. In dem erstgenannten, den er in seinen Briefen allezeit als seinen lieben und werten Freund angesprochen hatte, erkannte er bald den ihm überlegenen Gelehrten. Ungeachtet zahlreicher, immer wieder von Rüppell gebotener Anlässe zu Streitigkeiten, war das Wirken

*) Br. Livorno 11. Jan. 1828.

**) Der Senat ließ danach auf Rüppells Rückkehr eine Denkmünze prägen. (Münzsammlung der Stadtbibliothek.)

beider Männer im Grunde genommen ein gemeinsames. Dies gebührt um so mehr betont zu werden, als Rüppell und Cretschmar durchaus verschiedene Naturen waren. Dieser eine feinfühlige, gewinnende, philosophisch gebildete Persönlichkeit von seltener Gabe der Rede, heiterer Lebensansicht, stets zum Vergeben bereit, jener ein Starrkopf, ernst, wenig mitteilsam, Feind alles Philosophierens, geneigt sich abzusondern, wie beanlagt dazu, in jedem Menschen die Schattenseiten des Charakters zu finden, oft unversöhnlich.

Vor diesem Manne mußten erklärlicherweise die übrigen Mitglieder der Gesellschaft, so tüchtig sie auch sein mochten, zurücktreten. Denn er hatte zu den Sammlungen unseres Museums das wertvollste, das seltenste Material geliefert, ihm verdankte es seine Blüte, seinen europäischen Ruf. Seine Zusendungen verlangten nunmehr gebieterisch, daß die Räume wesentlich erweitert wurden.*) Das rasche Zustandekommen des Anbaues ist aber auch großenteils seinen Bemühungen zu danken, da er eifrig in den Kreisen seiner wohlbegüterten Freunde um Beiträge zu sammeln thätig war.

Als eine unmittelbare Folge der reichen Sendungen Rüppells ist weiterhin die Herstellung und Herausgabe des Atlas zu der Reise im nördlichen Afrika zu bezeichnen. Die Fülle des in stets neuen Auflagen zugehenden Materials, das des gänzlich Neuen mehr brachte, als man je geahnt hatte, machte es der Gesellschaft zur Pflicht, dasselbe baldigst der wissenschaftlichen Welt bekannt zu geben. So entstand obengenannter Atlas und zwar unter Redaktion von Cretschmar, von Heyden und Sömmerring. In fünf Abteilungen schildert er die Säugetiere, Vögel, Reptilien, Fische und die Wirbellosen. Die Fische sind von Rüppell bearbeitet, die Evertebraten von ihm und Leukart, und betreffen beide nur Species des roten Meeres. Die zwei ersten Abteilungen hat Cretschmar ausgeführt, die Reptilien von Heyden geschildert. Eine reiche Zahl (117) großenteils vortrefflich kolorierter Tafeln ziert diese Erstlingsarbeit der Gesellschaft, deren letztes Heft 1828 erschienen ist.**) Nachdem 1826 die Herstellung des Atlas in Aussicht genommen und das erste Heft zu Kairo in Rüppells Hände gelangt war, dankte dieser dafür,***)

*) Prot. 28. Mai 1828.

**) Der Senat hatte als Unterstützung auf 20 Exemplare subskribiert.

***) Br. Kairo 1. Sept. 1826.

daß der Reiseatlas so schön fortgesetzt werden solle und fügt hinzu: »es ist dies das einzige Zeichen von Dankbarkeit, das ich von der Gesellschaft erwarte«. Dieser Atlas hat Rüppells Namen nach allen Richtungen hin bekannt gemacht. Mit Spannung sah man dem Erscheinen neuer Lieferungen entgegen, und die Herausgeber konnten den Anfragen in betreff der Exemplare kaum entsprechen. Wem mochte daher die Kunde überraschend kommen, daß die Universität Gießen bei einer besonders festlichen Gelegenheit den jungen Gelehrten zum Ehrendoktor der Medizin promoviert habe. Dies war geschehen am 19. Februar 1827 mit der Motivierung: »dem berühmten Naturforscher, welcher seit mehreren Jahren bereits die schwer zugänglichen Stätten Afrikas, Sandwüsten und Küsten, unermüdlich durchwandert«.

Natürlich mußte Rüppell viel daran gelegen sein, die richtige Bestimmung der von ihm gesammelten Naturalien zu kontrollieren. Zu diesem Zwecke hielt er sich Herbst 1828 in Leyden auf, allwo unter Temmincks Leitung das naturhistorische Museum einen Weltruf besaß. Anderthalb Jahre später besuchte er in derselben Absicht die reichen Pariser Sammlungen. Allein seine Absicht ging weiter; er bemühte sich gleichzeitig, einen für die Gesellschaft möglichst vorteilhaften Tauschverkehr einzurichten. Und dieser wieder beschränkte sich nicht nur auf Naturalien, sondern es wurden gegen Exemplare des Atlas höchst wertvolle Kupferwerke für die Bibliothek gewonnen. Bei derartigen Geschäften hat Rüppell nie den Kaufmann verleugnet und sah daher mit Geringschätzung auf die, welche hierbei weniger klug sich benahmen, so auch auf Cretschmar.

Während seiner Anwesenheit in Frankfurt war Rüppell in jeder Hinsicht bemüht, das Wohl der naturforschenden Gesellschaft zu fördern; er hielt Vorträge in den Sitzungen, beschäftigte sich mit den Bibliotheksangelegenheiten, kümmerte sich um alles, was in deren Bereich vorging und arbeitete gemeinsam mit anderen Mitgliedern, insbesondere Cretschmar, an der passenden Aufstellung der Tiere. Den größten Teil seiner Zeit nahm die Abfassung seines Buches: Reise in Nubien, Kordofan und dem peträischen Arabien in Anspruch, von welchem er am 16. Dezember 1829 der Gesellschaft ein fertiges Exemplar vorlegen konnte. In diesem Werke, *) das acht Kupfer und vier

*) Erschienen auf Kosten des Verfassers.

Karten enthält, schildert er die Bodenbeschaffenheit, die geographischen und ethnographischen Verhältnisse, den politischen Zustand, die Geschichte, die Archäologie der von ihm durchwanderten Länderstrecken; auch bringt er zahlreiche, noch unveröffentlichte astronomische Ortsbestimmungen, nachdem er die größere Hälfte letzterer früher schon dem Baron Zach für dessen Correspondance astronomique überlassen hatte. Es war des Verfassers »bestimmte Absicht gewesen, kein romanhaftes Lesebuch zu liefern, um etwa dem Geschmack derjenigen Leser zu schmeicheln, welche in diesem Berichte lediglich Unterhaltung suchen«. Die Abbildungen sollten nur bis dahin gar nicht oder von anderen unrichtig geschilderte Objekte bringen, und er verbürgte sich für deren Genauigkeit. In bescheidener Weise wies er einen Vergleich seiner Resultate mit den von Hemprich und Ehrenberg errungenen zurück, »deren Kosten ein König bestritt«. Wenn er aber so weit ging, zu behaupten, »daß sein Hauptverdienst sich darauf beschränke, unter Entsagung auf die Reize des gesellschaftlichen Lebens einen Teil seines Vermögens und seiner Zeit verwendet zu haben, um das Museum seiner Vaterstadt auszuschmücken«, so vermag er damit nur unseren lebhaftesten Widerspruch herauszufordern.

Inzwischen hatten die Vorbereitungen zur abessynischen Reise begonnen, bei welchen Rüppell, wie bei ähnlichem Anlasse, dem Publikum gegenüber ein möglichstes Geheimhalten von allen Beteiligten verlangte. Die Vereinbarungen mit der Gesellschaft waren fast dieselben, wie sie vor Beginn der Reise nach Nubien eingegangen worden waren. Auch diesmal sollte die ganze naturgeschichtliche Ausbeute dem Museum zufallen. Als Reisebegleiter hatte Cretschmar sehr warm Theodor Erckel empfohlen, mit welchem Rüppell im Herbst 1830 die Reise nach Livorno antrat. Ihm folgten die Segenswünsche aller, die Kunde von der Tragweite des Unternehmens hatten, die mit dem Reisenden die Überzeugung teilten, »daß eine nach dem von ihm reiflich ausgedachten Plane durchgeführte Reise nach Abessynien von unbeschreiblichem Nutzen für unsere Gesellschaft sich erweisen werde«.

Im Februar 1831 befanden sich die Reisenden in Kairo, *) nachdem sie eine Zeitlang in Alexandriens Umgebung Konchylien

*) Br. Cairo 26. Febr. 1831.

gesammelt. In der Hauptstadt Ägyptens war auch von Kittlitz angekommen; aber er war fast immer leidend, so daß Rüppell ihm den dringlichen Rat gab, nach Europa zurückzukehren. Damit war die mit Freudigkeit begrüßte Aussicht, gemeinsame Exkursionen nach den Pyramiden zum Fange von Vespertilionen zu unternehmen, vernichtet. Rüppell wandte sich daher wiederum nach dem peträischen Arabien, bestimmte am 7. Mai die bis dahin nur abgeschätzte, aber noch nicht vermessene Höhe des Sinai (Dschebel Musa) auf 7035 par. Fuß und kehrte im folgenden Monate nach Kairo zurück, von wo aus er die Absendung von Naturalien, sowie von antiken Münzen und Altertumsgegenständen (letztere beide für die Stadtbibliothek) ankündigte, *) ferner auch der Gesellschaft mitteilte, daß ihn die Linnean Society in London zum Mitgliede ernannt habe. Der in den Juli fallende Aufenthalt in Suez wurde abermals zum Konchyliensuchen benutzt. Dann ging es zu Schiff nach Massaua, wo die Landung am 17. Sept. 1831 geschah. Hier, wie in dem benachbarten Arkiko und auf den Dahlakinseln widmete er der Fischwelt seine besondere Aufmerksamkeit, welche ihn bis zum Frühjahr 1832 fesselte. Alsdann machte er sich auf den Weg nach dem Innern Abessyniens. Am 29. April brach er von Massaua nach dem Süden auf, durchzog die Gebirge von Halai ab bis Ategerat (Adi-Igrât) und schlug dann eine südwestliche Richtung ein.

Diese führte ihn durch Tiefland über das mohammedanische Städtchen Tackeraggiro dem inneren Hochland entgegen. An der östlichen Grenze des letzteren gelangte er am 20. Juni zu dem Takazzéstrome, der unter starkem Falle seine von Lavamassen getrübten Gewässer durch eine tief eingeschnittene Schlucht wälzt. Dann ging er dem Ataba, einem Nebenflusse dieses Stromes, entlang und begann am 30. Juni 1832 den Aufstieg in das Alpengebiet in direkt westlicher Richtung, wobei ihn sein Weg allenthalben über ganz kompakte, nur wenige Fuß dicke Lavamassen führte. Hier fand er auf einem üppigen Wiesengrunde an der äußersten Grenze der Strauchvegetation die Gibarra-Pflanze (Rhynchopetalum montanum Fres.); sie bildet einen acht Fuß hohen, armsdicken Hohlstengel, aus dessen von lanzettförmigen Blättern gebildeter Krone eine fünf Fuß lange Blütenähre mit Knospen, der

*) Brief Kairo 15. Juni 1831.

Löwenmaulblüte ähnlich, hervorragt. Diese Pflanze machte auf den Beschauer den Eindruck einer Palme, gewachsen an der Grenze des ewigen Schnees. Am 2. Juli erstieg die Karawane Rüppells den Selkipaß, der nach dessen Messungen eine Meereshöhe von 11,900 par. Fuß hat, und passierte dann über den 13,500 par. Fuß (nach Rüppells Angabe) hohen Hauptberg der Kette, den Buahat, ohne daß Menschen oder Lasttiere von der stark verdünnten Luft irgend eine unangenehme Wirkung erfahren hätten. Dann ging es weiter durch die baumarme Provinz Simen, die höchstgelegene Abessyniens, und es wurde in Entschetqab, der Provinzialhauptstadt, ein etwa monatlicher Aufenthalt gemacht. Die Reise von da nach Gondar, der Residenz des Kaisers, war wegen kriegerischer Verwickelungen sonderbarer Art nur unter Bedeckung von Soldaten möglich, die sich Rüppell aus genannter Stadt kommen lassen mußte. Er brach am 8. Oktober 1832 von Entschetqab mit seiner 20 Personen zählenden Reisegesellschaft auf, nachdem er für den Transport seiner Naturalien mehrere sechs Fuß hohe und zwei Fuß weite cylindrische Rohrkörbe hatte anfertigen lassen, deren Außenseiten zum Schutz gegen den Regen mit Leder überzogen wurden. Er überschritt dann den Bellegasfluß, der, am Buahat entspringend, direkt nach Süden läuft, ging westlich weiter über die wellige Hochebene der Provinz Wogera, wandte sich dann von dem Flecken Dobark ab nach Südwesten, passierte die Freistätte Dokua, die allen flüchtigen Abessyniern ein Asyl gewährt und gelangte nach Überschreitung mehrerer Flüsse, die größtenteils in das Gebiet des Takazzéstromes gehören, über die stets wellige Ebene in die Vorstadt Gondars, Islam Bed. Es war am 12. Oktober. Er hielt nun einen feierlichen Einzug in Gondar; voran gingen zwanzig abessynische Luntenschützen, dahinter kam Rüppell, der noch vom Besuch beim Zolleinnehmer her einen großen Scharlachmantel trug, und neben ihm der Führer, darauf angesehene Kaufleute der Stadt, dann das Gepäck, welches der umfangreichen Körbe wegen auffallend groß erschien. Unser Reisender hatte Audienz bei dem Kaiser, der freilich nur noch einen Schatten früherer Macht im Besitz hatte, bei dem Patriarchen und bei mehreren hochgestellten Personen. An Lit Atkum, kaiserlichem Richter, der ein großer Freund der Europäer war, fand er einen gebildeten Mann, durch dessen unablässiges Bemühen es gelang, prächtige abessynische

Manuskripte zu erwerben. Unterdessen hatte Erckel mit anderen Jägern bis zum Nordende des Zanasees (Tsana) mit Erfolg der Jagd obgelegen und bereits mehrere Sendungen an Rüppell gelangen lassen. Dieser selbst unternahm nach Beendigung einer kurzen Exkursion nach der im Südwesten von Gondar gelegenen Ortschaft Deraske einen längeren Ausflug (27. Dez. bis 18. Jan.) in die nordwestlich sich hinziehende Kulla, eine flußreiche Niederung, die man ihm als den ständigen Aufenthalt von Raubtieren, großen Büffeln, Antilopen und Elefanten gepriesen hatte. Die Ausbeute war reichlich sogar in dem Grade, daß das Reitmaultier mit Antilopenhäuten beladen werden und sein Herr zu Fuß gehen mußte.

Unserem Reisenden lag nun zunächst am Herzen, die Brücke bei Deldei zu besuchen, die einzig feste über den blauen Nil, unter welcher der Strom in tiefer Bergschlucht, wie der Rhein an der Via mala, seine Wasser in Kaskaden dahinrollt. Ferner aber gelüstete es ihn, eine berühmte Landeschronik, welche eine in Kiratza, an der Ostseite des Tzanasees gelegene Kirche zur Aufbewahrung von der Eigentümerin, der Tochter des Verfassers, erhalten hatte, zu erwerben. Er reiste über die Ortschaften Uenareb und Ankaska zur Ostküste des Tzanasees und entlang derselben über Kiratza nach der Deldei-Brücke und von dieser wieder zurück nach letzterer Stadt, woselbst er, da es ihm unmöglich war, die Chronik selbst zu erhalten, sich sorgfältige Abschriften derselben, ebenso auch von einer anderen Chronik verfertigen ließ. Denn es werde, wie er dachte, dies höchst wichtige Dokument während des langen Bürgerkrieges, durch Feuer oder Diebstahl in nicht allzu langer Zeit doch den Geschichtsforschern entzogen werden. Die Rückreise nach Gondar trat er am 20. März 1833 an. Der Aufbruch aus der Hauptstadt geschah am 18. Mai. Bis Dobark blieb der Reisende der Route treu, die er auf dem Hinweg genommen. Von dieser Ortschaft ab schickte er seine Begleiter und das Gepäck direkt nach Norden, während er selbst sich ostwärts wandte und von Sauana ab, einem Städtchen am Nordabhang des Buahat, auf nordwestlichem Wege wieder in die Route seines Gefolges einzulenken beabsichtigte. Ein großer Teil dieses Weges mußte zu Fuß zurückgelegt werden. Die Karawane kam über Mai Deber zu den steilen Ufern des Tagazzéflusses, war anfangs Juni 1833 in Axum, der längst zerstörten, trümmerreichen Hauptstadt des einst mächtigen axumitischen Reiches, allwo Rüppell archäologische

Studien und Aufzeichnungen vornahm, und verließ Adowa am 19. Juni. Durch Schiefergebirge kam sie nach dem Anguja-Flusse und über die Dörfer Nugot und Agometon nach Halei. Von hier aus wurde bis Arkiko, woselbst die Ankunft am 29. Juni 1833 erfolgte, derselbe Weg benutzt wie auf der Hinreise. Nochmals hielt sich Rüppell längere Zeit in Dschetta (Djidda) auf, um Naturalien zu sammeln, befand sich im November in Kairo und blieb daselbst bis zum Frühjahr 1834, da er die in Abessynien gesammelten Chroniken übersetzen lassen mußte, in welcher Form allein sie zu weiterer Benutzung geeignet erschienen.

Aus einem von Livorno aus, d. d. 14. April 1834, an Cretschmar gerichteten Schreiben, in welchem sich Rüppell durchaus zustimmend über die beabsichtigte Herausgabe der Zeitschrift Museum Senckenbergianum äußerte, erhielt die Gesellschaft die Gewißheit, daß die Reisenden glücklich nach Europa zurückgekehrt seien. Bald darnach empfing sie auch die betrübende Kunde von dem Scheitern des Schiffs, *) auf welchem fünf Kisten mit Naturalien und Antiquitäten zur Überführung nach Havre verladen waren. Was überhaupt den brieflichen Verkehr zwischen Rüppell und der Gesellschaft während der abessynischen Reise betrifft (im Ganzen 11 Schreiben), so tritt derselbe gegen den in früherer Zeit gepflogenen erheblich zurück. Daran mochte zunächst der Wunsch der Gesellschaft Schuld tragen, nach welchem die Briefe künftighin nicht mehr an ein einzelnes Mitglied gerichtet werden sollten und dann auch die Schwierigkeit des Verkehrs. Hatte doch Rüppell, als er nach Gondar kam, seit 21 Monaten keinen Brief mehr aus Europa erhalten, so daß er einen sicheren Boten den gewaltigen Weg bis nach Massaua abschicken mußte, um endlich wieder in den Besitz von Nachrichten aus der Heimat zu gelangen.

Der Tag der Ankunft Rüppells in Frankfurt läßt sich aus den vorhandenen Belegstücken nicht entnehmen. Einer Sitzung unserer Gesellschaft wohnte er zum ersten Male wieder bei am 30. Juli 1834 und erfreute die Anwesenden durch die Mitteilung, daß Heinrich Mylius der Ältere in Mailand beabsichtige, ein Kapital von 10,000 Gulden zu schenken, damit aus den Zinsen jährlich ein Konservator besoldet werden könne. Gerade weil er in beständigem Hader mit den tüchtigsten Mitgliedern der Gesellschaft

*) Brief aus Mailand, 5. Juli.

wegen der Instandhaltung der Naturalien lag und seiner Ansicht oftmals in maßlosen schriftlichen Invektiven Ausdruck verliehen hatte, gedachte Rüppell auf genannte Weise dem vorhandenen Mangel abzuhelfen. Überhaupt hat er in den kommenden Jahren, was hier im voraus angeführt werden möge, für die Aufbewahrung der Objekte, für Neuanschaffungen und insbesondere für den Tauschverkehr sehr geeignete Vorschläge gemacht, aus deren Genehmigung seitens der Gesellschaft den Sammlungen hoher Nutzen erwachsen ist. Gelegentlich schoß er bei derartigen Anlässen weit über das Ziel hinaus; so als er in einer Sitzung anzeigte, von den durch ihn gespendeten afrikanischen Vögeln seien nicht weniger als 696 Stück abhanden gekommen, und darauf die an ihn gerichtete Frage, ob er Cretschmars Tauschregister nachgesehen habe, ohne Beantwortung*) ließ. — »Er schwieg« heißt es im Protokoll.

Schon nach der Rückkehr von der ersten großen Reise waren ihm Anerkennung und Bewunderung allenthalben in der Vaterstadt entgegengebracht worden. Die Durchführung seiner wissenschaftlichen Wanderung in Abessynien machte ihn zum hochberühmten Manne, zur bedeutendsten Persönlichkeit in Frankfurt. Er war der Gegenstand allgemeinen Anstaunens, wo er erscheinen mochte. Die Eltern zeigten ihn den Kindern: »seht das ist der berühmte Dr. Rüppell, der die gefährlichen Reisen zu ganz unbekannten wilden Völkern in Afrika gemacht und für das Museum die schönsten und seltensten Tiere mitgebracht hat«. Nur ein Ausdruck der allgemeinen Stimmung, ein Ausdruck freudiger Dankbarkeit und Verehrung ist es gewesen, daß dem Heimgekehrten ein Fest gegeben wurde, wie zuvor und auch nachher unsere Stadt einem Gelehrten keines veranstaltet hat.

Im festlich geschmückten Saale des Weidenbusch, dem größten damals in der Stadt, hatten sich 230 Festteilnehmer eingefunden. Die Wände desselben zierten 12 Bilder, ausgeführt von den besten hier lebenden Künstlern. In diesen Raum wurde der Gefeierte eingeführt »von den beiden wohlregierenden Herren Bürgermeistern«. Beim Eintritt begrüßte ihn ein Hymnus, vorgetragen von dem berühmten Chor des Liederkranzes, dessen Text der Maler und Dichter Prof. Hessemer, dessen Tonsatz der Direktor des Cäcilienvereins Schelble erfunden hatte. Von Zeit zu Zeit ertönte eine neue Strophe des Hymnus. Eine Reihe von Trinksprüchen gab der Feier die rechte Würze. Wir können es uns nicht versagen, einige Sätze aus den Toasten hier

*) Von zuverlässiger Seite wird behauptet, Rüppell habe dies Tauschregister nach Cretschmars Tode vernichtet.

wiederzugeben. Seufferheld sagte u. A. »Wenn in ganz Europa der Name des gefeierten, unermüdeten Forschers mit steigender Verehrung genannt wird, so zählen wir ihn hier und im Ausland zu den edelsten unter uns. In Cretschmars Trinkspruch auf die Künstler, die das Fest verherrlicht haben, heißt es: »Heute, wo in unserem Kreise die Kunst der Wissenschaft zum ersten Male in Frankfurts Mauern eine so erhabene, geistig verkörperte Huldigung darbringt, vereinigen sie sich« u. s. f. Die poetische Erklärung der Bilder, die Hessemer gab, enthält folgende Stelle:

Wer für die Blüte seiner Vaterstadt
Und zum Gedeih'n des wahrhaft Großen, Guten
Sein selbst vergessend rastlos wirkend strebt,
Den preist und ehrt die Gegenwart, der lebt
Gefeiert noch im Munde der späten Enkel
Und wirkt als Beispiel steter Mahnung fort.

Mit des Gefeierten eigenen Worten möge dann die Reihe der Citate geschlossen werden. Er begann: »Ich bin tief gerührt über die herzliche Freudenbezeugung, welche die verehrliche Versammlung wegen des günstigen Erfolges meiner wissenschaftlichen Unternehmungen in Afrika ausgesprochen hat. Diese allgemeine Teilnahme an meinen Schicksalen erweckt in mir das wahrhaft belohnende Gefühl, daß meine Bemühungen, meine Lebenszeit der Förderung nützlicher, wissenschaftlicher Zwecke in der Vaterstadt zu widmen, erfolgreich waren und nicht verkannt werden.« Der Schluß lautet: »Die Herren Direktionsmitglieder der naturforschenden Gesellschaft werden mir erlauben, auch gegen sie hier öffentlich meine dankbarlichen Gesinnungen auszusprechen, für alle Sorgfalt die sie mit manchem Zeitopfer der Verwaltung meiner wissenschaftlichen Sammlungen widmeten. Gern spreche ich hier auch noch ein dankbares Anerkenntnis der treuen, sorgfältigen und nützlichen Dienste aus, welche mir mein zoologischer Gefährte Theodor Erckel, auf dieser ganzen Reise bewiesen hat; namentlich trug er zur geeigneten Zubereitung und Erhaltung der gesamten Naturalien wesentlich bei. Ihr gegenwärtiges Zusammenkommen, vereehrte Herren, erfüllt mich mit der Zuversicht, daß diese bisher bewährte allgemeine Teilnahme und das wechselseitige Wirken zur Förderung der wissenschaftlichen Studien sich in unserer Vaterstadt forthin erhalten wird. Gewiß wir alle wünschen es; und daß dieses edle Streben nie erkalten möge, daß dadurch fürs Vaterland und fürs Allgemeine erfreuliche Folgerungen entsprossen, dieses hoffend, leere ich den Becher auf das Wohlergehen sämtlicher hier anwesenden mir befreundeten Herren. Die Teilnehmer an der Beförderung naturwissenschaftlicher Studien in Frankfurt leben hoch«.

Es erübrigt nur noch hinzuzufügen, wer die unmittelbaren Veranstalter dieses Festes gewesen sind. Es hatten 15 Männer, die ersten Größen der Finanz, der Kunst, der Wissenschaft sich zu einem Komitee vereinigt. Wer nur einiges von den Frankfurter Verhältnissen damaliger Zeit kennt, der würdigt wohl, was die folgenden Namen zu bedeuten haben — Seufferheld, Schöff v. Heyden, v. Rothschild, M. v. Bethmann. J. D. Passavant, F. v. d. Launitz, F. C. Vogel, Prof. Hessemer. Anton Kirchner, Major Rumpf, Dr. Mappes, C. F. Wendelstädt, Moritz Getz, Sebastian Rinz, N. Schelble. Der

Leiter des Ganzen scheint Bildhauer Launitz gewesen zu sein. Denn in der Verwaltungsitzung vom 29. Oktober wurde er zum außerordentlichen Ehrenmitgliede ernannt und zwar »wegen der einsichtsvollen Thätigkeit, mit welcher er die Feier zur Rückkehr Rüppells angeregt habe«.

Aus dem soeben gegebenen Festberichte haben Sie, geehrte Herren, ersehen können, daß der Gefeierte der Thätigkeit unserer Direktion seine ganze Anerkennung nicht versagen konnte und daß auch des ebenso tüchtigen, wie bescheidenen Th. Erckel dankbare Erwähnung seinerseits geschah. Der junge Mann hatte sich in der That in jeder Beziehung vorzüglich bewährt; mit Verstand und Anstelligkeit war er während der langen Dauer der abessynischen Reise an alle Arbeit herangetreten und hatte bei mehreren Anlässen durch entschlossenes, sicheres Eingreifen von Rüppell drohende Lebensgefahr abgewendet. Dieser war daher durchaus berechtigt, mit seinem Begleiter zufrieden zu sein, nachdem er anfangs ihm große Neigung zum Schlafen und Mangel an Sinn für Naturschönheiten und Kunst-Schöpfungen zum Vorwurf gemacht, den die Älteren unserer Mitglieder dem überaus fleißigen und nur im Naturgenusse wahre Befriedigung suchenden Manne gegenüber als völlig irrig zurückweisen mußten. Viele Jahre hat alsdann Rüppell mit Erckel, der ein halbes Jahrhundert hindurch erster Konservator des Museums gewesen ist, auf bestem Fuße gestanden und ist von ihm bei der Abfassung der Kataloge auf das nachdrücklichste unterstützt worden. Leider hat das Bewußtsein gemeinsam geleisteter, reicher, nutzbringender Arbeit sich nicht stark genug erwiesen, um eine aus einem Vorkaufsrechte entstandene Differenz aus dem Wege zu schaffen. Feindselige Gesinnung hat die beiden, als sie fast schon Greise geworden waren, für immer entzweit. In seinem großen Werke, neue Wirbeltiere zur Fauna von Abessynien gehörig, hatte Rüppell einem schönen Frankolin den Namen Perdix Erckelii gegeben, um den jugendlichen Gehülfen, der ihn auf der abessynischen Reise begleitete, seine Zufriedenheit mit dessen treu geleisteten Diensten zu bezeugen. Er war der erste, sagt Rüppell, der ihn auf dem Taranta-Gebirge erlegte.

Von jetzt an widmete sich Rüppell, der nicht unempfindlich geblieben war gegenüber der alle Erwartung übertreffenden Anerkennung, wenn man auch von ihm wußte, daß er »Lobsprüche nicht vertrage«, ganz der Ordnung und richtigen Bestimmung der Naturaliensammlung, die durch ihn so gewaltig erweitert worden war. Hatte schon ein früherer Sitzungsbericht die Stelle enthalten: »Die Gegenstände übertreffen jede Erwartung, sowohl hinsichtlich der Schönheit der Exemplare, als Vortrefflichkeit der Zubereitung und Reichtum der Arten«, so sah sich später Dr. Mappes in einer Festrede veranlaßt, folgendes zu sagen: »Bei Erwähnung der Geschenke und ihrer gütigen Geber muß ich den Namen Rüppell übergehen; denn ich vermag die Gefühle des Dankes, der Verehrung, zu welcher die Erinnerung jedes Tages in der Geschichte unserer Anstalt, jeder Blick in die Säle dieses Hauses uns hinreist, nicht angemessen, nicht würdig genug in Worten auszudrücken.«

Außer diesen genannten Arbeiten beschäftigte ihn die Veröffentlichung seiner abessynischen Reise, sowie die Herausgabe eines Atlas*), welcher die von ihm in diesem Lande aufgefundenen und bis dahin nicht gekannten Wirbeltiere schildern sollte. Von der Reise in Abessynien erschien der erste Band 1838, der andere 1840; beigegeben waren 10 Steindrucktafeln in Folio. Die Veröffentlichung des ersten Bandes hatte zur Folge, daß Rüppell eine ganz außergewöhnliche Auszeichnung erhielt. Im Beginne der Vorrede zum 2. Bande sagt er über dies Ereignis selbst das Nachstehende: »Der 1. Band des hiermit vollendeten Werkes gab die Veranlassung zu einer mir zu teil gewordenen, unerwarteten und großen Ehrenbezeigung, für welche öffentlich meinen Dank auszusprechen ich vor allem anderen diese Gelegenheit benutze. Die Königliche geographische Gesellschaft in London hat im verflossenen Jahr mit Beziehung auf meine beiden Reisewerke mir den von ihr für die wichtigsten Leistungen im Gebiete der Erdkunde ausgesetzten Preis**) erteilt, welch glänzende Anerkennung von seiten einer, aus so ausgezeichneten Geographen bestehenden Korporation um so schmeichelhafter für mich sein mußte, weil es das erstemal gewesen ist, daß diese aufmunternde Ehre einem Ausländer erwiesen ward.« In dem genannten Reisewerk hat der Verfasser der Fauna, der Bodenbeschaffenheit, der Flora, der Geographie, der Ethnographie, der Geschichte, den Witterungsverhältnissen alle nur mögliche Be-

*) Erschienen 1835—40 in Großfolio.

**) Große goldene Medaille.

achtung zu teil werden lassen. Und wie er bereits in seiner »Reise in Nubien und Kordofan« auch der Sprachenkunde Bereicherungen eröffnet hatte, so war es ihm möglich, mittels der in Abessynien erworbenen äthiopischen Kodices*) einen hochbedeutenden Beitrag zur Kenntnis der Geez- und Amhara-Sprache zu liefern, indem ein großer Quartband die Psalmen und das hohe Lied neben anderen Schriftwerken, in beiden genannten Sprachen nebeneinander geschrieben, als Inhalt darbot. Die von Rüppell vorgenommenen astronomischen Ortsbestimmungen haben nach vielen Jahrzehnten noch sich als richtig herausgestellt. Denn andernfalls hätten sicherlich die Engländer bei ihrem Feldzuge in Abessynien nicht nach ihnen, als den zuverlässigsten, sich zu richten für gut befunden.

Obgleich Rüppell überreich mit Arbeit versehen war, kam für ihn immer neue hinzu. Als 1836**) der Beschluß gefaßt worden war, für die Sammlungen systematische Kataloge abzufassen, damit sie dem Druck übergeben werden könnten, erschien es fast natürlich, daß Rüppell die Anfertigung gewisser Abschnitte übernahm. Man würde jedoch sehr irren, wollte man voraussetzen, er habe bei der Speciesbestimmung oder bei der Nomenklatur überhaupt die eigene Autorität allein maßgebend sein lassen. Im Gegenteil liebte er es, in zweifelhaften Vorkommnissen das Wissen anderer gerne zu Rate zu ziehen. Deshalb führte er eine ausgedehnte Korrespondenz mit tüchtigen Zoologen des Inlandes und des Auslandes, was ihm keine Schwierigkeiten verursachen konnte, da er eine Anzahl europäischer Sprachen völlig beherrschte.

Sie hatten, verehrte Herren, bisher schon des öfteren Gelegenheit zu vernehmen, daß Rüppell stets bereit war, seine Anschauungen in wenig rücksichtsvoller Form dem Gegner kund zu thun. Seit seiner Rückkehr hatte sich mit seiner Schaffenslust diese Neigung gesteigert, so daß er zunächst mit sämtlichen wirklich arbeitenden Mitgliedern der Gesellschaft in unliebsame Fehden verwickelt wurde. Schon 1837 hatte er im Museum Senckenbergianum***) dem berühmten Zoologen Temminck gegenüber eine Sprache geführt, die die Direktion veranlaßte, ihn zu ersuchen, künftighin persönlich verletzende Äußerungen in dieser Zeitschrift

*) In der Stadtbibliothek befindlich.

**) Prot. 14. Mai.

***) Seit 1833 von der Gesellschaft herausgegebene Zeitschrift.

zu vermeiden. In dem nämlichen Jahre sah er sich gemüßigt in dem bei der Jahresfeier (7. Mai) gehaltenen Festvortrage »über Bibliothekswesen in Frankfurt vorzüglich in Beziehung auf das Dr. Senckenbergische medizinische Institut« die Stiftungsadministration in schroffer Weise wegen ihrer bisherigen Thätigkeit anzugreifen, da sie dem Willen Senckenbergs entgegen die methodische Vergrößerung der Bibliothek unterlasse. Wenn auch Professor Varrentrapp sogleich die Vorwürfe als grundlos zurückgewiesen hatte, so war doch die Folge, daß zwischen den eng verbundenen Anstalten*) zum ersten Male eine arge Verstimmung zu Tage trat, die nach langer Zeit erst wieder völlig geschwunden ist.

Eine traurige Erinnerung für die Alten unter uns bildet vor allem der erbitterte Kampf, welchen Rüppell mit Cretschmar begann und den er mit unglaublicher Schroffheit und Unversöhnlichkeit ununterbrochen bis zu dessen Lebensende fortführte. Im Beginne der zwanziger Jahren hatte Cretschmar seine naturgeschichtlichen Vorlesungen begonnen und mit denselben einen so glänzenden Erfolg erzielt, daß 1826 der Senat sich bewogen fand, der Gesellschaft eine jährliche Subvention für Vorlesungszwecke zu gewähren. Er, der seiner Zeit unaufgefordert sich selbst sein Programm gemacht hatte und stolz darauf sein konnte, zahlreichen Einwohnern der Stadt das Verständnis für Naturwissenschaften überhaupt erschlossen zu haben, war ein echter Zögling der naturphilosophischen Schule und hatte von der Natur ein reizendes, aber zugleich auch gefährliches Geschenk erhalten, eine reiche Phantasie. Solches war dem außerordentlich nüchtern denkenden Rüppell ein Greuel. Während bis zu dessen Rückkehr 1834 kein Mitglied der Gesellschaft den allergeringsten Zweifel an der Vortrefflichkeit von Cretschmars Lehrvorträgen geäußert hatte, kam auf Rüppells Veranlassung ein Kommissionsbeschluß zu Stande,**) welcher besagte, daß »jene nicht den beabsichtigten Zwecken der Gesellschaft entsprächen«, weil als Thema e l e m e n t a r e Naturgeschichte mit Berücksichtigung der vergleichenden Anatomie und Physiologie zu bezeichnen wäre. Da nun in Folge des Staatszuschusses die Lehrvorträge honoriert wurden, so erklärte Rüppell er wolle in Zukunft sie, zu deren Vorbereitung er ein Jahr nötig

*) Der Dr. Senckenbergischen Stiftung und der Senckenbergischen naturforschenden Gesellschaft,

**) Prot. 5. Mai 1836.

hätte, unentgeltlich halten. Ja, er richtete, als Cretschmar auch mit der Hälfte der ihm bisher gewährten Besoldung sich zufrieden erklärte (750 Gulden jährlich), von Mailand aus ein Schreiben an den Senat*), durch welches diesem der dringliche Rat erteilt wurde, die bisherige Jahressubvention an die Gesellschaft nur unter der Bedingung zu verwilligen, daß nichts davon zu Lehrvorträgen verausgabt würde. Bei dem hohen Ansehen, beziehungsweise dem freundschaftlichen Verhältnisse, dessen er sich in den regierenden Kreisen erfreute, war es unschwer, einen der Eingabe entsprechenden Beschluß zu erzielen. Die Folge war, daß Cretschmar ohne jedes Entgelt die Vorlesungen fortsetzte, bis der Tod seinen beredten Mund für immer schloß (1845).

Einen weiteren Grund nicht endenden Haders zwischen Rüppell und dem Manne, den er in allen Briefen seinen lieben, seinen väterlichen Freund genannt hatte, bildeten die Sammlungsgegenstände. Schon 1831 hatte dieser, herausgefordert durch die in ungerechter und ungeziemender Weise gegen ihn gerichteten Angriffe, erklärt, er sehe sich genötigt, alle Verbindung mit Rüppell abzubrechen. Allein der Streit kam nicht zur Ruhe, bis aus Veranlassung obenerwähnter Eingabe an den Senat, in welcher Cretschmar in maßlosen Ausdrücken der Veruntreuung von Geldern und Naturalien geziehen wurde, von diesem eine gerichtliche Klage eingereicht wurde. Leider war, gewiß nicht zum Vorteile der Gesellschaft, durch Rüppells Vorgehen das Für und Wider teilweise in öffentlichen Blättern in leidenschaftlicher Weise erörtert worden, so daß die ganze Stadt von dem Skandal unterrichtet war. Diese sehr unerfreulichen Vorkommnisse waren das Nachspiel eines ebenfalls von Rüppell in Scene gesetzten Kampfes, von dem sogleich die Rede sein soll. Sie mußten ihr Ende finden, als Cretschmar alle nur gewünschten Belegstücke über seine Verwaltung der Sammlung der Gesellschaft vorlegte,*) vor allen Dingen sein Tagebuch und sein Tauschregister, und Rüppell jeder weitere Grund zur Unzufriedenheit entzogen ward. Dem Takte des Direktionsmitgliedes Dr. Mappes gelang es, die Gegner zu versöhnen und sie zu veranlassen, ein Flugblatt gemeinsam auszugeben, in welchem sämtliche Anklagen zurückgenommen und

*) 24. Dez. 1840.

**) Prot. 3. Febr. 1841.

die bestandenen Differenzen als völlig ausgeglichen erklärt wurden. Rüppell war, wie soeben angedeutet wurde, noch weiter gegangen. Als Sprecher der Unzufriedenen unter den Mitgliedern hatte er sich vorgenommen, auch die »extremsten Mittel« nicht unversucht zu lassen, um die seit vielen Jahren bereits im Amte befindliche Direktion aus dem Sattel zu heben. Die Anordnungen waren so gut getroffen, daß, während der Urheber in Mailand bei seinem Freunde Mylius weilte, in der Schlußsitzung 1840 die Direktion, in ihr Schöff v. Heyden und Dr. Cretschmar, abtrat, nicht ohne nach einstimmigem Beschlusse aller Anwesenden einen glänzenden Dank für ihre bisherige Thätigkeit erhalten zu haben. Dr. Valentin Müller, ein hochgebildeter, außerordentlich taktvoll und sicher auftretender Arzt, wurde alsdann zum I., Rüppell zum II. Direktor erwählt, welche Stellung er nach seiner Rückkehr am 11. Mai 1841 antrat, nachdem auf seine besondere Veranlassung hin von einer Anzahl hochangesehener beitragender Mitglieder zuvor wiederum eine Eingabe an den Senat verfaßt worden war, welche das Ansinnen enthielt, derselbe möge kraft seiner autoritativen Stellung eine Änderung der Gesellschafts-Satzungen durchführen. Dem wurde aber von der Behörde keine Folge gegeben.

Also überall, wo Rüppell in Thätigkeit trat, Streit, das Bestreben, Bestehendes, alt Bewährtes, Menschen wie Einrichtungen, zu beseitigen. Wer dürfte es wagen, trotz alledem ihn der Neigung zum Zerstören zu beschuldigen. Im Gegenteil! Aufbauen wollte er, freilich auf dem ihm geeignet erscheinenden Boden, den er jedoch erst gewinnen mußte. Hatte er über die Bibliotheksverhältnisse seine Unzufriedenheit ausgesprochen, so veranlaßte er u. a. seinen Freund Mylius zum Bücherankauf 5000 Gulden zu spenden. Während er die von Cretschmar gehaltenen Lehrvorträge unmöglich zu machen suchte, wußte er in späterer Zeit den zuvor genannten Gönner zu bewegen, ein Kapital zu geben, damit aus dessen Erträgnissen ohne Unterbrechung gegen Honorar gelesen werden könne (Myliusstiftung). Auch der scharfe Streit über die Instandhaltung der Naturalien hatte in letzter Reihe erfreuliche Ergebnisse hervorgerufen. Vortreffliche Vorschriften für die Vorsteher der einzelnen Sektionen verdanken, wie früher schon erwähnt wurde, Rüppell ihre Enstehung; desgleichen der Plan zur abermaligen Erweiterung der Aufstellungsräume mittelst Erhöhung des Hauptbaues, zu dessen Ausführung er 6000 Gulden schenkte unter der Bedingung einer mäßigen Zinszahlung. Als er 1847 die Abteilungen der Säugetiere, Amphibien und Fische als Sektionär übernahm, ermöglichte er die Anschaffung passender Schränke indem er von dem oftgenannten großmütigen Freunde in Mailand ein Geschenk von 2300 Gulden überbrachte. Im Lichte solcher Tatsachen erscheint er wahrhaftig als ein Vir tenax propositi!

Zehn Jahre nach der Rückkehr aus Abessynien (1844) verweilte der Forscher längere Zeit zur Beobachtung niederer Tiere und zum Einsammeln von Fischen in Neapel und Messina.*) 1850 entschloß er sich zu seiner letzten Wanderung nach Afrika und beschäftigte sich während eines neun Monate dauernden Aufenthaltes besonders mit den Fischen und Mollusken des Nilstromes, gewann aber die Überzeugung, daß er den Mühseligkeiten einer Orientreise nicht mehr gewachsen sei. Eine wichtige Arbeit über das bisher völlig unbekannte Männchen von *Argonauta Argo* war die Frucht seiner Reise. Dieser letzten naturgeschichtlichen Abhandlung war die Herstellung des Prachtwerkes systematische Übersicht der Vögel Nordostafrikas vorhergegangen, in welchem 50 teils bisher unbekannte, teils noch nicht bildlich dargestellte Vögel beschrieben und abgebildet waren. Abgesehen von einer großen Anzahl lange zuvor herausgegebener Monographien zoologischen und palaeontologischen Inhaltes ist, wie wir bereits angedeutet haben, Rüppells Werk auch die Abfassung der Kataloge unserer Sammlungen gewesen; und zwar stammen von ihm die Abteilungen der Säugetiere und Skelette, der Amphibien und der Fische. Um diese rüstig zu fördern, pflegte er mit Th. Erckel in der warmen Jahreszeit schon um 4 Uhr morgens an die Arbeit zu gehen.

Während Rüppell zum vierten Male II. Direktor war, kam es nochmals gelegentlich der 1858 von ihm gehaltenen Festrede »über Tier- und Pflanzenschöpfung als Belege verschiedener geologischer Perioden« zu ärgerlichen Auseinandersetzungen. Die Gesellschaft mußte ihren Gönner öffentlich bloßstellen,**) indem sie »ihr tiefstes Bedauern und Mißfallen aussprach, daß Dr. Rüppell seine amtliche Stellung zu den unpassendsten Ausbrüchen gemißbraucht habe«. Diese Erklärung hatte ein Zerwürfnis zur Folge, welches ihn veranlaßte von da an den größten Teil seiner Zeit

*) 1852 veröffentlicht im Fischkatalog unseres Museums.

**) Prot. 5. Mai 1858.

dem Ordnen und Katologisieren der städtischen Münzsammlung zu widmen. Seit 1835 war er deren Vorstand und hat ihr nach und nach gegen 10,000 verschiedene Medaillen und Münzen zugeeignet, unter denen sich die merkwürdigsten Seltenheiten befinden. Insbesondere bestrebte er sich eine Reihenfolge der zum Andenken von Naturforschern und Ärzten angefertigten Numismatica zusammenzubringen, wie auch die auf Frankfurt bezüglichen geschichtlichen und »Personenmünzen« für die städtische Sammlung zu erwerben. Während er über diese Gegenstände vier mit Abbildungen versehene Aufsätze veröffentlicht hat, wurde das Verzeichnis der städtischen Münzsammlung von ihm in 5 großen Bänden niedergelegt. Es ist wohl nicht häufig, daß ein Naturforscher mit Eifer und Erfolg der Numismatik sich zuwendet.

Die Stadtbibliothek verdankt Rüppell außerdem 2 schöne Papyrusrollen, eine Anzahl von sonstigen aus Afrika stammenden Schriftstücken, auch wertvolle Kunst- und Altertumsgegenstände.*) Nur wenigen dürfte es bekannt sein, daß er ebenso für den inneren Schmuck der Stadtbibliothek einen wesentlichen Beitrag geliefert hat. Denn gemeinschaftlich mit seinem Freunde Mylius dem Älteren in Mailand und Seufferheld dahier stiftete er für das Treppenhaus die schöne von Marchesi in Marmor ausgeführte Göthestatue, welche den Dichter sitzend darstellt.

In unserem Museum schien nach Einordnung, Bestimmung und Veröffentlichung des Materiales die Arbeit Rüppells zunächst beendet zu sein. Gleichwohl hat er, wie wir aus persönlicher Erfahrung wissen, und die Protokolle es ausweisen, auch späterhin den Erwerbungen und dem Tausche von Naturalien rege Aufmerksamkeit geschenkt. Den älteren Mitgliedern ist es wohl noch erinnerlich, wie mit Argusaugen er jeden Gegenstand, soweit er von seinen Reisen stammte und wirklich wertvoll war, behütete, damit er nicht als kostbares Tauschmaterial gegen Ungleichwertiges, oder wie er zu sagen pflegte, »Schund«, dahingegeben werde. Wenn er dem Wohlergehen der Gesellschaft schon der verschiedenen geschäftlichen Beziehungen wegen, welche die aus seinen schenkungsweise überlassenen Kapitalien ihm gebührenden Renten mit sich brachten, an und für sich ein gewisses Interesse entgegen bringen mußte, so war völlig abgesehen hiervon seine Fürsorge ihrer

*) Ein Verzeichnis alles dessen verdanken wir der Güte des Amanuensis Dr. Kelchner.

wirklich gedeihlichen Entwickelung nach innen und nach außen unablässig zugewandt. 1862 legte er einen Plan vor, dessen Ausführung die Erweiterung des Museumsgebäudes bis zur Anatomie bezweckte. Vier Jahre später machte er sein Haus, Hochstraße 3, der Gesellschaft zum Geschenk, unter der Bedingung eines mäßigen Rentenbezuges, wobei er jedoch seine eigene Miete, gleich jedem Einwohner, entrichtete. Gleichzeitig mit der Anzeige von dieser Schenkung*) erhielt die Gesellschaft die Kunde, daß ihr ausgezeichneter Gönner Frankfurt für immer verlassen wolle. Diesen Entschluß, zu welchem ihn der Widerwille gegen das neue Regiment veranlaßt hatte, führte er im Mai 1867 aus, nachdem er Schweizer Bürger geworden war, bei welcher Gelegenheit die Stadt Basel ihn zum Ehrenbürger ernannte. Als aber bald nach seiner Ansiedelung in Zürich gerade in dem von ihm bewohnten Hause die Cholera heftig ausbrach, kehrte er nach Frankfurt zurück. »Er hatte die Erfahrung gemacht, daß im 70. Lebensjahre man nicht mehr in einer neuen Ansiedelung heimisch wird«. Nur zweimal noch hat er unsere Stadt verlassen, als er 1868 zum Besuche »alter herzlicher Freunde« in die ihn besonders anziehende Umgebung des Comer-Sees reiste und dann zwei Jahre darauf, als eine große Münzauktion ihn für mehrere Monate nach Paris führte.

Wer den großen Forscher in seinem Heim aufsuchte, der mußte staunen ob der außerordentlichen Einfachheit der Ausstattung, die nahezu an Dürftigkeit grenzte.**) In diesen Räumen hat er bis an sein Ende Haus gehalten, gepflegt von seiner treuen Wirtschafterin — und nahezu vergessen von den Einwohnern dieser Stadt. Fast nur Auswärtige, insbesondere die Vorstände der bedeutendsten naturhistorischen und geographischen Institute Englands erkundigten sich fleißig nach seinem Befinden und machten ihm, wenn sie nach Frankfurt kamen, ihre Aufwartung. Bei zwei besonderen Veranlassungen jedoch kam sein Name wieder unter die Leute. Es war damals, als die bereits 1870 angeregte, aber erst am 1. Mai des folgenden Jahres zur endgiltigen Fertigstellung gelangte Rüppellstiftung zur Beförderung naturwissenschaftlicher Reisen die allgemeine Aufmerk-

*) Dieselbe brachte den Erbauer Th. Erckel um sein Vorkaufsrecht.

**) Vor der Abreise nach der Schweiz hatte er sein schönes Mobiliar und seine Ölbilder verschenkt.

samkeit in Anspruch nahm. Umsonst hatte er energisch sich dagegen verwahrt, daß die Stiftung, ins Leben gerufen zur Erinnerung an das halbhundertjährige Bestehen des Museums, ihm zu Ehren mit seinem Namen bezeichnet werde. In diesem Falle war seine Einsprache »es werde bei der Sache nichts herauskommen« gänzlich erfolglos gewesen. Ein anderes Mal wurden die Einwohner Frankfurts an ihn erinnert durch die Zeitungsberichte, die über den im großen Saalbausaale von Dr. Gustav Nachtigall gehaltenen Vortrag genauere Mitteilungen brachten. In den roten Zimmern hatte sich am Abend des 28. Oktober 1875 eine auserlesene Gesellschaft eingefunden, um den auf dem Zenith seines Ruhmes stehenden Afrikaforscher zu begrüßen, in ihr hervorragend das greise Haupt unseres Rüppell. Als Nachtigall vor ihm dieselbe kurze Verbeugung machte, wie vor den anderen, flüsterte man ihm zu: »Das ist ja Rüppell, Ihr Kollege, der Afrikaforscher. Da eilte er denn zu dem alten Herrn, den er längst tot geglaubt hatte, ergriff mit Wärme seine Hand und sagte, sie lange haltend: Gestatten Sie dem Jünger der Afrikaforschung, daß er dem Nestor, dem verdienstvollsten Meister seine dankbare Huldigung darbringt«.*)

Den Glückwünschen zu seinem fünfzigjährigen Doktorjubiläum hatte der Gefeierte zu entgehen sich bemüht und zwar dadurch, daß er zur gewohnten Zeit nicht nach Hause kam. Allein eine kleine anhängliche Schar war mit lobenswerter Ausdauer in seinem Zimmer geblieben und begrüßte ihn, als er eintrat, auf das herzlichte. Rüppell vermochte zwar seine Rührung kaum zu verbergen; doch ließ er in seinen Erwiderungen dem ihm eigenen Sarkasmus freien Lauf.

Noch im höchsten Alter hat er mit Eifer und Freudigkeit eine neue Arbeit in Angriff genommen und beendet, die Neuaufstellung der von ihm aus Afrika mitgebrachten Altertümer und Kunstgegenstände. Als 1877 das städtische Museum eingerichtet wurde, erhielt dasselbe teils aus der Stadtbibliothek, teils aus der zu dieser Zeit aufgelösten Sammlung unseres Museums die genannten Objekte, von welchen viele einen außerordentlichen Wert besitzen. Trotz des schlechten im Winter und Frühjahr 1877 auf 1878 herrschenden Wetters hat Rüppell täglich sich mit den

*) Aus dem Nekrologe Nachtigalls in der Frankfurter Zeitung, verfaßt von Dr. E. Cohn.

Sammlungen beschäftigt, ein sorgfältiges Verzeichnis angefertigt und ist darnach ein fleißiger Besucher der ihm so lieb gewordenen Räume gewesen. Selbst nachdem ihm das Gehen schwer geworden war, ließ er sich häufig nach dem städtischen Museum fahren, um sitzend da ein helles Stündchen zuzubringen. *)

So sind es denn drei Wege gewesen, auf denen man dem ehrwürdigen Alten mit den ernsten Zügen gewöhnlich begegnete, der Weg nach dem in nächster Nähe seiner Wohnung gelegenen naturhistorischen Museum, nach der Stadtbibliothek, nach dem städtischen Museum, bis ein Unglücksfall ihn auf lange Zeit den Blicken seiner Verehrer entzog. Am 18. Juli 1881 war er im Zimmer ausgeglitten und hatte sich einen Beinbruch zugezogen. Als er nach monatelangem Aufenthalte in der Krankenstube die ersten Gehversuche auf der Straße machte, konnten wir uns nicht verhehlen, daß seine Kraft gebrochen sei. Bald trübte sich auch die Klarheit des Denkens. Dazu gesellte sich ein hartnäckiger Husten. Wer Rüppell sah, mußte an seiner Herstellung gewiß verzweifeln. Seine Beschäftigung bestand tagsüber meistens darin, daß er Namen von Städten, Flüssen, Ländern mit großen Schriftzügen niederschrieb, als ob er Reiserouten zusammenstellen wollte. Wenn aber besonders wichtige Ereignisse zu seiner Kenntnis kamen, dann trat er heraus aus diesem Zustande der Gleichgiltigkeit; dann konnte er seiner lebhaftesten Freude Ausdruck geben, so als die Gesellschaft mit dem reichen Bose'schen Vermächtnis beschenkt wurde, auch damals, als 1883 der 3. deutsche Geographentag hier versammelt war und er, der älteste der Afrikaforscher neben dem jüngsten derselben, Lieutenant Wißmann, der Sitzung beiwohnte und seinem Erscheinen lebhafter, lange anhaltender Beifall gezollt wurde.**) Noch war es ihm vergönnt, den 90. Geburtstag zu feiern. Die beglückwünschenden Mitglieder unserer Direktion fanden ihn sorgfältig gekleidet im Lehnstuhle sitzen; vor ihm lagen die erwähnten Schreibereien. Er war sichtlich erfreut, über die ihm erwiesene Aufmerksamkeit; als der damalige I. Direktor ihm den herzlichen Wunsch aussprach, es möge ihm beschieden sein, übers Jahr in derselben Weise von uns begrüßt zu werden, schüttelte er den Kopf, indem er leise sagte: »Wer weiß«. Zwanzig Tage nach diesem freudigen Ereignisse ist er sanft entschlummert.

*) Nach den schriftlichen Mitteilungen des Konservators O. Cornill.

**) Verh. des 3. Deutschen Geographentages.

Am frühen Morgen des 13. Dezember 1884 hat eine kleine Schar von Mitgliedern der naturforschenden Gesellschaft und von Freunden zum letzten Male die stillen Züge des ehrwürdigen Greises gesehen und ihm alsdann das letzte Geleite gegeben. An seinem Grabe, an welchem keine Thräne floß, sprach nur der damalige I. Direktor der naturforschenden Gesellschaft; außer ihm kein anderer. Nicht Worten der Klage gab er Raum, wohl aber dem Ausdruck wahrer, warmer, herzinniger Dankbarkeit. Und dieses Gefühl muß alle diejenigen durchdringen, die berufen sind, mitzuarbeiten an den Aufgaben unserer Gesellschaft, so lange diese bestehen wird.

Warum nun dieses stille Begräbnis? Galt es doch hier einem bedeutenden Mann, einer wirklichen Größe die letzte Ehre zu erweisen! Der Verewigte hatte eine letztwillige Verfügung hinterlassen, die ein Begräbnis in aller Stille dringend wünschte. Das Testament enthielt auch eine Stelle, laut welcher die Ruhestätte durch kein äußeres Zeichen kenntlich gemacht werden sollte. Ob unsere Gesellschaft, deren heilige Pflicht es sein wird, das Grab würdig zu erhalten, eine solche Bestimmung für alle Zukunft zu beachten hat, wir glauben es nicht. Nachdem mehrere Monate streng dem Willen des Verstorbenen gemäß verfahren worden ist, dürfte dem letzten Wunsche billig Genüge geleistet worden sein.

Sobald die Nachricht von Rüppells Hintritt sich verbreitete, brachten sämtliche hiesige Blätter Nekrologe, deren Inhalt wesentlich eine Erzählung der von ihm unternommenen afrikanischen Reisen bildete. Daß er eine ausgezeichnete Persönlichkeit gewesen, daß er für die wissenschaftlichen Institute seiner Vaterstadt Großartiges, Ungewöhnliches geleistet, fand allenthalben freudige Anerkennung.

Da wir mit der Schilderung der Lebensschicksale Rüppells zu Ende gekommen sind, erwarten Sie wohl noch, geehrte Herren, einige Nachricht über seine äußere Erscheinung. In jüngeren Jahren mochte die hochgewachsene, hagere Gestalt, die aufrechte Haltung des Kopfes, der sichere Gang, die sorgfältige Kleidung den Eindruck starken Selbstbewußtseins hervorgerufen haben. Die scharfgeschnittenen Züge, die breite Stirn mit dem reichen Haupthaar über ihr, der oft finstere Ernst, der auf ihr lag, verliehen der Erscheinung etwas Bedeutendes, Ungewöhnliches. Für sich einzunehmen, zu gewinnen, war diesem Gesichte nicht eigen, zumal auf ihm gerne ironisches Lächeln sich zeigte, aber auch scharfer Spott und abweisende Verachtung ihm ihr Gepräge nicht selten aufdrückten. Auch als das Alter den Nacken ihm beugte, ist dieser Ausdruck ihm eigen geblieben. Wie einer, der Tüchtiges leisten will, pflegte er die Zeit wohl auszunützen, lebte immer mäßig und mied alle Zerstreuungen und unnützen Zeitvertreib. So trank er niemals Bier, besuchte kein Theater. Was er einmal als zweckmäßig in seine Lebensgewohnheiten aufgenommen hatte, davon ließ er nicht bis in das höchste Alter, wenn ihm daraus auch mancherlei Unbequemlichkeiten erwuchsen. Beispielsweise durfte vor dem 20. November das Wohnzimmer selbst bei großer Kälte nicht geheizt werden. Seinen Umgang liebte er in der vornehmen Gesellschaft zu suchen, wenn er auch hier nur mit wenigen in nähere Beziehung eintrat.

Geehrte Herren! Der Vorhang ist gefallen an der Grenze eines langen, reichen Lebens, reich an Thätigkeit und an Erfolgen. Bewundert und gefeiert von allen Gebildeten als er auf der Höhe seiner Arbeitskraft stand, ward er im hohen Alter ein fast Vergessener. Bekanntlich ist es ja dem Denken und Fühlen unserer Zeit nicht mehr genehm, von langer Hand her erworbene Ansprüche auf Anerkennung und Dankbarkeit noch zu berücksichtigen. Da mag es sich denn geziemen, der jetzigen Generation zu sagen, was der Mann gewesen ist, den wir am 13. Dezember vorigen Jahres bestattet haben.

Ein großer Afrikaforscher ist er gewesen. Daß gegenwärtig noch seine Verdienste nach dieser Richtung unbestritten sind, mögen Ihnen Stimmen unserer Tage kundgeben. Heinrich Kurz sagt in seiner Litteraturgeschichte*) über ihn: »Seine Beobachtungen sind jetzt noch von Wert, wenn auch diese Länder seitdem vielfach durchforscht worden sind. Namentlich sind seine Bemerkungen über den damaligen Zustand in Ägypten in geschichtlicher und kulturhistorischer Beziehung höchst wichtig.« In Peschels Geschichte der Erdkunde**) finden wir folgende bezeichnende Stellen: »Rüppell war der erste europäische Reisende, welcher Kordofan betrat, sowie der erste, welcher eine Schilderung der in den südlichen Grenzgebirgen von Kordofan seßhaften Nuba gab. — Er entwarf neue Karten nach seinen Ortsbestimmungen,

*) Bd. IV, S. 883b. 1873.
**) II. Aufl., S. 592 u. f.

welche bei den Breiten meistens noch gelten. — Ferner, wir verdanken Rüppell, dem ersten Ausländer, welchem 1839 die Londoner geographische Gesellschaft ihre höchste Auszeichnung zuerkannte, außer etlichen Ortsbestimmungen die frühesten Höhenmessungen, sowie die erste geographische Beschreibung Abessyniens, ferner siebenmonatliche Thermometerbeobachtungen in Massaua und Gondar, sowie ethnographische und archäologische Forschungen über den schönen, aber sittlich gesunkenen Menschenstamm dieses Alpenlandes.« Auch das Urteil des Generalpostmeisters Dr. Stephan*) ist bezeichnend: »Rüppells rastloser Forschungstrieb vereinigte sich mit scharfer Beobachtungsgabe und klarer Darstellung.«

Daß Rüppell ein vortrefflicher Zoologe gewesen ist, dafür legen ein glänzendes Zeugnis ab die von ihm herrührenden diesbezüglichen zahlreichen Arbeiten. Schärfe der Diagnostik bis ins kleinste zeichnete ihn vor allem aus. Wie er in der Mineralogie, seinem ursprünglichen Lieblingsfach, Tüchtiges geleistet hat, so ragt seine Bedeutung als Paläontologe noch in die Jetztzeit hinein; denn beispielsweise die von ihm gegebene Deutung der Aptychen als Deckel der Ammoniten hat fast allgemeine Anerkennung bei den Neueren gefunden. (Dr. Kinkelin.)

Daher hat es ihm nicht an Auszeichnungen gefehlt, die sich teils seitens wissenschaftlicher Korporationen durch außerordentlich zahlreiche Ernennungen zum Ehrenmitgliede kundgaben, teils ihm von Gelehrten erwiesen wurden, indem viele Tiere und Pflanzen nach ihm benannt worden sind.

Sein Forschungstrieb hat ihn hinausgeführt in fremde Länder, in Gefahren; er bewog ihn, den größten Teil seines Vermögens daran zu geben. Damit hat er die Eigenart des Gelehrten vollauf gezeigt, während er wieder als treuer Sohn der Vaterstadt, treu wie selten einer, sich erwiesen hat. Mit allen Fibern seines Daseins hat er an ihr gehangen; ihre Anstalten zu fördern, wo er nur konnte, dazu war er allezeit gerne thätig.

Und der naturforschenden Gesellschaft, was war er für diese? Ihr Mitgründer, ihr wärmster Förderer und Freund, dessen Ruhmesglanz auch für sie die Folie gab, so daß ihre Bestrebungen sehr frühe schon allgemeiner Achtung und Anerkennung sich erfreuten. Ihm verdankte unser Museum wesentlich seine Reichtümer; die von ihm eingebrachten seltenen Naturalien, so groß an Zahl, wie

*) Ägyten, Leipzig 1878, Vorrede.

ausgezeichnet an Schönheit, haben demselben den Rang verschafft, den es vor Jahrzehnten einnahm, nämlich an Größe das fünfte in Europa zu sein.

Was Rüppell an fahrender Habe besaß, hat er der Gesellschaft gegeben; aber mehr noch als dies, all sein Wissen und Können viele Jahre seines Lebens hindurch hat er ihren Zwecken gewidmet. Wissenseifer und selbstlose Arbeit hinterließ er uns als nachahmenswertes Beispiel.

So dürfen wir dem Manne, der lange Jahre im Inlande und Auslande als der berühmteste Frankfurter unter den Lebenden galt, nachrufen:

»Wer den Besten seiner Zeit genug gethan,
Der hat gelebt für alle Zeiten.«

I. Zusatz.

Nachweis von Rüppells Schriften.

Archäologisches über Ägypten und Arabien. Schreiben an Joseph von Hammer in dessen Fundgruben des Orients 1817. V. 427.

Reihenfolge von Briefen, geschrieben an den Baron von Zach während der Jahre 1822—1832, abgedruckt in dessen Correspondance astronomique VI—XIII, Genua, und später in der Bibliothèque de Genève. Daraus besonders: Merkwürdige Entwickelung von Elektrizität im menschlichen Körper, in Meckels Archiv f. Physiologie 1832 VIII, und: Über den Camsin als elektrischen Wind, in Schweiggers Journal für Chemie und Physik 1823. XXXVIII., und in der Iris 1826 No. 5.

Reisen in Nubien und Kordofan und dem peträischen Arabien, vorzüglich in geographisch statistischer Hinsicht. 8 Kupf. und 4 Karten Fol. Frankfurt a. M. 1829.

Atlas zu der Reise im nördlichen Afrika. IV. Abth. Fische des roten Meeres mit 35 Taf., bearbeitet von Ed. Rüppell. Frankfurt a. M. 1828, Schmerber. V. Abth. Neue wirbellose Tiere des roten Meeres mit 12 Taf., bearbeitet von Ed. Rüppell und F. S. Leukart, ebenda 1838.

Reise in Abessynien, 2 Bände mit 10 Steindrucktaf. (Fol.) 8. Frankfurt a. M. 1838. 1840.

Neue Wirbeltiere zur Fauna von Abessynien gehörig, entdeckt und beschrieben. Fortsetzung zum obengenannten Atlas. 13 Lief. mit Steindrucktafeln. Fol. Frankf. a. M. Schmerber. 1835—40. Besonders daraus Beschreibung der im roten Meere lebenden Chondropterygier mit festen Kiemen. 3 Taf. 1837.

Bemerkungen über Abessynien in Bezug auf die Physiognomik der Landschaft. Frankf. Phoenix 1836.

Mineralogische Notizen über Elba, die Liparischen Inseln und Sicilien, gesammelt 1820. Leonhards mineralog. Taschenbuch 1825.

Abbildung und Beschreibung einiger neuen oder wenig bekannten Versteinerungen aus der Kalkschieferformation von Solenhofen. 4 Steint. 4. Frankf. a. M. 1829.

On the fossil genera Pseudammonites and Ichthyosiagonites of the Solenhofer Limestone. London and Edinb. Philos. Magaz. N. S. V. IX. 1836.

Über die Respirationsorgane der Sabellen. Isis 1830.

Beschreibung und Abbildung von 24 Arten kurzschwänziger Krabben, als Beitrag zur Naturgeschichte des roten Meeres. 6 Steint. Frankf. a. M. 1830.

Beiträge zur Geschichte von Argonauta Argo, insbesondere Beschreibung des bisher unbekannten Männchens. Archiv f. Naturg. 1852. I. Bd.

Description d'un nouveau genre de mollusques de la classe des gastéropodes pectinibranches (Leptoconchus albus). 1 Kupf. Transact. of the London Zool. S. Bnd. I. 1835. .

Beschreibung sechs neuer Cephalopoden aus dem Meere bei Messina. 1 Kupf. Giornale del gabinettino scientifico di Messina. H. 26. 1844.

Mémoire sur le Magilus antiquus. 1 Taf. Mémoire de la Soc. d'hist. nat. de Strassbourg. T. I. 1830.

Beschreibung und Abbildung mehrerer neuer Fische, im Nil entdeckt. 3 Steint. 4. Frankf. a. M. 1829. Fortsetzung davon 3 Steint. 4. Frankf. a. M. 1832.

Neuer Nachtrag von Beschreibungen und Abbildungen neuer Fische, im Nil entdeckt von Ed. Rüppell. Mus. Senckenb. Bd. II. H. I. 1836.

Mémoire sur une nouvelle espèce de poisson Histiophorus immaculatus mit 1 Kupf. Transact. Zool. Soc. London. V. II. 1841.

Beschreibung und Abbildung einer neuen Art von Landschildkröten zur Gattung Kinyxis gehörig. Mus. Senckenb. Bd. III. H. 3. 1845.

Systematische Übersicht der Vögel Nordostafrikas (Fortsetzung der neuen Wirbeltiere zur Fauna von Abessynien gehörig), nebst Abbildung und Beschreibung von 50 teils unbekannten, teils noch nicht bildlich dargestellten Arten. 50 Tafeln. 8. Frankf. a. M. Schmerber 1850.

Mitteilungen über einige zur Fauna von Europa gehörige Vögel nebst Abbild. und Beschreib. eines mexikanischen Vogels als Typus, einer neuen Gattung *(Psilorrhinus mexicanus)* 1 Abbild. Mus. Senckenb. Bd. II. H. 2 1837.

Tow sew species of Chizaerhis. Proc. Zool. Soc. London X. 1842.

Ornithologische Miscellen (Monogr. der Gattungen *Cygnus*, *Ceblepyris* und *Colius)* Mus. Senckenb. Bd. III. H. 1. 1839.

Mémoire sur la famille des Touracos et description de deux espèces nouvelles. 2 Taf. Transact. Zool. Soc. London V. III. 1849.

Genauere Bezeichnung einiger Arten von Pisangfressern *(Musophagidae)*. Archiv f. Naturgesch. 17. Jahrg. 1851. I. Bd.

Beschreibung mehrerer größtenteils neuer abessynischer Vögel aus der Ordnung der Klettervögel. Mus. Senckenb. Bd. III. H. 2. 1842.

Monographie der Gattung Otis. Mus. Senckenb. Bd. II. H. 3. 1837.

Revue critique des diverses espèces du genre Vultur des ornithologistes modernes. Annales des sc. nat. T. 21. 1830.

Beschreibung mehrerer neuer Säugetiere in der zool. Sammlung der Senckenb. naturf. Ges. befindlich. Mus. Senckenb. Bd. III. H. 2. 1842.

Säugetiere aus der Ordnung der Nager, beobachtet im nördlichen Afrika. Mus. Senckenb. Bd. III. H. 2. 1842.

On the existence of Canine Teeth in Antilope montana (Rüpp.) Proc. zool. Soc. London. IV. 1836.

Über dentes canini einiger Antilopen-Arten. Mus. Senckenb. Bd. II. H. 3. 1837.

Über die Hörner der Giraffe. Fror. Not. Bd. 18. 1827.

Beschreibung des im roten Meere vorkommenden Dugong *(Halicore)*. Mus. Senckenb. Bd. I. H. 2. 1834.

Verzeichnis der im Museum der Senckenb. naturf. Gesellschaft aufgestellten Sammlungen. I. Abt.: Säugetiere und deren Skelette. Mus. Senckenb. Bd. III. H. 2. 1842. III. Abt.: Amphibien, ebenda Bd. III. H. 3. 1845. IV. Abt.: Fische und deren Skelette. Frankf. a. M. 1852.

Eine Anzahl Festreden, gehalten bei der Jahresfeier der Gesellschaft

Numismatica.

Beschreibung der Münzen und Medaillen, welche wegen geschichtlicher Begebenheiten für Frankfurt gefertigt wurden u. s. w. Frankfurt a. M. 1857. C. Adelmann. 3 Taf.

Frankfurter Münzen im Anfange des 13. Jahrhunderts. Arch. f. Frankf. Geschichte und Kunst. 1858. VIII H.

Berichtigung und Fortsetzung der erstgenannten Abhandlung. Ebenda. Bd. IV der neuen Folge. 2 Taf.

Vierter Aufsatz über Frankfurter Medaillen, historische Münzen u. s. w. Ebenda Bd. VI. 1 Taf.

II. Zusatz.

Nachweis der Quellen.

1. Protokolle der Senckenbergischen naturforsch. Gesellschaft von 1817 an.
2. Eine Anzahl Briefe von E. Rüppell an Dr. Cretschmar.
3. Briefe desselben an die Gesellschaft zu Handen von Dr. W. Sömmerring.
4. Auszüge sämtlicher Briefe Rüppells an Cretschmar und an Sömmerring, verfaßt von Schöff von Heyden.
5. Festreden, gehalten im naturgeschichtlichen Museum zu Frankfurt a. M. von Dr. J. M. Mappes. Frankf. a. M. 1842. D. Sauerländer.
6. Geschichte der Heilkunde und der verwandten Wissenschaften in Frankfurt a. M. nach den Quellen bearbeitet von Dr. W. Stricker. Frankfurt a. M. 1847. Kessler.
7. Frankfurter Jahrbücher 1.—12. Band.
8. Autobiographisches Bruchstück, verfaßt von Dr. E. Rüppell, bestehend aus 8 Fascikeln zu je 8 beschriebenen halben Bogen.
9. Mehrere einzelne von Dr. E. Rüppell geschriebene Blätter.
10. Rüppells Reisen in Nubien, Kordofan und dem peträischen Arabien, vorzüglich in geographisch-statistischer Hinsicht. Frankf. a. M. 1829.
11. Rüppells Reisen in Abessynien. 2 Bde. Frankf. a. M. 1838—40.
12. Bibliotheka Zoologica von Carus und Engelmann. 2 Bde. Leipzig 1861.
13. Mündliche Mitteilungen seitens zuverlässiger Persönlichkeiten.

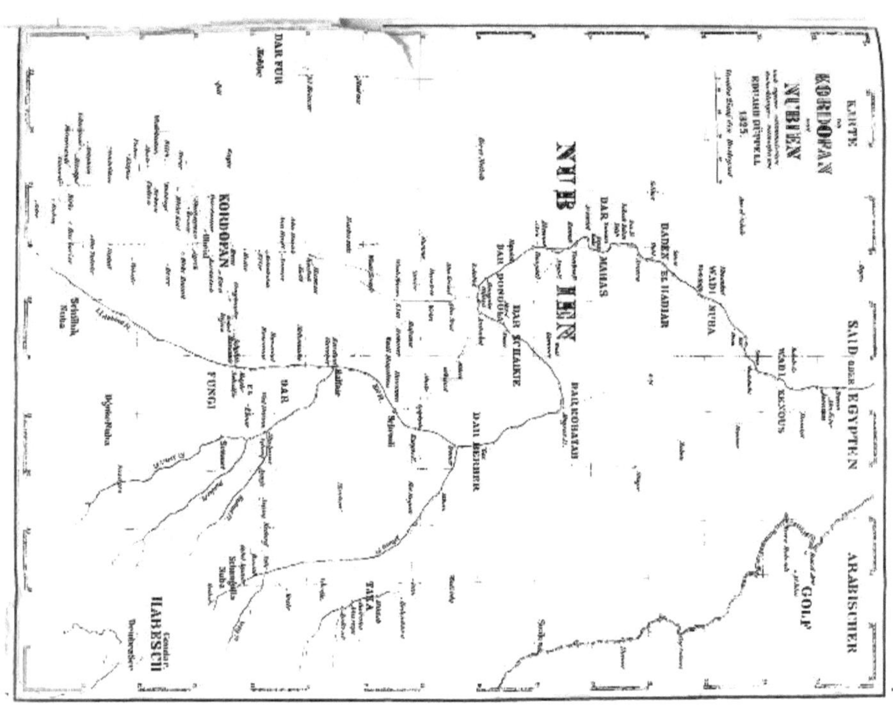
KARTE
KORDOFAN
NUBIEN
1825
SAID oder EGYPTEN
ARABISCHER
GOLF
DAR FUR
KORDOFAN
FUNGI
DAR BERBER
DAR SCHAIKIE
DAR MAHAS
WADI NUBA
HABESCH

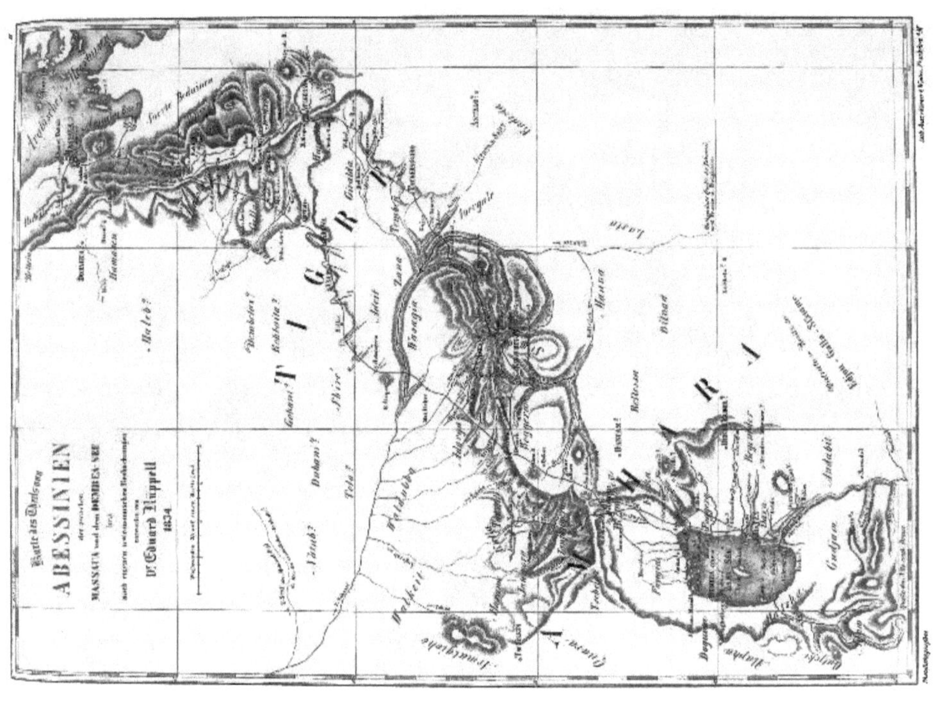
ABESSINIEN
Dr. Eduard Rüppell
1834

Geologische Tektonik der Umgebung von Frankfurt am Main.

Von

Dr. phil. Friedrich Kinkelin

zum Teil vorgetragen in der wissenschaftlichen Sitzung am 3. Januar 1885, durch derweilen eruiertes Neues ergänzt und vermehrt.

Gewiß ist es interessant, daß die hohe Straße — es ist dies der Höhenzug zwischen der Mainebene Hanau-Frankfurt und dem unteren Lauf der Nidda und Nidder, der sich also von Vilbel-Bergen über den Heiligen Stock nach der Friedberger Warte zieht — ich sage, es ist interessant, daß dieser Höhenzug in seinem Verlaufe dem Streichen des Taunusgebirges — O N O nach W S W — entspricht. Der Taunus ist demnach von diesem nur von Tertiärschichten gebildeten Landrücken durch die untere Wetterau getrennt. Hier am Südfuß des Taunus, dem einstigen nordwestlichen Uferrande des Mainzerbeckens, liegen die älteren und höheren Tertiärschichten unmittelbar zu Tage, während die jüngeren fast völlig vom Diluv und jüngeren Anschwemmungen bedeckt sind und nur bei Brunnen- oder Schachtgrabungen etc. zum Vorschein kommen, aber auch zu einem großen Teile weggewaschen sind. Wenn man nun auf der Nordwestseite ein nordwestliches Einfallen von ca. 10° z. B. in den Sandschichten der Straßengabel Läusebaum oder an den Thonbändern, welche, jene unmittelbar unterteufend, die Pflanzen führenden Schleichsandsteine bei Vilbel überlagern beobachtet, — dagegen auf der Südseite z. B. nördlich von Bornheim in einem Kalksteinbruch ein Südostfallen, und wenn man deshalb glauben möchte, daß die hohe Straße einen flachen Sattel bilde, — wenn man daher glauben möchte, diese Dislokationen, Störungen in der horizontalen Lage. von einer allgemeineren, etwa vom Gebirge sich geltend machenden oder auf beide — Taunus und hohe Straße — sich äußernden, mechanischen Wirkung, etwa Kontraktion, und davon

11

abgeleitetem horizontalem Seitenschub — ableiten zu sollen, als hätten wir in der hohen Straße ein flaches Auslaufen der im Gebirg sich erhebenden Gebirgssättel vor uns, — die ja allerdings schon alle durch die nie rastende Denudation beseitigt sind —, so irrt man.

Die Studien, die ich in den letzten 3 Jahren in hiesiger Gegend gemacht habe, belehren mich eines anderen. Im folgenden möchte ich Ihnen nun die Resultate derselben auseinandersetzen.

In erster Linie fällt auf, daß die Dislokationen sich vorzugsweise am R a n d e des Landrückens zeigen. Besonders die Begehung der Nordwestseite, aber auch die der Südseite boten Erscheinungen, die nur R u t s c h u n g e n darstellen.

Fig. 1.

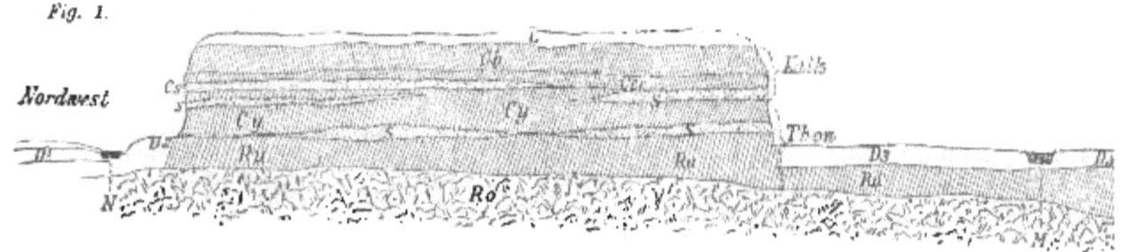

Maßstab für die Länge 1:1?0000. Maßstab für die Höhe

Ideales Querprofil durch die hohe Straße.

N Nidda. *M* Main. *Ds* Jüngstes Maindiluv. *Dz* Junges Niddadiluv. *L* Löß. *Cb* Corbiculakalk und *Cer* Cerithienkalk. *Cs* Cerithiensand. *Cy* Cyrenenmergel. *S* Schleichsande. *Ru* R *Ro* Rotliegendes.

Ich erinnere daran, daß dieser Landrücken (siehe ideales Querprofil) im großen Ganzen zuoberst Kalkstein und feste Kalkmergel trägt; diese sind von verschiedenen Sanden untertenft, und die Basis d i e s e r sind endlich Thone, welche in ihren mittleren Lagen schlichige Sande, auch mehr oder weniger mürbe kalkreiche Sandsteine einschließen. Man nennt sie die Cyrenenmergel. Noch unter die Thalsohle setzt sich ein plastischer Thon, der sog. Rupelthon fort; so im Mainthal, wie in der Wetterau bei Vilbel, wo der Fels, der wohl unter dem Landrücken durchzieht, also allen diesen tertiären Schichten als Fundament dient, mehrfach z. B. am Niederberg sowohl von ihnen bedeckt ist, als auch über dieselben hervorragt.

Alle diese Schichten sind durch ihre lithologische Beschaffenheit gut zu unterscheiden. Was sie aber am meisten kennzeichnet, das sind die organischen Reste, die Muscheln und Schneckenschalen etc., die sie einschließen. So sind die obersten Kalke fast nur erfüllt von kleinen Schnecken und Muscheln, deren Tiere nach heutiger Analogie sich schon an fast süßes Wasser gewöhnt haben. Man nennt die Schneckchen Hydrobien, die Muscheln Dreißenien und Corbiculen, letztere ein Subgenus von *Cyrena*.

Die Fossilien der tieferen Kalk- und Mergelbänke und der oberen Thonschichten lassen dagegen diese Niederschläge als in brackischem Wasser ausgeschieden erkennen. Die in den tieferen thonigen Schichten befindlichen organischen Reste gehören Tieren an, die entweder in stark salzigem, brackischem oder ganz marinem Wasser lebten; die letzteren sind zumeist mikroskopisch kleine Schalen von Wurzelfüßlern, die ersteren sind Cyrenen und Cerithien etc. Zudem hält die Folge dieser Schichten am ganzen Süd-Abhang so ziemlich eine bestimmte Ordnung ein, wo nicht etwa noch stärkere Gebirgsstörungen, wie z. B. bei Hochstadt stattgefunden haben.

Wir erkennen also die gleichalterigen Niederschläge auch auf weitere Entfernung hin, sei es aus der Schichtenfolge oder, wie der Geologe sagt, aus dem Liegenden und Hangenden, sei es aus den Organresten.

Unsere hohe Straße hat demnach einen seltsamen Bau; die festen Bänke, sie liegen oben, während die Schichten, welche an sich schon, besonders aber dadurch, daß sie Wasser aufnehmen können, in sich beweglich sind, zum Teil in der Mitte der Abhänge oder am Grunde derselben zu Tage ausgehen. Der Thon ist ja erst dann für Wasser undurchlässig, sobald er von solchem gesättigt, durchfeuchtet ist.

Die unmittelbare Folge hiervon kann recht deutlich u. a. an dem ersten Bahnwärterhäuschen vor Vilbel beobachtet werden. Wenige Meter über dem Bahnkörper sehen wir nämlich Kalkbänke, die wir beim Abstieg von »Rußland« nach unten oben in einem Steinbruch anstehend sahen; ihre Unterlage sind unten schlüpfrige Mergel, mit perlmutterglänzenden Mytilusträmmerchen ganz erfüllt; um weniges tiefer kommen auch die weißen Kiesel der Straßengabel-Sandgrube unzweideutig zum Vorschein. Schichten, die oben 8 m mächtig liegen, sind hier in sehr geringer Mächtigkeit, weil überschoben, zu sehen und, was noch mehr auffällt, in den unterliegenden Thon geradezu eingeknetet. Die Kiesschichten, deren Vielfarbigkeit oben an der Straßengabel »Länsebaum«, in Höhe von 510—520', auch ein ganz ungeologisches Auge fesselt, liegen hier, nur etwa 1 Kilometer nordwestlich, in Höhe 360'; ein ähnliches Verhältnis trifft natürlich auch bei den Kalken zu, die das Hangende jener Sande und Thone sind. Ganze Baumstücke drangen von oben nach unten gegen den Bahnkörper und verschütteten und verschoben denselben, bis das Wasser, das die Sand- und Schleichschichten quellen und fließen machte, abgeleitet wurde.

Für solche Überschiebungen könnten noch einige andere Belege beigebracht werden, als Beweis, daß wir es nicht mit einer ganz lokalen Erscheinung zu thun haben — so das Profil am südöstlichen Abhange des Thälchens bei Vilbel.

Wie oft sind wir schon bei ähnlichen Zeugen eines beweglichen Berges, dessen Sandschichten von Wasser gequollen samt dem hangenden Gebirg auf der thonigen, feuchten Rutschbahn abwärts drängen, vorbei gegangen, indem wir den Weg über Seckbach nehmend, die schöne Aussicht von Bergen als Ziel uns gesteckt hatten. Manchem mag es doch aufgefallen sein, daß dort, wo man vom Straßenkreuz oberhalb Seckbach nun direkt nach Bergen aufsteigt, links der Straße feste Mauern aufgeführt sind. Weiter oben sieht man klaffende Risse in der Ackererde, die sich nicht anders erklären, als durch das Abreißen abrutschender Erdschollen. Kalkpartieen, die im ungestörten Terrain hier etwa die absolute Höhe von 520′ haben, finden sich in der nächsten Umgegend in Höhen von 400—370′ (Senckenberg. Bericht 1884, p. 197 und 198). Es ist deutlich, der Berg ist durch den eingelagerten Triebsand im Treiben nach unten begriffen. Statt nun auf zweckmäßige Weise das Wasser abzuleiten, werden den rutschenden Erdmassen hier Mauerungen entgegengestellt, die sich über kurz oder lang wieder als ungenügend gegen diese treibenden Massen erweisen werden. Etwas u n t e r der Straße Seckbach bis zu obigem Straßenkreuz zieht eine deutliche Terrainkante, gebildet von einer festen Sandsteinbank, die seit vorigem Jahre wieder in einem Bruche offenliegt. Einzelne Lagen dieses Sandsteines sind großplattig, so daß die Schichtflächen deutlich sind. Daß nun aber diese Platten statt nach Süden, vielmehr nach Nordwest, also nach dem Berge zu einfallen, beruht wohl auf derselben Ursache, indem die Bänke, welche ja nur als Nester im Thon eingelagert sind, durch die beweglichen Gebirgsmassen im Ausgehenden nach außen und damit auch nach oben gedrückt wurden.

Am abnormsten sind die Lagerungsverhältnisse bei Hochstadt, wo noch in der Thalsohle Rotliegendes auftritt, und darüber nun die jüngsten Tertiärschichten, die Hydrobienkalke und Hydrobienthone liegen, während der viel ältere Cyrenenmergel, durch seine Leitfossilien gut gekennzeichnet, 500′ hoch, also fast 200′ über dem Mainspiegel oder 170′ über dem unteren Rand der Höhe, auf welcher Hochstadt liegt, ansteht. Es ist zwar im Mainzerbecken Norm, daß an den ehemaligen Uferrändern, z. B. am südlichen Taunusrand die älteren Tertiärschichten die höheren sind, da sich nach der Erklärung Carl Kochs das Becken während seiner Ausfüllung mit Sedimenten von der Mitteloligocänzeit fast unausgesetzt in Hebung befand; im Innern des Beckens müssen aber selbstverständlich die jüngeren Sedimente stets das höhere, die älteren das tiefere Niveau einnehmen. Durch diese Rutschungen ist hier das Verhältnis gerade umgekehrt. Diese Bewegungen dauern fort, heute und in Zukunft, konnten jedoch noch nicht stattfinden, als das Mainthal noch ganz mit den Tertiärschichten erfüllt war.

Wir kennen jetzt die Ursache dieser Störungen, wollen nun aber auch die Frage zu beantworten suchen, seit wann wohl diese Beweglichkeit des Berges, wofür man bei offenem Auge allseits Spuren erkennen kann, datiert?

Zuvörderst seien nun auch die Höhen südlich des Mains zwischen Offenbach und Sachsenhausen einer kurzen Betrachtung gewürdigt. Hierbei gewinnen wir die Überzeugung, daß die Schichten auf der linken Seite des Mains nur die Fortsetzung derer der hohen Straße sind; auch hier, oben die Kalke, unten die Thone; nur reichen vielleicht die Kalke etwas tiefer an den südlichen Höhen. Bei Cementierung des Inneren des Hainer-Tempels oberhalb Sachsenhausen kam kürzlich wieder (in 8 m Tiefe, wo das Wasserrohr aufsitzt) die gelbliche Kalkbank zum Vorschein, welche reich an Abdrücken der Perna des Cerithienhorizontes ist, einem Leitfossil der Cerithienschichten; ihre absolute Höhe ist ca. 400′ üb. A. P. = 129,2 m üb. NN.

Aus der Beschaffenheit der Kiesaufschüttung, welche das Mainthal erfüllt, und in welche der heutige Main eine schmale Rinne sich eingegraben hat, erkennt man, daß es die jüngste Vergangenheit ist, in welcher dieser Transport hierher geschah.

Sand- und Kiesanhäufungen auf der Höhe von Bornheim etc. sagen uns, daß, noch weiter in die Vergangenheit zurückgehend, der Main ein wesentlich höheres Niveau einnahm und sein Bett im

Norden der Stadt, aber auch von Osten nach Westen, hatte. Diesen Weg verrät uns u. a. die Kiesgrube in der Nähe des Klementinen-Hospitals, in der Höhe von 390′, und die großen mit lauter Maingeschieben erfüllten Kiesgruben in der Nähe des Bockenheimer Bahnhofes; ich erinnere auch an den dem Museum vom Tiefbauamt zugegangenen Zahn von *Elephas primigenius* aus dem Kies in der Nähe der Galluswarte. Der Main floß also damals auf der Höhe, das heutige Mainthal existierte noch nicht. Der Main mußte es sich zuerst auswaschen, bevor er es bis zu 20′ mit eigenem Schutt erfüllte.

In Rücksicht auf nachfolgendes bemerke ich hier nur kurz, die ausführliche Beschreibung der Diluvialzeit hiesiger Gegend auf eine spätere Mitteilung verschiebend, daß der Main in der Zwischenzeit eine ziemlich entfernte Rinne sich tief gegraben, oder besser ausgewaschen und auch wieder ausgefüllt hat, bis wahrscheinlich sein Schutt selbst ihn wieder nordwärts in die Richtung seines früheren Bettes abdrängte; es ist dies der **zweite** diluviale Mainlauf, dessen Schutt bis 360′ angehäuft ist, während der heutige der **dritte**, derjenige über Bornheim etc. der **erste** war.

Nun betrachten wir uns das breite Mainthal Hanau-Frankfurt. Wenn auch die Wassermassen gewiß in einer Zeit, die eben das heutige Mainthal entstehen sah, aus Gründen, die ich hier nur dadurch andeuten will, daß es eben die Diluvialzeit ist, die sowohl nach ihrer erodierenden, wie nach ihrer transportierenden Wirkung die heutige weit überragte, viel gewaltiger waren, so ist es doch nicht nötig, sich das Mainthal dauernd von denselben völlig erfüllt zu glauben. Wie jeder Fluß, verlegte auch der Main vielfach seinen Lauf durch seine eigenen Schuttmassen; vom bisherigen Laufe abgedrängt, berührte er einmal als Ufer den südlichen, ein andermal den nördlichen Rand der einander gegenüber liegenden Höhen, unterhöhlte mehr und mehr den Thon und Letten und entführte samt dem Thonschlamm den Kalk, der nun seiner Stütze beraubt, abgebrochen und in den Fluß gestürzt war. Rundend und zertrümmernd schob sie der Main abwärts, dem Rhein zu. So weitete und vertiefte sich das Mainthal von Hanau bis Frankfurt. Schließlich auch jenen tiefliegenden plastischen Thon, den Rupelthon, abspülend, erreichte der Main eine Sohle, die ca. 20′ unter der heutigen Mainebene liegt.

So ist die Uferlinie Hochstadt, Bischofsheim, Enkheim, Seckbach entstanden, zu welcher der Hang sich steil niedersenkt.

Es bedarf kaum der Erinnerung, daß die Diluvialgebilde des ersten Mainstromes, die auf den Tertiärschichten lagen, mindestens bis zum Abhange von Bornheim auch weggewaschen wurden. Ich erinnere daran, daß ich die feinen durchaus gleichförmigen Sande oberhalb Bischofsheim als eine Düne aus jener altdiluvialen Zeit erkannt habe; ihre Höhe erreicht 420′ über Amsterdamer Pegel Senckenberg. Ber. 1883, p. 275).

Wo der Höhenzug zwischen Bornheim und Seckbach einen rechten Winkel macht, also plötzlich von seiner ostwestlichen Richtung in eine nordsüdliche umbiegt, muß (aus vordiluvialer Zeit), wahrscheinlich eine Folge der vielfachen vulkanischen Ausschüttungen, die im Norden, Osten, Süden und für diesen Verwurf resp. Senkung wahrscheinlich am wichtigsten im Westen der hohen Straße stattgefunden haben, eine nicht unbeträchtliche Senkung vor sich gegangen sein, welche den westlichen Flügel des Landrückens, worauf Bornheim und zum Teil auch Frankfurt liegt, traf.

Die Folge hiervon ist, daß, während an dem Ost-West laufenden Süd-Abhange der hohen Straße — Bergen-Seckbach — die festen Kalke ca. 120′ über dem heutigen Mainthal liegen, dieselben dagegen oberhalb Bornheim — oberhalb nach dem Flußlauf verstanden, unterhalb nach der absoluten Höhe — das Mainthal erreichen und wohl auch noch zum Teil bis auf die ehemalige, jetzt von Kies überdeckte Sohle des Mains, welche nahebei von plastischem Thon (Rupelthon) gebildet ist, gehen. (Siehe Senckenberg. Ber. 1884. p. 189).

Hier fand daher die Erosion des jungdiluvialen Mains eine schwerere Arbeit, eine Barre, der er nach Süd auswich; diese südliche Richtung behielt er entlang dem Röderberg, bis er am oberen Ende der Stadt wieder die ursprüngliche Richtung gewann.

Daß dieses letztere geschehen konnte, möchte ich dem Umstande zuschreiben, daß die oberen Tertiärschichten der hohen Straße gegen Frankfurt, also gegen Südwest, nicht allein mehr und mehr an Mächtigkeit zunehmen, sondern allmählich zu vorherrschend aus Letten bestehenden Sedimenten werden, deren Auswaschung und Abwaschung durch das Wasser viel raschere Fortschritte machen mußte, als dies bei festen Kalkbänken stattfinden kann. Gegen das Mainthal zwischen Frankfurt-Sachsenhausen nehmen dann diese Schlammniederschläge, die, wie Ihnen ja wohl bekannt ist, zum größten Teil den Boden Frankfurts bilden, enorm zu. Um nur eine Messung anzuführen. Der Brunnen der Brönnerschen Fabrik, westlich der Bockenheimer Chaussee gelegen, geht mit Ausnahme des oberflächlichen nur 4 m mächtigen Kieses bis zu einer Tiefe von 104 m nur durch die vorherrschend aus Letten bestehenden Hydrobien-erfüllten Schichten, die dann und wann von schmalen Kalkzügen durchsetzt sind. In 104 m vom Terrain ist jedoch noch nicht das Liegende dieser Schichten erreicht.

Was aber diesen Weg des Mains zwischen Frankfurt-Sachsenhausen von vornherein bedingte, muß doch wohl auch jene Senkung aus der Tertiärzeit gewesen sein.*)

Nun ließ sich aber nicht allein eine generelle Senkung der ganzen Erdscholle, die vielleicht bis nahe Flörsheim reicht, konstatieren, sondern auch ein Einfallen der Schichten nördlich des Mains nach Süden, südlich des Mains nach Norden.

Ersteres gelang mir besonders, indem ich den Verlauf einer besonderen Kalkbank (oberhalb und zwischen Seckbach und Bornheim in Höhe 480′ gelegen) von Bornheim (Klementinen-Hospital) 390′ bis nach dem Main in Höhe 300′ und noch südlich desselben verfolgte. Was dies ermöglichte, ist, daß dieselbe ein besonderes Fossil führt, die Schale einer Schnecke, der man eher eine marine Heimat zuschreiben möchte; sie hat ziemlich kurzes Gewinde, zeigt hübsche Berippung, die den Nähten parallel läuft, und endlich einen Kanal für die Atemröhre, wie ihn etwa ein mittelmeerischer Murex hat. Dieser *Stenomphalus cancellatus var. cristata* ist nun noch mit großen perlmutterglänzenden Miesmuscheln (*Mytilus Faujasi*) vergesellschaftet. Diese Schichte senkt sich nach dem Main zu, zieht in der Gegend des Obermainthores durch denselben und steigt wieder gegen die Quirinusstraße in Sachsenhausen auf, wie ich dies des genaueren im Jahresbericht 1884 — Sande und Sandsteine im Mainzerbecken — p. 192 nachgewiesen habe.

---

*) Die beträchtlichere Aufschüttung des Mainthales oberhalb Frankfurts mit Kies als unterhalb (Hafenbau, Niederräder-Schleusenkammer etc.) muß auch einer Stauung des Mains in dieser Thalenge, veranlaßt von durch dieselbe gehenden, festen Bänken, beizumessen sein.

Von dem nördlichen Einfallen der südlich des Mains gelegenen Tertiärhöhen kann Sie etwa noch der Besuch des Eisenbahneinschnittes an der Salpeterhütte nahe der Louisa überzeugen. Derselbe verläuft von der ruinenhaften Ziegelhütte nach der Salpeterhütte etc. rein nordsüdlich. Wo der obere Schafshofweg die Bahn (hessische Ludwigsbahn, Verbindung mit Centralbahnhof) in Sachsenhausen kreuzt, also am ersten Durchlaß waren rechter Hand vor Jahren die zum Corbiculakomplexe gehörigen Thone gut angeschnitten und zeigten deutliches Nordfallen; jetzt sind sie bewachsen und beweisen ihre Beweglichkeit durch abgerutschte und gesunkene Rasenschollen; vielmehr etwa in der Mitte zwischen dem ersten und zweiten Durchlaß steigt nun aber als deutlich erkennbare Terrainkante, eine starke von Corbiculen ganz erfüllte Kalkbank aus der Ebene des Bahnkörpers auf, zieht nach Süd unter einem Einfallen von 10—15° aufwärts und erreicht nahe dem dritten Durchlaß fast die Oberfläche des hier durchschnittenen Lerchesberg, so daß sie dort schon 5—6 m über dem Bahnkörper ausgeht.

Einen neuen Beleg für das Einfallen der Schichten nach dem Main brachte mir unterhalb Frankfurts der Vergleich der interessanten Affenstein-Thone mit denjenigen der Schleusenkammer, welch' erstere nach den Untersuchungen Böttgers die Reste einer Lebewelt enthalten ähnlich derjenigen, wie sie heute auf den westindischen Inseln angetroffen wird. Ein Gleiches ergab sich Böttger und mir nun auch bezüglich der in dem Schleusenkammer-Thon heuer von mir aufgefundenen Mollusken-Fauna. Dies mit noch anderen Umständen, die im Bericht 1884 erörtert sind und im heurigen Bericht erörtert werden, die jedoch hier nicht interessieren möchten, zusammengehalten, macht es mehr als wahrscheinlich, daß diese durch ihre Fauna in unserem Gebiet interessantesten Schichten wohl gleichaltrig sind, also ursprünglich in gleicher Höhe in der Bucht abgelagert wurden. Heute liegen aber die Affenstein-Thone ca. 50' höher, als die der Schleusenkammer: ihre horizontale Entfernung beträgt etwa 3½ km.

Ich werde wohl nicht fehlgehen, wenn ich diesen generellen Verhältnissen einen Grund beimesse. Denselben glaube ich in denselben Umständen zu finden, die auch die Rutschungen nach dem Niedthal und dem Mainthal von der hohen Straße aus veranlaßten.

Es ist die Bildung resp. Ausräumung dort des Niedthales, hier des Mainthales, oder, was dasselbe sagen will, die Wegräumung des Widerlagers für alle diese Schichten, die sie ehedem, als diese Thäler noch nicht existierten, besaßen.

Wenn nun auch, wie ich oben geltend machte, das Mainthal von heute jungen Datums ist, nämlich aus jüngster Diluvialzeit stammt, und auch das Niedthal nicht viel älter ist, so haben sich doch die Mainwasser schon Jahrtausende in der heutigen Richtung gewälzt, hatten ja auch, wie schon erwähnt, oberhalb der Thaleinengung Frankfurt-Sachsenhausen das Mainthal 20′ tiefer ausgewaschen und erst nachträglich auf diese tiefere Sohle 20′ mächtige Sand- und Kiesschichten geschüttet, die z. B. in der Grindbrunnen-Baugrube selten mehr als 1 m hoch sind.

Es sind also oberflächliche Rutschungen, aber in vielleicht noch höherem Maße innere, welche die oberen Schichten nach unten führen, von den unteren Schichten aber mehr und mehr zum Transport zuschieben, somit eine Senkung, ein Einfallen nach dem Fluß herbeiführen, wie wir es thatsächlich beobachten können. Ihren Anfang nahmen sie aber erst, seit der Main in der jetzigen Richtung sein Bett ausgräbt. Daß diese Richtung auch Schwankungen nach rechts und links erfuhr, kann hierfür nur förderlich gewesen sein, da der Main hierdurch in größerer Breite das Widerlager beseitigte.

Von Interesse könnte es noch sein, die Frage zu erörtern, weshalb der fragliche Landrücken sich nach dem unteren Niedthal wenigstens von Eschersheim wesentlich sanfter senkt, während er nach dem Mainthal von Hochstadt bis Frankfurt steil abfällt.

Von Norden kommend, schüttete die Nidda nach der Erosion des Thales, welche natürlich auch hier die Tertiärschichten wegwusch, zu gleicher Zeit, da der Main die Richtung Ostheim, Babenhausen, Schwanheim, Kelsterbach einhielt, eine ebenfalls hohe Terrasse auf. Die Reste derselben sind nun in ziemlichem Betrage noch auf der westlichen Seite des besprochenen Höhenzuges erhalten. Ich erkannte sie von Nord nach Süd zwischen Gronau und Vilbel (rechts an der Straße oberhalb Vilbel und des Dattenfelder Hofes), dann bei Berkersheim und Eschersheim auf Basalt (Rühlscher Basaltbruch zunächst der Niddabrücke, die nach Heddernheim hinüberführt) gelagert. Nun gewinnt sie mehr und mehr an Breite und zeigt sich in ihren oberen Lagen besonders in Ginnheim, wo der feine gelbbraune Sand in mehreren Sandkauten ausgebeutet wird. — Es sind die auf den geologischen Karten als Cerithiensande notierten Ablagerungen. — Kein Wunder, daß die Nidda hier bei Ginnheim so mächtig ihr Material und in solcher Form niedersetzte, wo sie alsbald vom Main in der Flanke getroffen und gestaut wurde. Die gleiche Erscheinung, nämlich Stauung der Nied durch den Main, ist auch heutigen Tages die Ursache ihrer Überschwemmungen. — Während in der jüngeren Diluvialzeit die Nordwestseite des Landrückens wenigstens von Eschersheim an durch die in früherer Diluvialzeit aufgeschüttete Terrasse geschützt war, und die Erosion der Nidda also nur diese traf, existierte ein solcher Schutz im Mainthal nicht; hier traf sie nur die Tertiärschichten; zudem scheinen auch die Wassermassen der jung diluvialen Nied lange nicht so bedeutend gewesen zu sein, wie die des Mains aus gleicher Zeit. Nachdem von letzterem von Hochstadt aus die Kalkschichten durchschnitten waren, hatte er ja leichte Arbeit in den Sanden, Mergeln und Thonen.

Fassen wir nun noch Schichtenverhältnisse, für die erst in letzter Zeit — und dazu trugen zum größten Teil die bei der Herstellung der Mainkanalisation gewonnenen Profile in der Richtung des Mains bei — sich mehr Belege fanden, ins Auge; ich meine das westliche Einfallen der Schichten von oberhalb Frankfurt nach dem unteren Laufe des Mains.

Einer Thatsache thaten wir schon Erwähnung, daß eine Mergelbank mit Stenomphalus und Mytilus in der Nähe des Obermainthores durch den Main zieht. Diese Bank zählt aber zu den untersten Lagen der Sedimente, welche den Boden Frankfurts bilden und welche von Frankfurt hinüber nach den Sachsenhäuser Höhen durch den Main ziehen. Die untersten Lagen liegen also im oberen Lauf des Mains, und ein Einfallen nach Westen ist daher selbstverständlich bei der westlichen Flußrichtung.

Dasselbe bezeugen uns aber noch mehrere Profile, die hier kurz besprochen werden sollen.

Die Angabe Volgers, daß in den Letten des Winterhafens *Cerithium plicatum var. pustulata*, ein Leitfossil für die Corbiculaschichten, sich fand, steht im Einklang mit der Orientierung der Schleusenkammer-Schichten, welche mit den Affensteinthonen zu den obersten Cerithienschichten (Corbiculaschichten) gehörig erkannt sind. Unterhalb Frankfurts stehen also die oberen Schichten an. Zudem ist hervorhebenswert, daß thatsächlich oberhalb Frankfurts nur ältere Tertiärschichten zu Tage gehen — Offenbach — oder wenigstens durch nicht zu bedeutende Grabungen erreicht werden, und daß diese ältesten Tertiärthone unserer Gegend erst wieder weit unterhalb bei Flörsheim zum Vorschein kommen.

Groß war daher meine Erwartung, als die Raunheimer Schleusenkammer — nur etwa 1/4 Stunde von den alttertiären Thongruben Flörsheims mainaufwärts gelegen — ausgehoben wurde. Der erwartete Flörsheimer Thon kam jedoch nicht; statt dessen erschienen in ca. 7 m Tiefe dieselben gut charakterisierten grauen, feinen Sande mit weißen Kieseln, wie sie sich auch in der Tiefe des Klärbassins fanden. — Hier in Raunheim bemerkte ich sie zuerst und erkannte sie sofort als das oberste Tertiär, während ich doch das tiefste Tertiär erwartet hatte. Es muß also zwischen der Raunheimer Schleusenkammer und den Flörsheimer Thongruben ein bedeutender Verwurf existieren — die eine und zwar die untere Verwurfslinie einer großen nach der Tiefe gesunkenen Erdscholle. So setzen sich also diese jungtertiären Sande vom Klärbassin am Roten Hamm, also nur 1/2 km von den untermiocänen Thonen der Niederräder Schleusenkammer, bis zu dieser Verwerfungsspalte fort. Bei Kelsterbach und Okriftel wurden sie jedoch wohl zum großen Teil erodiert, und an ihre Stelle die Schuttmassen des Ostheim-Kelsterbacher Mains in Mächtigkeit von mindestens 25 m abgelagert.

Halten wir aber das Profil von Raunheim mit dem von Bad Weilbach zusammen, so erwächst uns ein neuer Beleg von dem Einfallen der Schichten nach dem Main, da eben diese obertertiären Sande, wie sie Koch nannte, beim Bad Weilbach, also 2 1/2 km nordnordwestlich, in Isohypse 390′, die Raunheimer in 270′ Höhe liegen.

Stimmt nun die in der Richtung des Mains bisher angeführte Reihenfolge der Schichten mit dem behaupteten westlichen Einfallen derselben überein, so zeigte sich solches auch evident im Profil an den Letten der Niederräder Schleusenkammer; jene schwarzen, kalksandigen Schichten, welche mit den Letten wechsellagerten, hatten fast durchweg ein westliches Einfallen (trotz des oberflächlichen Aufsteigens der Tertiärschichten nach Westen). Sie können es an den vorliegenden schönen Photographien dieser Profile deutlich erkennen.

Das in der neuen Grindbrunnen-Baugrube sich darbietende Profil hätte ich der **Lage** nach schon früher aufführen müssen; denn anfangs bei der Zickzackbrücke zeigten die dortigen Bänke ca. 100 m lang ein ganz normales, **westliches** Einfallen. Der Verlauf der Schichten ist hier besonders deutlich zu beobachten, dadurch, daß die grauen Lettenschichten mit plattigen und dickbänkigen Mergelkalken wechsellagern, die auf weite Entfernung hin im Zusammenhang zu verfolgen sind und hierbei je ihre Mächtigkeit ziemlich genau beibehalten, daher auch aufs deutlichste dieses westliche Einfallen zeigten. Zu meinem großen Erstaunen stieg aber eben in Entfernung von 100 m bei weiterer Ausräumung und zwar anfangs steil (fast 25°) das Tertiär gegen Westen auf, so daß die westlicher oder mainabwärts liegenden Schichten nun östlich einfallen; dieser aufsteigende Teil der nun voll und ganz durchschnittenen Mulde bezeugt also eine stärkere Störung der Schichten.

Erst in einer Entfernung von 200 m von der Zickzackbrücke, nachdem sich auch das westliche Aufsteigen der Schichten mehr abgeflacht hat, bemerkt man wieder einen entschiedenen Ansatz zum westlichen Einfallen, und bis 400 m verlaufen die Mergel und Thonschichten noch in 3 Falten, während die erste Mulde, entsprechend nach Osten ergänzt gedacht, ca. 240 m spannt; mainabwärts findet also dieser Wechsel von Sattel und Mulde in wesentlich kürzeren Distanzen statt. Welch gewaltiger Druck gibt sich hier besonders in der wellenförmigen Biegung von festen, bis 1 m dicken Mergelbänken kund! Kein Wunder, daß dieselben in tausende und abertausende kantiger Trümmer zer-

Fig. 2.

Maßstab für die Länge 1:10000. Maßstab für die Höhe 1:1000.

Ideales Längsprofil von der Main-Neckar-Eisenbahnbrücke bis zum Roten Hamm.

I Main-Neckar-Eisenbahnbrücke. *II* zweite, *III* dritte Eisenbahnbrücke. *Z* Zickzackbrücke. *Schl* Schleusenkammer Niederrad und Nadelwehr mit Kalksinterstücken. *P* Basalt am Pol. *Kl* Klärbecken am Roten Hamm.

A Alluvium. *D* Junges Diluvium. *Pl* Pliocänsande mit kleinem Braunkohlenflötz. *T* Tertiärletten und -Mergel. *H* Hafenbaugrube mit gefalteten Tertiärmergel und -Letten.

drückt wurden; später wurden diese wieder mit Braunspat verkittet und stellen jetzt dank einer dünnen Rindenschicht nebeneinander liegende, mächtige, gerundete Knollen dar. Wo die Dicke der Mergelbänke nicht so beträchtlich ist, zeigen sich solche nur senkrecht zerklüftet. Die Thonbänder dagegen folgen, ihrer plastischen Beschaffenheit entsprechend, ohne Bruch dem Faltenzug. Um uns die dank der Plastizität der Schichten hier sich als Seitendruck äußernde Kraft ganz zu vergegenwärtigen, müssen wir uns die Massen im oberen Teile des Mainthales Hanau-Frankfurt ergänzt denken, die seit verhältnismäßig kurzer Zeit der Fluß entführt hat.

Wer mag nun die Ursache an diesen abnormen, en miniature an die Erscheinungen im Jura (Önsinger und Mümiswyler Klus) erinnernden Lagerungsverhältnissen tragen? Sind es die nahen, von unten nach oben aufsteigenden, festen Kalksinterstöcke der Niederräder Schleusenkammer (Ber. 1884), welche beim Bau des nördlich gelegenen Nadelwehrs sich nach Norden fortsetzend beobachtet wurden, und welche, gleich Massengesteinen, nicht plastisch, nicht nachgiebig, der durch den Druck von Osten bewirkten Rutschung, also dem Ausweichen nach Westen eine Stauung bereitet haben, oder ist es die noch weiter unten, am Ende des Unterkanals vorgelegte Basaltbarriere, welche in einer Breite von 80—150 m quer durch den Main geht? Das Erstere ist, wenn ausreichend, wohl das Näherliegende, besitzt aber als Widerlager nicht den Zusammenhang wie ein weit sich querlegender Basaltgang, da eben jene Sinterpfeiler von Lettenschichten allseits getrennt sind (siehe Längsprofil auf Seite 173).

Wenn auch an sich schon ursprünglich die jüngeren Tertiärbildungen gegen Frankfurt und in Frankfurt enorm an Mächtigkeit zunehmen, wohl durch eine Senkung während ihrer Ablagerung bedingt, so mußte sich doch auch ihre Mächtigkeit durch die in diesem westlichen Einfallen sich kundgebende Rutschung der nachgiebigen, durchfeuchteten Lettenschichten in noch höherem Maaße mehren.

Erlauben Sie mir noch kurz das Endresultat unserer Erörterung zu resumieren.

Es ergab sich:

1. daß die Tertiärschichten rechts und links des Mains nach dem Main, auch links der Nied nach dem Niedthal zu einsinken, aber auch

2. daß dieselben außerdem noch nach Westen einfallen, also in der Richtung, nach welcher sich allmählich in unserer Gegend das Becken füllte, resp. einengte,
3. daß diese Dislokationen einmal dem Druck der aufliegenden Gebirgsmassen, dann der Natur der Tertiärschichten, sofern sie zum größten Teil durchfeuchtete, nachgiebige Letten- und Sandmassen sind, endlich der Beseitigung des Gegendruckes, oder Widerlagers durch Erosion der den Landrücken, überhaupt die Höhen begleitenden Thäler — Ausweichen der Schichtenlager gegen die Thäler — zuzuschreiben sind,
4. daß daher diese Dislokationen zum größten Teil aus relativ junger Zeit herrühren, und endlich
5. daß vordiluviale Senkungen modifizierend auf die Richtung jener Erosion eingewirkt haben.

Die Tertiärletten und -Mergel in der Baugrube des Frankfurter Hafens.

Von

Dr. phil. **Friedrich Kinkelin.**

Mit Profiltafel. Verjüngung 1 : 500.

Die Baugrube, deren geologischen, höchst interessanten Verhältnissen diese Beschreibung gewidmet ist, wurde zum Zwecke der Herstellung der nördlichen Quaimauer für den Frankfurter Handels- und Sicherheitshafen ausgehoben.

Das beiliegende Profil derselben (am 16. Juli 1885 wurde die Aufnahme beendigt) erstreckt sich auf 580 m der Länge nach, läuft fast Ost-West, also hier dem Main und dem bisherigen Winterhafen parallel.

Die Oberkante derselben hält ziemlich das Niveau, sie schwankt nur zwischen 93,8 und 94,3 m über Normal Null. Die Ausräumung geschah vom Anfang der Baugrube — d. i. jetzt nördliches Ende der Zickzackbrücke, später einspringende Ecke nach der Schleuse — in der Längserstreckung von 520 m bis zur Ordinate 85,5 m über N. N.; von da an also 520 m vom Anfangspunkt hebt sich die Baugrubensohle, so daß sie schließlich mit ihrem Betonbelag das Niveau der korrigierten Mainsohle erreicht.

Das Profil gliedert sich in 3 deutlich unterschiedene Schichten von oben nach unten:

1. alluvialer Aulehm,
2. jungdiluvialer Kies und Sand,
3. untermiocäner Letten mit wechsellagernden Mergelbänken und -Streifen.

12

Die Tertiäroberkante hatte bei 0 (Zickzackbrücke) eine absolute Höhe von 91 m und senkte sich nur schwach bis 470 m von 0, wo ihre Höhe 89 m betrug; in der Entfernung von weiteren 60 m nach West liegt sie in Ordinate 87 oder 87 m über N. N.

Die Tertiärletten wurden zur Aufnahme der starken Quaimauer in einer Breite von 10 m ausgeränmt.

Das Hangende der Tertiärschichten ist 2,8—3,3 m mächtig und besteht aus:

1. ca. 2,3—2,8 m mächtigem Aulehm A, d. i. der Schlammrückstand bei Überschwemmungen; in seinen unteren Partieen ist er sandig und führt gerade über der Schichtfuge gegen den schlichigen, graugrünen Sandstreifen, mit dem er nach unten abschließt, eine Unzahl von Süßwasser-Konchylien, unter welchen besonders zahlreich *Bythinia tentaculata*, *Limnaeus auricularius*, *Limnaeus contractus*, *Limnaeus ovatus*, *Limnaeus truncatulus*, *Planorbis carinatus*, *Planorbis marginatus*, *Succinea Pfeifferi*, *Succinea putris*, *Valvata piscinalis*, *Valvata cristata*, *Vallonia pulchella*, *Ancylus fluviatilis*, *Sphaerium corneum*, *Unionen*.

Der Lehm enthält nicht selten stark ausgesüßte und zerbrechliche Knochenreste.

Die schlichige Schicht, welche das Alluv gegen den jungdiluvialen Kies und Sand deutlich abgrenzt und wellig verläuft, schwankt zwischen 1—4 dm; in ihr erhielten sich die zahlreichen Knochenreste sehr gut; unter ihnen fanden sich besonders häufig Geweihstücke, ja fast ganz unverletzte Geweihe von *Cervus elaphus;* am Unterkanal der Niederräder Schleusenkammer, wo diese Schlickschicht besonders stark entwickelt ist, befand sich unter den Knochen, die zumeist von den Arbeitern verkauft und verschleudert wurden, auch der Oberschenkel eines Menschen. Wo diese Schicht in der Hafenbaugrube am mächtigsten war, enthielt sie außerdem noch viele, stärkere Baumstammstücke. Ich konnte den Horizont dieser Schlickschicht mainabwärts noch in der Baugrube der Schleusenkammer und des Nadelwehrs Höchst — hier 3 dm stark — verfolgen.

Das Alter dieser Sedimente erkennen wir aus den von Herrn Abteilungs-Baumeister Düsing im Unterkanal gefundenen römischen Thonwaren, welche im Museum von Wiesbaden aufbewahrt werden.

Jene Thonwaren sind eine römische Urne mit Knochenüberresten und eine römische Lampe; in der Urne befand sich auch eine römische Münze.

2. Der Kies und Sand D, an einigen Orten gegen oben in einem dünnen Streifen durch Brauneisen braungefärbt, führt die Kiese des Mains; in denselben sind neben Buntsandstein, Lydit und Quarz nicht selten Spessartgneiße, selten auch Tertiärkalke, z. B. mit *Corbicula* erfüllte Kalkstücke. Nicht selten sind Buntsandsteinblöcke von beträchtlicher Größe — bis 60 cbdm. Diese Kiese scheinen mir richtiger jungdiluvial bezeichnet, u. a. weil sie eben diese Blöcke in großer Menge führen, deren Transport ein anderes Klima, als es seit ca. 2000 Jahren besteht, voraussetzt.

Diese Terrasse schwankt in ihrer Mächtigkeit zwischen 1,0 bis 0,5 m; wo sie bei k_4 in 470—530 m auf einer älteren Flußterrasse ruht, wird sie sogar 2 m mächtig. Die tertiäre Oberkante erstreckt sich nämlich von Ost nach West von 91—89—87 m über N. N. Auf die Mitte der Hafenbaugrube bezogen, liegt die Mainsohle ungefähr in 88,9; längs derselben schwankt sie zwischen 88,5 – 89. Da die obere Grenze der Kiese in der Grube, d. i. die Schlickschicht, nach der gefälligen Bestimmung von Herrn Ingenieur Zimmer 91,28 ist, so liegen diese Kiese ca. 2—2,5 m höher als die der Mainsohle.

Die Tertiärschichten.

Die Tertiärschichten, auf welche sich diese jungen fluviatilen Bildungen ablagerten, müssen, obwohl ihr innerer Bau eine nichts weniger als ebene Oberfläche erwarten ließe, durch Denudation und Abschwemmung jene oben schon erwähnte fast söhlige resp. wenig geneigte Oberfläche (2 m Gefäll auf 470 m, also 0,43%) erhalten haben. Festere und mächtigere Mergelbänke ragten über diese Jahrtausende lang — bis zur späteren Diluvialzeit — kontinentale Oberfläche hervor, um schließlich von Mainkies und Sand umhüllt zu werden.

Die Hauptmasse dieses Schichtkomplexes ist ein grauer Letten, der verschieden helle und verschieden dunkle Streifen zeigt, und in welche verschiedene Mergel- und Kalkschichten eingelagert sind, die in folgendem im allgemeinen charakterisiert werden sollen:

1. Am auffälligsten sind die in sich abgeschlossenen, linsenförmigen Septarien, deren Klüftungsflächen vielfach, doch nicht immer von weingelben, spitzrhomboedrischen Kalkspatkrystallen überkrustet sind. Ihr Längsdurchmesser ist sehr verschieden

erreichte aber bei mehreren 2 m. Gewöhnlich sind die durch das Eintrocknen und Bersten des Mergels im Innern, also durch radiäre Kluftung entstandenen Septen von der ganzen Peripherie der Linse aus nach innen sich verjüngende, abgestutzte Pyramiden; die die Septen an der Peripherie zusammenhaltende Rindenschicht ist meist sehr dünn, so daß es nicht gelingen kann eine schon durchschnittene Septarie im Zusammenhange herauszulösen. Erst später haben dieselben durch Infiltration jene spätigen Krusten erhalten. Mehrfach sind fein zerstreute Pyritkryställchen eingestreut zu beobachten. Durch eine die abgeborstenen Pyramiden an der inneren und an den seitlichen Seiten überziehende, also unter der Kalkkruste gelegene braune Zone erkennt man, daß, wo eben diese Zone sich zeigt, diesem Überkrustungsprozeß nicht allein die Zerklüftung vorausging, sondern unmittelbarer die Oxydation der eisenhaltigen Oberfläche der durch Zerreißen gewordenen Pyramiden oder Septen.

Einer großen Septarie, von welcher Teile im Museum ausgestellt sind, sei besonders gedacht: dieselbe zeigte sich mitten, also in der Höhenachse von einem fast drehrunden, cylindrischen Pfeiler von oben bis unten durchsetzt.

Diese Septarien sind schon aus dem Jahre 1853 vom Bau des Winterhafens her bekannt.

Solche Winterhafen-Septarien mit den spitzrhomboedrischen Kalkspäten sollen auch beim Kanalbau in Unter-Lindau aufgefunden worden sein.

2. Mergelknollenbänke. Die Mergelknollen, die man ihrer Entstehungsgeschichte nach Mergelbreccien nennen dürfte, sind Teile von stärkeren, bis 1,0 m mächtigen Mergelbänken, welch letztere also aus meist abgerundeten, gegeneinander durch eine dünne, zusammenhängende Rindenschicht individualisierten Knollen bestehen. Im Inneren nach allen Seiten zerklüftet und mit Kalk und Braunspat wieder verkittet, stellen sie eine wahre Mergelbreccie dar. Die Hunderte kantiger und nun wieder verkitteter Mergelstücke zeigen glattmuscheligen Bruch. Sie scheinen selten Versteinerungen zu führen.

Ein frei herausgelöster Mergelknollen *) mißt fast nach allen Richtungen 0,9 m.

*) Wir danken es dem städtischen Tiefbauamt durch gütige Vermittelung des Herrn Reg.-Baumeister Stahl, daß der höchst instruktive Durchschnitt einer dieser zu einem Knollen verbundenen Mergel-Breccien im Museum zur Aufstellung kommt.

3. Plattige Mergel, wenig zerklüftet, oft ganz erfüllt mit Hydrobien, Cyprisschälchen und Dreissenien.

4. Dünnplattige Mergelzüge, weißlich, grau und braun, stark zerklüftet, mehr oder weniger, aber nur in einer zur Schichtfuge senkrechten Ebene.

5. Durch Einmengung gelblichen Kalksinters in den Thon sandig erscheinende, wenig kohärente Züge; ein solcher in der Profiltafel mit »cer« bezeichneter Zug führte in seinem ganzen Verlauf, wenigstens so weit er zu verfolgen war, das Leitfossil der oberen Untermiocänschichten, das *Cerithium plicatum pustulatum*, dann auch ungemeine Mengen von leider völlig durch Aussüßung und Gebirgsdruck zertrümmerten, in Splitter zerfallenen *Mytilus Faujasi*. Dieser sandige Zug »cer« hat in manchen Partieen Septarien, deren Septen jedoch nicht kalkspätig überkrustet sind. Der sandige Kalksinter verläuft meist in wellig verbogenen dünnen Lamellen.

6. Dünne, weit durchziehende, gelblich weiße Kalkmergelstreifen, u. a. reich an *Hydrobia inflata*.

7. Dunkelgraue dünne Mergelstreifen.

8. Dickere, nicht oder wenig zerklüftete, graue Thonbänke; eine solche (siehe Profiltafel »v«) führte neben *Cerithium (Bittium) plicatum pustulatum* noch große Mengen von *Potamides margaritaceus conicus* auf der oberen Schichtfuge, *Hydrobia ventrosa*, *Hydrobia obtusa*, *Stenothyra n. sp.* (aus Cerithien ausgewaschen) und *Cypris cf. faba* auf der unteren; sie war überhaupt die an Fossilien reichste Schicht, sodaß es nur zu bedauern war, daß sie, da sie in der Ebene der Baugrubensohle lag, nur kurz offen war. In ihr lagen u. a. ziemlich gut erhaltene Reste von *Perca Moguntina* und das Skelett eines Vogels, das jedoch leider nur zum Teil in meine Hand kam.

Die Grundmasse, ein grauer gleichförmiger Letten, der beim Trocknen und durch Frost in meist dünne Thonplättchen sich zerspaltet, führt außer denselben oft ganz erfüllenden Hydrobien und Cyprisschälchen häufig noch einzelne, zerstreute Fischreste, Schuppen, Gräten, Wirbel etc.

Das Interessanteste ist nun, daß diese unter sich parallelen Schichten, die vielfach miteinander wechsellagern, nicht horizontal liegen, wie sie abgelagert wurden, sondern wellig in Mulden und Sättel verlaufen. Beim Beginn der Baugrube, welche

Ost-West läuft, zeigte sich zuerst ein Einfallen nach Westen, wie es sich mir als allgemein zutreffend für diese Gegend ergeben hatte (siehe Geologische Tektonik von Frankfurt a. M., Bericht 1885) und zwar auf eine Strecke von ca. 100 m. Nun steigen aber die Mergelzüge (siehe Profiltafel) westlich aufwärts, was von allen Zügen gilt, welche im Osten der Baugrube nach Westen eingefallen waren, sodaß sich bald eine weite, 180 m spannende Mulde — bis Mergelzug i — darstellte. Die nächste Mergelbank k zeigt nun aber alsbald durch Einfallen nach Westen einen kleinen, flachen Sattel. Im Profil zeigen sich nun noch — soweit dasselbe angeschnitten ist — vier mehr oder weniger flache oder steile Falten. Die erste Mulde im Osten von k bis k mag 240 m betragen, wenn man die von g bis k vorhandenen Züge im Osten ergänzt. Die westlichen Mulden sind alle wesentlich kürzer.

Die im Westen über Bank k liegenden Schichten konnten mit den im Osten das Hangende von k bildenden nicht zusammengezogen werden, da im Westen jene mächtige Knollenbank i sich nicht mehr einstellte. Daß aber eine westliche Schicht nicht wirklich die Fortsetzung von i ist, kann schon um deswillen nicht bezweifelt werden, da an manchen Stellen die lithologische Beschaffenheit desselben Zuges sich ändert, was z. B. vom Zug l gilt.

Worauf ich noch aufmerksam machen möchte, ist, daß manche Stellen dickbänkiger Bänder aus der Stellung der durch Zerklüftung getrennten Knollen erkennen lassen, daß eben da der Faltung ein größeres Hindernis, das eben in der Stärke der Bank lag, sich entgegengestellt hat.

Da im Westen die Baugrube 1 : 40, also auf 114 m Strecke von 85,5 auf 88,8 steigt, so wird das Tertiär je westlicher in desto geringerem Betrag angeschnitten und die Betonoberkante kommt sogar am Ende dieses Aufsteigens auf die korrigierte Mainsohle = 89,8 hinaus. Weil sich nun aus dem niederen tertiären Profil in dieser Strecke mit Sicherheit nicht der weitere Zusammenhang rekonstruieren ließ, so wurde hier die Aufnahme abgeschlossen. Mehrfach zeigen hier die Tertiärschichten ein Einfallen von 30°.

Obwohl die Baugrube im Tertiär nur 10 m breit war, also das nördliche und südliche Profil nur 10 m entfernt waren, konnte doch an einigen Stellen beobachtet werden, daß die im nördlichen Profil anstehenden Schichten etwas höher liegen, als die entsprechenden im südlichen Profil, was also auch ein Einfallen der Schichten nach dem Main kundgibt.

Ohne — von der Schicht k an — die Entwickelung der Schichten nach West zu berücksichtigen, da sie eben von k, wie schon erwähnt, mit den östlichen Falten nicht identifiziert werden können, scheint die Mächtigkeit des Schichtkomplexes — die Falten also wieder in ihre ursprüngliche horizontale, ebene Lage gebracht — von Schicht a—n ungefähr 40 m zu betragen, so daß der durch *Cerithium plicatum pustulatum* orientierte Horizont unter der Schicht a ca. 37 m läge; ein Bohrloch innerhalb der Mulde aa erreichte also die Schicht »cer« erst in ca. 37 m Tiefe oder in ca. 54 m über A. P. Obwohl ich keinen Grund hatte, an der Angabe Volgers, die ich im Ber. 1884 p. wiedergegeben habe, zu zweifeln, so waren wir doch sehr erfreut, als uns greifbare Beweise für den bisher angenommenen, geologischen Horizont des Schichtkomplexes nun vorlagen.

Da dieses Cerithium trotz des mächtigen Schichtenkomplexes — ca. 40 m — sich nur in zwei den tieferen Partieen desselben angehörigen, einander nahe liegenden Schichten auffinden ließ, so möchte es doch wohl wahrscheinlich erscheinen, daß an allen den Lokalitäten, wo *Cerithium plicatum pustulatum* sich in Frankfurter Letten fand, derselbe geologische Horizont vorliegt, umsomehr, da an fast allen Lokalitäten, von welchen Gesteinsproben vorhanden waren (Oberweg, Wöhlerstraße), die petrographische Beschaffenheit mit derjenigen der oberen Cerithienschicht vollständig übereinstimmte und doch gerade diese erdige, kalksinterige Schicht in dem großen Profil der Hafenbaugrube fast einzig ist.

Sofern diese Schicht an den verschiedenen Lokalitäten genau bekannt wäre, so ließe sich ihr Verlauf im Frankfurter Boden herstellen. Unter diesem Gesichtspunkte werden daher folgende Angaben von größerem Interesse sein — vielleicht ein Anfang, den mächtigen Frankfurter Thonkomplex etwas zu gliedern.

Böttger*) fand *Cerithium plicatum pustulatum* längs der Bornheimer Landstraße (hier auch unbedeutende Reste von barschartigen Fischen) und beim Ventilationsturm, etwa 2 m unter Terrain; außerdem erwähnt Böttger noch Brunnengrabungen in

*) Beitrag zur paläont. u. geolog. Kenntnis d. Tertiärformation. Inaugural-Diss. 1869, p. 29.

der Finkenhofstraße und nahe dem Hanauer Bahnhof, wo er an der Halde *Cer. plicatum pustulatum* mit der sehr schön erhaltenen Tibia eines kleinen Sumpfvogels fand; bei gleicher Gelegenheit sammelte Herr Carl Jung in der Stallburgstraße in Haensels Garten dasselbe Fossil.

Bei einer Brunnengrabung fand Böttger auch die Percaschicht (*Perca Moguntina* lag in der Hafenbaugrube in derselben Thonschicht v in größerer Zahl, wo auch *Cerithium margaritaceum conicum* mit *Cerithium plicatum pustulatum* vergesellschaftet war, etwa 1—2 m unter der kalksandigen Schicht »cer«) in der Biegung der Friedberger Landstraße nach der eisernen Hand.

Im Museum befindet sich *Cerithium plicatum pustulatum* aus der kalksandigen Schicht vom Oberweg.

Ich fand sie im grüngrauen Letten in ca. 4 m Tiefe in der Zeißelstraße und in der Nähe der Neuhofstraße.

Herr Baurat Lindley beschenkte das Museum mit einem Thonklotz, ganz durchspickt mit *Cerithium plicatum pustulatum*; derselbe wurde in der Wöhlerstraße, 150 m nördlich von der Bockenheimer Chaussee in 4 m unter Terrain, im Ordinate 98 gelegentlich der Ausgrabungen für den neuen Kanal aufgefunden. Die Gesteinsbeschaffenheit dieses großen, fossilreichen Stückes ist derart, daß man glauben könnte, es stamme aus der oberen, kalksandigen Cerithienschicht der Hafenbaugrube. In demselben fanden sich auch einige Bruchstücke von *Cerithium margaritaceum conicum* Bttg., in großer Zahl *Hydrobia obtusa* Sdbg., ein Exemplar *Stenothyra Jungi* Bttg., ebenfalls in einem Exemplar *Planorbis dealbatus* ABr. und Schlundzähne von *Alburnus miocaenicus* Kink.

Leider ist von den meisten dieser Fundstellen die Tiefe, in welcher *Cerithium plicatum pustulatum* gefunden wurde, nicht notiert, was eigentlich das größte Interesse hätte; so erkennt man eben nur die ziemlich allgemeine Verbreitung im Norden der Stadt.

Bezüglich der eben erwähnten Orientierung sind dann wohl auch alle Notizen über das Vorkommen von *Cer. margaritaceum conicum* vom selben Interesse; es wurde von Böttger (Palaeont. XXIV, p. 198) diese für die Corbiculaschichten charakteristische Form z. B. in der Stallburgstraße und an der Friedberger Warte gefunden und war daselbst nicht selten; in diesen Lokalitäten war sie, wie es scheint, begleitet von *Cer. pustulatum*, da Böttger angiebt, er habe diese daselbst auch konstatiert. Die Fossilien kamen in der Stallburgstraße in Hänsels Garten aus ca. 4 m Tiefe (Carl Jung) und an der Friedberger Warte aus 40' Tiefe; außerdem erwähnt Böttger noch schöne Reste von Percoiden und Cottus- und Gobio-Arten.

Mit der Form *Cer. margaritaceum conicum* stirbt nun bei uns die Art *Cerithium margaritaceum* aus, welche schon en masse im brackischen Cyrenenmergel vorkommt, und mit ihr überhaupt alle bisher mit dem Genusnamen Cerithium bezeichneten Tiere.

Von den Pflanzenresten, welche Ludwig zu einer inhaltsreichen Abhandlung — Fossile Pflanzen aus der mittleren Etage der Wetterau-Rheinischen Tertiärformation, Palaeont. V, p. 132—151 — das hauptsächlichste Material lieferten, konnten in der eben beschriebenen Baugrube, die parallel dem Frankfurter Winterhafen läuft und jetzt nur noch durch einen schmalen Streifen von letzterem getrennt ist, kaum Spuren aufgefunden werden. Das Erheblichste war ein großes Stück holziger hellbrauner Braunkohle in einer Mergelplatte; in der Cerithienschicht »cer« fand ich auch dunkle Braunkohle. Ganz neuerdings erst, noch etwas südöstlich von der beschriebenen Baugrube, wo die oberste Schleuse hinkommt, fand ich ein paar Blattabdrücke. Die pflanzenführenden Mergel gehören danach zu urteilen höher gelegenen, auch wohl südlicher gelegenen Schichten an und werden hoffentlich noch bei Ausweitung und Vertiefung des Winterhafens erscheinen.

Was die Zeit angeht, zu welcher die oben beschriebenen Faltungen stattfanden, so ist eben aus dem Freiliegen der von Kies und Sand umgossenen Mergelknollen ersichtlich, daß sie wenigstens der Hauptsache nach längst vollendet waren, als der Main seinen Kies hier aufschüttete, daß sie geschahen, als die Tertiärschichten durch Denudation auch in ihrer Mächtigkeit gemindert und also von aufliegenden Massen nicht mehr zu sehr beschwert waren.

Um der Erinnerung an den seltenen Anblick gefalteter, mitteltertiärer Mergelbänke alles Subjektive zu nehmen — ist es doch seltsam, daß diese Sattel- und Muldenbildungen niemandem, auch nicht Dr. Volger auffiel, welch' letzterer, trotzdem er die Winterhafen-Baugrube beschreibt, derselben mit keinem Worte gedenkt —, ließ ich von Herrn Photograph Böttcher dahier das Profil derselben zur Aufstellung im Senckenbergischen Museum zum größten Teil aufnehmen.

Die Strecke f—m, also eine Erstreckung von ca. 170 m, zusammengesetzt aus 17 Einzelaufnahmen, stellt in einem Bild nun wahrheitsgetreu den Verlauf der Mergelzüge dar. Wo die Photographie weniger deutlich ist, da tragen über die Tertiärwände gerutschte Sande die Schuld. Schwierigkeiten bot die Aufnahme dadurch, daß nicht immer eine von dem Profil gleich entfernte Aufstellung durch den photographischen Apparat genommen werden konnte. In einer weiteren Aufnahme wurde das zwischen den Septarien sp—sp liegende Gewölbe allein dargestellt (5 Einzel-Aufnahmen).

Eine neue Überraschung stellte sich in dem Teil der Baugrube, der von der Zickzackbrücke zwischen 470 m und 530 m entfernt ist, ein.

Hier lagert sich diskordant an die Tertiärletten eine im Niveau der Tertiäroberkante ca. 60 m, im Niveau der Baugrubensohle 49 m breite Flußterrasse an. In diese Tertiärschichten eingebettet, durchquert sie dieselben von Nord nach Süd. Die unteren Schichten dieser Terrasse, welche sich mit einem dünnen eisenschüssigen Band an die Tertiärschicht anlegen, bestehen aus z. T. stark gerollten Kieseln; viel kleinere sind dagegen nur an den Kanten abgerundete Quarzkiesel.

Diese Kiesel scheinen zum größten Teil Abkömmlinge des Taunus zu sein, also dem sandigen Taunusquarzit und den Quarzitgängen des Taunus zu entstammen; eben daher kommen wohl auch stark gerollte rote Glimmerquarzite; ein dem Rogenstein ähnelndes Geschiebe kommt aus dem Tertiär der unteren Wetterau (Rußland b. Vilbel?); ein kantiges Jaspisstück stammt wohl aus dem Rotliegenden. Sollten dieses die weißen Kiesel sein, von welchen Volger *) schreibt: »Am Grindbrunnen treten einzelne kalkig mergelige Schichten auf, welche sich mit den Geschieben von Milchquarz, die für den »Cerithiensand« so sehr bezeichnend sind, reich erfüllt zeigen (ganz wie oberhalb Vilbel der »Litorinellenkalk« und ebenso bei Kleinkarben), ja auch ein reines Lager blendendweißer Quarzgeschiebe ward aufgedeckt — Alles im »Litorinellenthon« etc.«

Über der Geröllschicht liegt ein feiner, gelblicher Sand, der nach oben in ein schlichiges, graues Sandlager übergeht; diese

*) Beiträge zur Geologie des Großherz. Hessen etc. 1858, I. Heft, p. 28.

beiden Sande folgen sich nach oben nochmals, bis sich auch auf diese Terrasse, wie auf die Tertiärletten, die jungdiluviale Mainterrasse auflagert; hier nun in einem ganz ansehnlichen bis 2 m hohen Profil, da die Oberkante der Tertiärschichten sich von 89 m auf 87 m Ordinate von einem Ufer dieser älteren Terrasse bis zum anderen gesenkt hat.

Den besten Dank, den ich hiermit öffentlich ausspreche, schulde ich für die freundliche Förderung den Herren Reg. Baumeister Stahl, Ingenieur Zimmer, Ingenieur Sinzig, Ingenieur Müller und Bauaufseher Bischoff.

Fossilien der Hafenbaugrube.

Die Fossilien, welche sich in der Hafenbaugrube gefunden haben, sind mit Ausnahme der *Paludina pachystoma* Sdbg. und zweier Blattabdrücke alle in den beiden Cerithienschichten vertreten:

Dieselben sind:

Das zweiwirbelige Kreuzbein eines *Lutra* ähnlichen Raubtieres, ausgezeichnet 1. durch innige Verknöcherung der beiden Wirbel, 2. durch Auftreten je eines stielförmigen, ebenfalls verknöcherten Fortsatzes jederseits, welcher hinten mit einer Gelenkfläche endigt und 3. durch rasche, kegelförmige Verjüngung nach hinten, in der unteren Cerithienschicht.

Verschiedene Skelettteile eines cormoranartigen Vogels, in der unteren Cerithienschicht.

Perca Moguntina H. v. Myr, mehr oder weniger vollständige Skelette; auch die zerstreuten Kammschuppen werden wohl hierher gehören.

Alburnus miocaenicus Kink., Schlundzähne, in der unteren Cerithienschicht.

Diverse Fischreste, darunter Wirbel- und Gehörknochen.

Helix subgen. Pentataenia, 1 Exemplar, in der oberen Cerithienschicht.

Bittium plicatum pustulatum (Al. Br.), sehr häufig, jedoch nur in den beiden Cerithienschichten.

Potamides margaritaceus conicus (Bttg.), zahlreich, jedoch bisher nur in der unteren Cerithienschicht.

Paludina pachystoma Sndbg., in einer Septarie.

Neritina cf. fulminifera Sndbg., ein junges Stück in der unteren Cerithienschicht.

Hydrobia obtusa Sndbg., häufig mit Cerithien zusammen.

Hydrobia inflata (Fauj.), ganze Schichten erfüllend, in Cerithienschichten sehr selten.

Hydrobia ventrosa (Mtg.), allgemein verbreitet, in Cerithienschichten nur wenige junge Stücke.

Hydrobia Aturensis Noul., nicht selten, in Cerithienschichten nur ein Stück.

*Stenothyra Jungi nov. sp.**), nur in den beiden Cerithienschichten, ziemlich selten.

Planorbis dealbatus Al. Br., in beiden Cerithienschichten nur je 1 Exemplar.

Mytilus Faujasi Brong., in großer Menge, zertrümmert, in der oberen Cerithienschicht.

Dreissenia Brardi (Fauj.), allgemein verbreitet, in Cerithienschichten nur wenige Stücke.

Cypris cf. faba Desm., ganze Schichten erfüllend, überhaupt sehr verbreitet, in den Cerithienschichten dagegen sehr selten.

---

*) Stenothyra Jungi n. sp.

Char. T. parva, late perforato-rimata, acute ovata, tenera, nitida; spira convexiusculo-conica; apex acutus. Anfr. $4^1/_2$ convexiusculi, sutura distincte impressa disjuncti, obsolete striatuli, fere laeves, penultimus major, subinflatus, ultimus a tergo subcompressus, ante aperturam distincte descendens et undique constrictus, ad rimam tumidulo-gibbus, caeteris omnibus altitudine distincte minor. Apert. parva, parum obliqua, fere circularis, altior quam latior, superne vix angulata, tertiam partem altitudinis testae parum superans; perist. continuum, superne appressum, marginibus acutiusculis, intus sublabiatis. — Operculum ignotum. — Alt. $2^1/_8$—$2^1/_4$, diam. max. $1^3/_8$—$1^1/_2$ mm; alt. apert. $^7/_8$, lat. apert. $^3/_4$ mm.

Fig. 3.

a b

Stenothyra Jungi Bttg.

Mit Bittium plicatum (Brug.), Potamides margaritaceus v. conica Bttg. und Hydrobia obtusa Sndbgr. im unt. mioc. Corbiculathon der Hafenbaugrube unterhalb Frankfurt, 7 Exemplare.

Von Nematura pupa Nyst aus dem M. Olig. von Klein-Spauwen, Limburg, unterschieden durch dünnere Schale, viel feinere Gehäusespitze, breitere Basis, tieferen Nabelritz und mehr gerade gestellte Mündung. Die nächste mir bekannte lebende Verwandte ist die übrigens weit größere, konstant dekollierende, mit punktierten Spiralstreifchen gezierte St. cingulata Bens. von Kanton, China. (Dr. O. Boettger.)

Braunkohle, lignitisch von brauner Farbe, schwarz von muscheligem Bruch in der oberen Cerithienschicht.

Nicht sicher bestimmbare Blattabdrücke in der Baugrube der Schleuse des Frankfurter Hafens.

Erklärung zur beiliegenden Profiltafel.

A Alluvium
D Diluvium
T Tertiärschichten:

- a. plattiger, zerklüfteter Mergelzug,
- b. graues, kalksandiges Band, das nach West bänkig wird,
- c. braune dickplattige, zerklüftete Mergelbank,
- d. gelbliche zerklüftete Mergelbank,
- e. gelblich weißer Kalkmergelstreifen,
- f. dünne, plattige, zerklüftete Mergelbänder,
- g. dickplattiger, zerklüfteter Kalkmergel mit Dreissenien und Hydrobien in zwei Bänken,
- h. zwei fast unmittelbar übereinander liegende, dickplattige, zerklüftete Mergelbänke,
- h_1. heller Kalkmergelstreifen,
- h_2. gelbliches, kalksandiges Band, z. T. plattig und zerklüftet,
- i. die mächtigste Mergelknollenbank, in Maximum 1,0 m mächtig, über welcher eine dünne, zerklüftete Mergelbank liegt,
- k. zerklüftete, graue Mergelbank.

Über k liegen:

- cer kalksandige, Cerithien führende Schicht, die im Verlauf in Septarien sp (wenigstens zum Teil) übergeht, welche aber doch noch unten von sandiger Schicht begleitet sind,
- k_0. hellgraue Mergelbank, zerklüftet,
- k_1. gelblichbrauner, stark zerklüfteter Mergelstreifen, der in seiner Mächtigkeit sich nicht gleich bleibt,
- k_2. weißgrauer Kalkmergelstreifen, zerklüftet; die Lettenschicht zwischen k_1 und k_2 ist schwärzlich grau.

k_3. bräunliche, zerklüftete Kalkmergelbank; zwischen k_2 und k_3 ein dunkelgrauer, sandiger Streifen, über k_3 ein gelbgrünlicher Streifen.

Unter k liegt:

1. ein in seinem Verlauf verschieden beschaffener Zug l, an einer Stelle, unmittelbar über der Sohle der Baugrube in mächtigen Mergelknollen entwickelt, die aber plötzlich in einem kalksandigen, lockeren Streifen sich fortsetzen, der wieder in ein plattiges, zerklüftetes Mergelband übergeht,
2. ein Zug m von gelblichen, dicken Mergelknollen; derselbe bildet, soweit er aus diesen besteht, ein breites Gewölbe, geht aber auch in seinem weiteren Verlauf in einen lockeren, kalksandigen Streifen über,
3. ein starker, ebenfalls gelblich grauer Mergelzug n.

Zwischen m und n liegt ein grauer gleichförmiger Letten, nicht deutlich abgegrenzt von durch Kalksintersand mehr gelblichen Partieen.

sp. Linsenförmige Septarien.

v. Ort, wo sich Potamides margaritareus conicus etc. fand.

Zwischen 470 m von der Zickzackbrücke und 540 m von demselben Punkt eine ältere, von Nord kommende Terrasse, Niedterrasse genannt.

Anhang.

1. Grindbrunnenquellen.

Mit Recht bringt schon seit langem unsere Einwohnerschaft dem sog. Grindbrunnenwasser großes Interesse entgegen. Da nun diese schwefelwasserstoffhaltige, salinische Quelle aus Anlaß der Hafenbauten in Gefahr kam, verlustig zu gehen, so wurden Versuche gemacht, solches Wasser in ähnlicher Qualität in der Nähe der Stadt als Ersatz zu beschaffen.

Es wurden zu diesem Zwecke zuerst Bohrungen in der Untermainanlage gerade über »Nizza« angestellt und dann aus Gründen, die sich im weiteren Verlaufe dieser Mitteilungen *) ergeben werden, gerade gegenüber und zwar nördlich (ca. 70 m) der alten Grindbrunnenquelle auf dem Franc'schen Lagerplatz **).

Im Folgenden soll das Wasser der alten Grindbrunnenquelle, welche 1874 von Herrn Geheimrat Fresenius in Wiesbaden analysiert wurde, mit I, dasjenige, welches auf dem Franc'schen Lagerplatz erpumpt wird und im Auftrage des hiesigen Tiefbauamtes von Herrn Dr. Petersen vorläufig untersucht ist, mit II, endlich dasjenige an der Untermainanlage ***), welches, ebenfalls im Auftrage des Tiefbauamtes sowohl von Prof. Dr. Fresenius, wie auch von Dr. Petersen analysiert worden ist, mit III bezeichnet werden.

---

*) Herrn Baurat Lindley danke ich für die gefällige Mitteilung der diesbezüglichen Original-Arbeiten.

**) Die Mündung des Bohrlochs ist in Ordinate 95,59; bis 80,5, also in 15 m Tiefe, ist dasselbe erbohrt; der Wasserspiegel liegt jedoch schon in 8,5 m unter Terrain.

***) Das Bohrloch ist bis 50,27 m unter Terrain hergestellt.

	I. ‰ *)	II. ‰ **)	III. P ‰ *)	III. Fr	Wasser aus d. Hafenbaugrube, in welche sich Grindbrunnenwasser ergoss. ‰	Mainwasser. ‰
Gesamtrückstand	3,1227	3,6970	1,5230	1,1964	1,965	0,307
Chlornatrium	2,3164	2,8944 (incl. Brom- u. Jodnatrium.)	0,9335 auch jodhaltig.	0,7044	—	—
Chlorkalium	0,03289					
Brom- und Jod-Natrium	0,00447					
Kohlens. Natron	0,2575 (auch Lithium u. Ammon.)	—	0,2653 (mit wenig Kali u. Lithium.)	0,1881	—	—
Kohlens. Kalk	0,2122	—	0,0749	0,10643	—	—
Kohlens. Magnesia	0,2130	—	0,0631	—	—	—
Schwefelwasserstoff	0,009332	—	0,003378	—	—	—
Freie Kohlensäure	0,032925	—	ca. 0,01646	—	—	—
Spec. Gewicht	1,002649	—	1,001579—1,001886	—	—	—

Was vor allem diesen Analysen, überhaupt diesen Untersuchungen entnommen werden kann, ist, daß III zwar auch schwefelwasserstoffhaltig und salinisch, wesentlich schwächer ist, als I und II. Dr. Petersen konnte durch Bestimmung des specifischen Gewichtes von zwei nach einander gewonnenen Proben von III konstatieren, daß dieses Wasser durch das längere Auspumpen salzreicher geworden war (am 4. Aug. sp. Gew. = 1,001579, am 5. Aug. sp. Gew. = 1,001886), äußert sich aber im weiteren dahin, daß viel mehr wohl nicht zu erzielen sei. Nitrate, Ammon, humoese, organische Stoffe gaben bei III wie bei I sehr schwache Reaktionen, Nitrite kaum. Von organischen Keimen ist das Wasser III fast frei.

Wasser II, mit der alten Grindbrunnenquelle verglichen, hatte zur Zeit der vergleichenden Untersuchung etwas schwächeren Schwefelwasserstoffgeruch, dagegen schmeckt es noch etwas salziger als I (ist um 15,8 % reicher an Mineralbestandteilen) und zeigte bei chemischer Prüfung mit I große Übereinstimmung, so daß diese neue Quelle für die alte Grindbrunnenquelle völligen Ersatz bietet. Bezüglich des Schwefelwasserstoffgehaltes von II bemerkt Dr. Petersen, daß erst bei geregeltem Abfluß und Luftzutritt

*) Rückstand III ist von Dr. Petersen bei 180° getrocknet; Rückstand I, ebenfalls bei 180° getrocknet, verringert sich auf 3,1072 durch Verlust von kohlensaurem Ammon; in der älteren Analyse von Prof. Fresenius 1874 ist der Gesamtrückstand von I zu 3,4469 ‰ bestimmt. Die Gesamtmenge der festen Bestandteile aller Basen in Form neutraler schwefelsaurer Salze gewogen, ergeben bei III 1,8832, für I dagegen 3,8507.

**) Eine spätere Untersuchung des Wassers vom Franc'schen Lagerplatz ergab nur 3,480 ‰ Gesamtrückstand.

ein normaler Gasgehalt zu erwarten ist. Eine detaillierte Analyse von II ist noch zu erwarten, sofern II ganz an Stelle des alten Grindbrunnens treten sollte.

Geologisch von Interesse ist, daß hiermit der Beweis erbracht ist, daß durch Auslaugung ähnlicher, unterirdischer Schichten (Corbiculathon) im Untergrund Frankfurts entstandene, ähnlich zusammengesetzte, schwefelwasserstoffhaltige, salinische Wasser eine größere Verbreitung haben.*)

Der Schluß, der etwa aus den obigen Angaben auch gezogen werden könnte, daß mit der Tiefe die Stärke des Wassers in den Frankfurter Thonen wächst, wäre sicher ein unberechtigter, da es hier vor allem auf die Schichten ankommt, welche durch Auslaugung das Wasser liefern, welche aber, wie eben aus dieser Abhandlung ersichtlich, nicht söhlig über- oder untereinander liegen, sondern in Sättel und Mulden mehr oder weniger gebogen sind, so daß sehr ungleiche Wasser-Horizonte in gleicher absoluter Höhe bei Bohrungen angetroffen werden.

In Bezug auf die Geschichte, Heilwirkung und Anwendung des Grindbrunnens (Natron-Schwefelquelle) verweise ich auf die vom Verein zur Förderung des öffentlichen Verkehrslebens 1875 herausgegebene, von Dr. Moritz Schmidt dahier verfaßte Broschüre (in Kommission von C. Jügels Verlag, Frankfurt a. M.).

Da die alte Grindbrunnenquelle durch die benachbarte Bohrung und Wasserentnahme nicht abgenommen hatte, so wurde sie gelegentlich der Aufmauerung der Quaimauer gefaßt und kann nun auch, wenn es wünschenswert erscheint, gewonnen und genützt werden.

Herr Ingenieur Zimmer hatte die Freundlichkeit, mir die Art dieser Fassung mitzuteilen:

»Als man beim Ausheben der Baugrube für die nördliche Quaimauer des neuen Mainhafens auf die alte Grindbrunnenquelle stieß, welche mit dem Tieferlegen der Sohle immer stärker wurde, beschloß man, um vielseitigen Wünschen Rechnung zu tragen, dieselbe zu fassen.

*) Über die Zusammensetzung des Wassers aus dem Brunnen der Brönnerschen Fabrik, der auch im Corbiculathon steht, sind von Herrn Dr. Löwe Mitteilungen an die städtischen Behörden gemacht worden.

Die Schichte, welche das Grindbrunnenwasser mit sich führt, kommt anscheinend von Norden; man grenzte deshalb die Stelle,

Fig. 4.

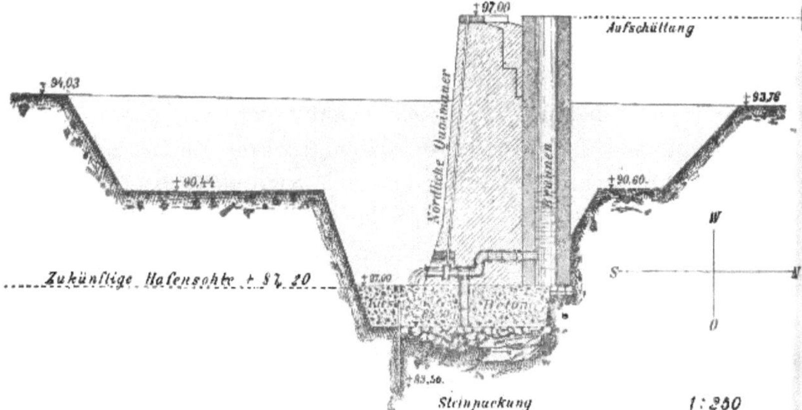

Fig. 4. Querschnitt durch die Grindbrunnen-Baugrube.

Fig. 5.

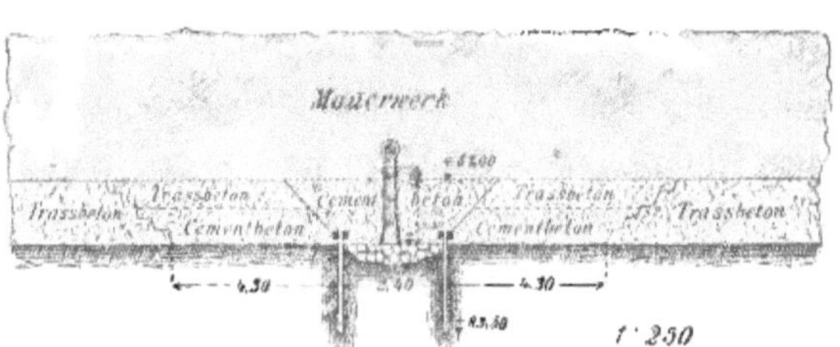

Fig. 5. Längsschnitt durch die Quaimauer.

an welcher sich die Grindbrunnenquelle befand, nach Osten, Süden und Westen durch Spundwände, welche 2,00 m tief unter die Baugrubensohle eingerammt wurden, ab, um einerseits dadurch ein Entweichen der Quelle nach dem Hafen hin zu verhindern und um anderseits ein Unterspülen des Betons zu verhüten.

Nachdem nun die Spundwände geschlagen waren, wurde links und rechts, resp. ober- und unterhalb der Quelle, bis an die Spundwand heran die Baugrube bis auf eine Höhe von 1,50 m mit Cement-Beton verbaut (siehe Skizze).

Jetzt war die Stelle, an welcher sich die Quelle befand, vollständig eingeschlossen, und man konnte nun an die Fassung derselben schreiten.

Es wurde zuerst auf der ganzen umgrenzten Fläche, in welcher sich die Quelle befand, eine Steinpackung hergestellt, wie solche in der Skizze ebenfalls angegeben ist; dann wurde ein Rohr, welches unten 0,30 m lichte Weite hat und sich nach oben bis auf 0,23 m verjüngt, senkrecht über der Quelle aufgestellt. Alsdann wurde mit dem Zubetonieren des fraglichen Raumes begonnen und zwar so, daß man mit einer Schichte von reinem, raschbindenden Cement an den äußeren Enden begann und so der Stelle, wo das Rohr stand, immer näher kam und schließlich dasselbe fest einbetonierte; der übrige Raum wurde bis zu 1,50 m Höhe mit Cementbeton ausgefüllt. Das Wasser wurde auf diese Weise dem Rohr allmählich zugedrängt und fand keinen anderen Ausweg als durch dasselbe.

Es wurde dann auf das bis zu einer Höhe von 1,80 m hoch geführte, senkrechte Rohr ein T Stück aufgesetzt, wovon das eine Ende nach der Hafenseite, das andere nach Norden ging, woselbst man jetzt mit dem Herstellen eines Brunnenschachtes begonnen hatte, der den Zweck haben soll, das Grindbrunnenwasser aufzunehmen.

Die Öffnung nach dem Hafen hin wurde zum einstweiligen Abfluß des Wassers hergestellt.

In die Abzweigung nach der Hafenseite wurde ein Schieber eingebracht; durch denselben kann der Abfluß des Wassers nach dem Hafen hin abgesperrt und das Wasser durch seinen natürlichen Druck in den Brunnen getrieben werden, von wo aus es an einen später zu bestimmenden Ort geleitet wird.«

2. Bohrloch in der Untermainanlage oberhalb „Nizza."

2. Das Bohrloch in den Untermainanlagen oberhalb »Nizza«, dessen Mündung in Ordinate 98,04 liegt, wurde, obwohl schon in 25—30 m Tiefe schwefelwasserstoffhaltiges Wasser per Pumpe zum Ausfluß kam, doch bis auf 50,25 m unter Terrain also bis Ordinate 47,79 niedergebracht.

Da die hier erbohrte Schwefelquelle auf dem Terrain der Untermainanlage (Hochquai) zum Ausfluß kommen soll, so muß sie bis zu dieser Höhe noch mit einer Saugpumpe gehoben werden, während sie unten im »Nizza« in Ordinate 94,36 (Tiefquai-Wegmitte) wohl ohne weitere Hülfsmittel ausfließen würde; es wurden nämlich im Bohrloch Schwankungen des Wasserspiegels zwischen 93,04—94,34 beobachtet.

Von den vielen Bohrproben aus diesem Bohrloch, welche wir der Güte des Herrn Reg. Baumeister Stahl danken, teile ich folgende durch Schlämmen gewonnene Fossilien mit, welche zum größten Teil mein lieber Freund Osk. Böttger die Güte hatte, durchzuarbeiten und zu bestimmen.

1. 10 m unter Terrain, blauer plastischer Thon.
   Hydrobia ventrosa (Mtg.), in Masse.
   Dreissenia Brardi (Fauj.), Bruchstücke.
   Cypris cf. faba Desm., wenige.
2. 10—12 m unter Terrain, dunkler plastischer Thon.
   Helix sp. größere Art von der Tracht *Hel. Kinkelini. Moguntina* etc., Bruchstücke.
   Hydrobia ventrosa (Mtg.), nicht selten.
   Cypris cf. faba Desm., sehr häufig.
3. 12—14 m, oben noch Letten, dann grauer dichter, harter Kalkstein.
   Helix sp. größere Art, wie bei 2, Bruchstücke.
   Helix crebripunctata Sndbg., Bruchstücke.
   Hydrobia ventrosa (Mtg.), häufig, doch meist Bruchstücke.
   Neritina cf. fluviatilis L., zwei Bruchstücke.
   Dreissenia Brardi (Fauj.), häufige Bruchstücke.
4. 14—15 m, Mergelfels.
   Hydrobia ventrosa (Mtg.), nur wenige Bruchstücke.
5. 15—20 m, dunkler und unten hellblauer, kurzer Letten.
   Helix sp. größere Art, wie bei 2, Bruchstücke.

Hydrobia ventrosa (Mtg.), häufig.

Neritina sp. zwei große Bruchstücke; sie ist der Färbung nach der *Ner. fluviatilis* L., zunächst zu stellen.

Melanopsis callosa Al. Br., zwei Bruchstücke von großen Exemplaren.

Dreissenia Brardi (Fauj.) Bruchstücke.

Cypris cf. faba Desm., einzeln.

Fischreste, darunter ein großer Wirbel.

6. 20,3—20,5 m, Kalkfels.

Hydrobia ventrosa (Mtg.), zahlreich, verkalkt.

Dreissenia Brardi (Fauj.), Bruchstücke.

7. 20,5—25,96 m, Letten mit vier dünnen Kalkmergelschichten.

Hydrobia ventrosa (Mtg.), in Masse.

— *inflata* (Fauj.), einzeln.

Neritina, sp. jung.

Dreissenia Brardi (Fauj.), Bruchstücke häufig.

Cypris cf. faba Desm., nicht selten.

Fischreste, darunter Gehörknochen.

8. 29,62—31,15 m, hellgrauer Letten, zwischen 29,6—30,75 fester Kalkmergel.

Helix crebripunctata Sndbg., 4 Bruchstücke.

Hydrobia ventrosa (Mtg.), häufig.

Dreissenia Brardi (Fauj.), Bruchstücke.

Cypris cf. faba Desm., ein Stück.

Perca Moguntina v. Myr., Gehörsteine, Wirbel.

9. Aus 30 m, unter Terrain Felsschicht.

Hydrobia ventrosa (Mtg.), sehr häufig.

— *Aturensis* (Noul.), 4 Exemplare.

— *nov. sp.* nicht selten.

Neritina fluviatilis L. *form. transversalis*, ein vollständiges Exemplar.

Melanopsis callosa Al. Br., 4 Bruchstücke.

Dreissenia Brardi (Fauj.) häufig in Bruchstücken.

Mytilus Faujasi Brong, 2 Bruchstücke.

Cypris cf. faba Desm. wenige.

Perca Moguntina v. Myr., Gehörsteine und Rippen.

10. 31,15—31,3 m, hellblauer Letten.

Hydrobia ventrosa (Mtg.), sehr einzeln.

Dreissenia Brardi (Fauj.), Bruchstücke.

11. 31,3—36,31, hellblauer Letten.
Hydrobia ventrosa (Mtg.), häufig.
Dreissenia Brardi (Fauj.), Bruchstücke.
12. 40,3—43,0, dunkler Letten mit zwei dünnen, eingelagerten Kalkschichten.
Hydrobia ventrosa (Mtg.), zahlreich.
— *inflata* (Fauj.), häufig, aber nur in Bruchstücken.
— *Aturensis* (Noul.), einzeln.
13. 43—44 m, dunkler Letten.
Helix crebripunctata Sndbg., Bruchstücke.
Hydrobia ventrosa (Mtg.), sehr häufig.
— *inflata* (Fauj.), häufig in Bruchstücken, selten ganz.
— *Aturensis* (Noul.) ein Stück.
— *nov. sp.* ein Stück, an *Hydr. obtusa* und *Belgrandia* erinnernd, ohne mit diesen identisch zu sein.
Neritina sp. ein Stück, unbestimmbar.
Melanopsis callosa Al. Br., ein junges Stück.
Dreissenia Brardi (Fauj.), sehr häufig.
Flossenstacheln.
14. 45,52—45,94 m Kalkfels.
Helix sp. größere Art, wie bei 2.
Hydrobia ventrosa (Mtg.), häufig.
— *inflata* (Fauj.), einzeln.
— *Aturensis* (Noul.), zwei Stücke.
— *nov. sp.*, wie bei 13, 8 Exemplare.
Corbicula, vermutlich *Faujasi* Desh., ein Bruchstück.
Fischreste.
15. 46,06—46,36 m Fels, darin Hydrobien wegen ihrer Jugend nicht näher bestimmbar.
Helix sp. größere Art, wie bei 2.
Pupa (*Isthmia*) *splendidula* Sndbg., ein Stück, bisher nur aus dem Landschneckenkalk von Hochheim bekannt.
Hydrobia ventrosa (Mtg.), häufig.
— *inflata* (Fauj.), zahlreich.
— *Aturensis* (Noul.), nicht gerade selten.
— *nov. sp.*, wie bei 13, 4 Stücke.
Corbicula, vermutlich *Faujasi* Desh., zwei Bruchstücke mit Schloß.
Perca Moguntina v. Myr., Flossenstachel und Wirbel.

Südseite der Baustelle für Herstellung der nördlichen Quaimauer am Frankfurter Haf-

16. 47,26—47,5 m, Fels, darin Hydrobien wegen ihrer Jugend nicht bestimmbar.
Hydrobia ventrosa (Mtg.), selten.
— ähnlich *ventrosa* (Mtg.), aber kleiner, auch wohl specifisch verschieden.
— *inflata* (Fauj.), nicht selten.
— *Aturensis* (Noul.), zwei Stücke.
— *nov. sp.*, wie bei 13.
Dreissenia Brardi (Fauj.), Bruchstück.
Fischreste.

17. 47,51—50,25 m unter Terrain, dunkler Letten.
Helix (*Pentataenia*) *sp.*, zwei Bruchstücke.
Hydrobia ventrosa (Mtg.), seltener.
— *inflata* (Fauj.), häufig.
— *Aturensis* (Noul.), wenige Stücke.
Dreissenia Brardi (Fauj.), Bruchstücke.
Corbicula Faujasi Desh., ein doppelschaliges, junges Exemplar.
Fischreste.

Was nun diese 17 Bohrproben entnommene Liste zeigt, ist, abgesehen von der Kenntnisnahme der Folge der verschiedenen Schichten und ihrer Charakterisierung durch die in ihnen enthaltenen Organreste, daß unser oberstes Untermiocän in nächster Nähe des Mains bis zu so bedeutender Tiefe reicht, und daß in dieser Tiefe noch nicht die Cerithienschicht »cer« unserer Hafenbaugrube erreicht ist, wie dies doch nach obigem zu erwarten war. Außerdem erkennt man auch die allmähliche Abnahme der Häufigkeit von *Hydrobia inflata*, dagegen die entschiedene Zunahme des Vorkommens von *Hydrobia ventrosa* nach oben, so daß man versucht sein könnte, die obersten 20 m für Hydrobienthon, also für Mittelmiocän, zu halten.

Die Pliocänschichten im Unter-Mainthal,

beschrieben von

Dr. **Friedrich Kinkelin.**

Wenn in Rheinhessen, im Untermainthal und in der Wetterau die Tertiärschichten mit den oberen Untermiocänschichten, die man als Corbiculaschichten oder als obere Cerithienschichten bezeichnet,*) abschließen, wenn ferner in der Wiesbaden-Mainzergegend, dann auch weiter nordöstich längs des Taunus und im Untermainthal bei Hochstadt und Bieber noch kalkige und thonige mittelmiocäne Sedimente in beträchtlicher Mächtigkeit entwickelt sind, die ihrer Konchylien-Fauna nach aus einem nahezu süßen Wasser abgelagert wurden, so sind dagegen, abgesehen von den an Sängerresten so reichen Eppelsheimer Sanden in Rheinhessen, im übrigen Teil des Mainzerbeckens die Beweise von späterer Wasserbedeckung von dieser Zeit — Ende des Mittelmiocäns — bis zum Eintritt der Diluvial-Epoche vereinzelt und in geringem Zusammenhang vorhanden.

Als Beweise für das Vorhandensein von Pliocänschichten sind zu nennen:

1) die jüngsten Braunkohlenbildungen der Wetterau, welche vor allem Ludwig beschrieben hat**),
2) die Sande und Konglomerate von Bad Weilbach, auf welche Böttger zuerst diesbezüglich hinwies***),
3) unter dem Taunusschotter gelegene Sande und Konglomerate aus den Mosbacher Sandgruben, welche C. Koch beschrieben hat†)

---

*) Erstere Bezeichnung ist motiviert durch das oft bänkebildende Vorkommen der *Corbicula Faujasi* in den Kalkniederschlägen dieses Schichtkomplexes, letztere Bezeichnung begründet durch das Ausgehen der Cerithien im Mainzer Tertiärbecken mit diesen Schichten, welches Vorkommen sich jedoch nicht nur auf Kalk-, sondern auch auf Thonniederschläge bezieht.

**) Palaeontogr. V. p. 81—110.

***) Vierzehnter Offenbacher Ber. 1872/73, p. 115—122.

†) Erläuterungen zu Sektion Wiesbaden, p. 37—39.

4) die Braunkohlenbildung zwischen Steinheim (bei Hanau) und Seligenstadt, mit welchen ich mich bezüglich ihres Alters etc. beschäftigt habe*).

Verschiedene günstige Umstände haben nun auch einen dem Pleistocän vorausgehenden Schichtkomplex im Untermainthal in ziemlichem Zusammenhang zu Tage gefördert.

In erster Linie sind die betr. Aufschlüsse den Tiefbauten für die Mainkanalisation, speciell zum Zwecke der Herstellung der Schleusenkammern bei Raunheim und bei Höchst, dann der Ausräumung bedeutender Erdmassen für Herstellung des für Aufnahme und Klärung der Frankfurter Abwasser bestimmten Klärbeckens am Rotenham bei Niederrad, ferner Brunnengrabungen in der Griesheimer chemischen Fabrik und in der Gelatinfabrik in Nied, endlich den Bohrungen zu danken, welche bestimmt sind, den Untergrund in dem Waldkomplex südwestlich Frankfurts genauer kennen zu lernen, aus welchem nach dem Projekt von Baurat W. H. Lindley das Grundwasser nach Frankfurt — seit 16. Juli — geleitet wird.

Ich nehme hier die Gelegenheit wahr, den verschiedenen Herren, die mich bei meinen Aufnahmen so freundlich unterstützten — den Herrn Ingenieur Löhr dahier, Kgl. Bauaufseher Splett u. Kgl. Reg.-Bauführer Pfeiffer in Höchst, Stadtbaurat Lindley und Bauinspektor Feineis dahier, Dr. Fischer in Nied, Baumeister Follenius und Direktor Stroff in Griesheim, Regierungs-Baumeister Greve in Raunheim, Ingenieur Sattler und Ingenieur Kruse dahier — meinen besten Dank auszusprechen.

Die Mitteilungen werde ich in der Weise geben, daß die Originalaufnahmen, Profile etc. — von Ost nach West — vorangestellt werden, eventuell an dieselben eine Specialbesprechung sich anschließt, und daß dem eine Zusammenfassung der daraus resultierenden Schlüsse folgt.

Neue Bohrungen im Frankfurter Stadtwald von Louisa bis Goldstein-Rauschen.

Im Auftrage von Herrn Baurat Lindley wurden in mustergiltiger Weise die Bohrprofile gesammelt und zwar in duplo; große hölzerne Kisten, je mit 10 Fächern, enthalten mit Angabe der

*) Senckenberg. Ber. 1883, p. 172—174.

Mächtigkeit und absoluten Tiefe der einzelnen Schichten die Proben so, daß, da die Scheidewände bis oben an den Deckel reichen, jede Vermischung absolut ausgeschlossen ist; zudem wurde die Kiste stets nach Einbringung der betr. Bohrprobe mit einem Vorlegschloß verschlossen.

Bohrloch α 0,7 km westlich vom Basalt der Louisa, Terrain 103,74 m über Normal Null, Wasser 4,69 unter Oberfläche.

	Ordinate üb. Normal Null.	Tiefe unter Terrain.	Mächtigkeit.
1. Waldboden	—	0,58	0,58
2. Flugsand, hellrötlichbraun, selten von Eisenoxyd oder Thon etwas zu Knötchen verbunden	95,05	8,69	8,11
3. Diluvialsand mit gröberem Geröll	—	10,94	2,25
4. Grober Mainsand	90,57	13,17	2,23
5. Grauer, gleichförmiger Thon	87,65	16,09	2,92
6. Hellgrauer, schlichiger Sand, aus meist gut gerundeten Quarzkörnchen (wenig Karneol, ohne Glimmer)	—	21,49	5,4
7. Hellgrauer Letten mit dunklem bituminösem Letten	—	23,34	1,85
8. Dunkelgrauer bis schwarzer bituminöser Letten mit Braunkohle; Holz scheint stark ausgelaugt, zerfasert, hellbraun, mehrfach auch lebhaft glänzend und schwarz; Früchte nicht vorhanden; die Braunkohle, in Trümmern und Fetzen, ist in den Letten eingeknetet . . .	—	24,49	1,15
9. Dunkel, grünlichgrauer Letten, an der Luft dunkler werdend, sehr fett . .	73,47	30,27	5,78
10. Basaltfels dicht, grau; Blasenräume erfüllt mit hellgelblichen Ausscheidungen; die oberste Lage ist etwas thonig und durch eine Menge gröberer Bröckchen wenig verwitterten Anamesits sandig; man sieht noch den Magnetit hervorblitzen	—	35,34	5,07 erbohrt

Bohrloch *a* 0,35 km westlich von Bohrloch *a* Terrain 105,03, Wasser 5,63 unter Oberfläche.	Ordinate üb. Normal Null.	Tiefe unter Terrain.	Mächtigkeit.
1. Waldboden	—	1,08	1,08
2. Flugsand, hellrötlichbraun	97,70	7,33	6,25
3. Mainsand mit kleineren und gröberen Geschieben	95,85	9,18	1,85
4. Klarer, heller Sand aus schön gerundeten Quarzkörnern (Korngr. 0,5-1,0-1,5 mm, wenig bis 2 mm große Quarzsplitter)	92,20	12,83	3,65
5. Hellgrauer Thon	—	12,98	0,15
6. Hellbräunlicher Sand mit gerundeten Quarzkörnern, etwas verbunden, auch Thonknötchen enthaltend, sonst wie bei 4	—	16,38	3,40
7. Hellgelblicher, rotflammiger, zäher Thon	—	27,03	10,65 erbohrt

Bohrloch *b*. 0,3 km südwestlich von Bohrloch *a*, Terrain 103,4, Wasser 4,5 m unter Oberfläche.			
1. Sandiger Waldboden	—	0,75	0,75
2. Flugsand, selten durch Eisenoxyd verkittete Knötchen, hellrötlichbraun, sehr zart. Korngröße 0,5 mm und weniger, selten 1,0 mm	94,90	8,50	7,75
3. Heller, gröberer Sand, aus gerundeten Quarzkörnern (etwas Karneol), von meist 1-1,5 mm Korngröße	89,60	13,80	5,30
4. Hellgrauer, nicht ganz glatter Thon .	—	17,20	3,40
5. Ganz feiner, hellgrauer Sand mit wenig Glimmerschüppchen, etwas schlichig und daher Knötchen bildend . .	81,95	21,45	4,25
6. Hellgrauer Thon . .	—	25,10	3,65 erbohrt

Bohrloch b_2 0,225 km südwestlich von Bohrloch *b*, Terrain 103,76, Wasser 4,5 unter Oberfläche.			
1. Kleinkiesiger Waldboden	—	1,00	1,00
2. Grober Mainsand mit größeren Buntsandsteingeschieben	—	7,00	6,00

	Ordinate üb. Normal Null.	Tiefe unter Terrain.	Mächtigkeit.
3. Etwas reinerer Sand mit größeren, weißen Buntsandsteingeschieben, da und dort kleine Lydite	90,26	13,50	6,50
4. Hellbräunlich gelber Sand aus gerundeten Quarzkörnchen, etwas schlichig . .	—	19,60	6,10
5. Hellgelblicher, zarter Thon	—	20,55	0,95
6. Rötlichbrauner, gleichförmiger Sand aus gerundeten Quarzkörnchen, etwas zu Klümpchen verbunden, Korngröße 1-1,5 mm	—	28,20	7,65
7. Hellgrauer, zäher, strähniger Thon . .	—	33,20	5,00
8. Sehr feiner, ganz hellgraulicher Sand mit Glimmerschüppchen (b, 5 u. c, 11), auch etwas zu Knötchen verbunden .	—	38,40	5,20
9. Hellgrauer Thon . . .	—	38,45	0,05 erbohrt

Bohrloch *c* 0,1 km südwestlich von Bohrloch b_2, Terrain 102,6, Wasser 3,0 m unter der Oberfläche.

1. Waldboden mit groben Geschieben . .	—	2,0	2,0
2. Hellrötlicher Sand mit kleineren z. T. kantigen Geschieben von Quarz, Sandstein und Lydit.	—	5,3	3,3
3. Heller Sand, reich an weißen, kleineren Quarzkieselchen, Lydit, auch ein kleines Geschieb von grauem Sandstein mit Glimmerschüppchen	—	6,8	1,5
4. Grober Sand mit kleineren Quarz-Buntsandstein- und Lyditgeschieben . .	92,96	10,8	4,0
5. Feiner, hellgelber Quarzsand, Korngröße 0,5-1,0 mm	—	15,9	5,1
6. Gröberer, auch etwas verbundener Quarzsand, Körner (1,0-1,5 mm) gerundet	—	19,0	3,1
7. Etwas feinerer, auch etwas verbund. Quarzsand, mit wenig Glimmerschüppchen .	—	22,0	3,0
8. Schmutzig thoniger Quarzsand . . .	—	25,5	3,5
9. Bräunlicher Sand (1-1,5 mm Korngröße)	—	29,0	3,5
10. Grauer, zäher, strähniger Thon	—	30,5	1,5 erbohrt

Bohrloch *d* 0,25 km südwestlich von Bohrloch *c*, Terrain 105,88, Wasser 5,99 unter der Oberfläche.

	Ordinate üb. Normel Null.	Tiefe unter Terrain.	Mächtigkeit.
1. Waldboden	—	0,48	0,48
2. Roter, gröblicher Sand	—	1,28	0,80
3. u. 4. Heller, unreiner Sand mit gröberen, gerundeten Geschieben .	—	4,23	2,95
5. Buntsandsteinblock	—	4,73	0,50
6. Heller, gröblicher Sand mit gerundetem Quarz, Buntsandstein, auch Gneißstückchen	—	6,48	1,75
7. Heller, gröblicher Sand mit kantigem, wenig gerundetem Quarz, Buntsandstein und Lydit	—	7,03	0,55
8. Thoniger Sand, ganz verbunden . .	--	7,48	0,45
9. u. 10. Grober Sand (Kies) mit größeren Buntsandstein- und Quarzgeschieben, ziemlich vielen kleinen Lyditen . .	92,55	13,33	5,85
11. Gleichförmiger, gröberer, heller Sand, manchmal etwas verbunden, nur gerundete Quarzkörner (1-2 mm) . .	86,43	19,45	6,12
12. Etwas thoniger, bräunlicher, feiner Quarzsand	—	24,00	4,55
13. Etwas bräunlicher, ziemlich reiner Quarzsand, selten Glimmerschüppchen . .	—	28,00	4,00
14. Etwas gröber, nicht so reiner Sand wie 13, manchmal verbunden . . .		32,26	4,26
15. Auch bräunlicher Sand mit sandigen Thonpartieen		33,3	1,04
16. Hellgrauer Thon, zum Teil feinsandig, zum größeren Teil zart . .		40,00	6,70
17. u. 18. Hellgrauer zarter Thon, wird oder ist z. T. braun, enthält kleine, eisenschüssige, fast kugelige Knötchen (bohnerzähnlich)		47,03	7,03 erbohrt.

Bohrloch *i* 0,85 km südwestlich vom Bohrloch *d*, wenige Schritte nördlich von der Eisenbahn Goldstein-Mainz, Terrain 109,51, Wasser 10,34 unter der Oberfläche.	Ordinate üb. Normal Null.	Tiefe unter Terrain.	Mächtigkeit.
1. Waldboden	--	1,2	1,2
2. Roter Mainsand mit groben Buntsandsteingeröllen	—	4,7	3,5
3. Heller, grober Mainkies mit z. T. kantigen Geschieben	—	10,0	5,3
4. Grober Mainkies ohne größere Geschiebe	—	10,9	0,9
5. Sehr grober Mainkies mit größeren Geschieben	—	11,78	0,88
6. Rötlichbrauner, gröblicher Mainsand	—	12,6	0,82
7. Grober Kies mit größeren Geschieben	—	17,2	4,6
8. Heller, vorherrschend aus kantigen Quarzkieselchen bestehender Mainkies (enthält auch Buntsandstein und Lydit)	—	20,5	3,3
9. Heller Quarzsand (Korngröße 1-2-5 mm), dunkle Partikelchen selten darunter; wenige helle, ausgesüßte und auch selten rote, glimmerige Buntsandsteinstückchen	86,24	23,27	2,77
10. Gröberer, nicht gleichförmiger, heller Sand (viel rote u. milchweiße Quarzkörner)	—	24,5	1,23
11. Gelblich bräunlicher Sand mit schön gerundeten Quarzkörnern (1-1,5 mm)	—	26,7	2,2
12. Heller, mehr weißlicher Sand	—	29,5	2,8
13. Noch hellerer, feiner, klarer Quarzsand (höchstens 1,0 mm Korngröße)	—	30,35	0,85
14. wie 13, doch etwas schlichig	—	31,73	1,38
15. Sandiger Thon	—	32,11	0,38
16. Hellgrauer Sand mit Braunkohlen-Stammstückchen, gerundete Quarzkörner 1-1,5 mm, aber auch viel feiner	73,71	35,8	3,69
17. Hellbräunlicher, lockerer Sand	—	38,5	2,7
18. Hellgrauer, ziemlich reiner Sand	—	41,15	2,65
19. Hellgrauer Thon	—	46,40	5,25
20. do., zuletzt etwas bituminös	61,46	48,05	1,65

Bohrloch *e* 0,38 km westsüdwestlich, fast westlich von Bohrloch *i*, Terrain 100,8, Wasser 1,5 unter der Oberfläche. Ca. 3,5 km WSW von dem Basalt an der Louisa.	Ordinate üb. Normal Null.	Tiefe unter Terrain.	Mächtigkeit.
1. Heller, nicht ganz weißer, feiner, reiner Flugsand (0,5-1,0 mm Korngröße) .		1,5	1,5
2 u. 3. Grober Sand mit vielen groben Buntsandsteinen, auch Quarz- und Lyditgeschieben	—	8,4	6,9
4. Grober Sand mit kleinerem Quarz, Buntsandsteingeschieben, kantiger Lydit .	—	9,2	0,8
5—7. Grober Sand, an größeren Quarzkieselchen reich, mit Buntsandstein und Lydit	85,1	15,7	6,5
8. Hellbräunlicher, gleichförmiger, reiner Sand, wenig zu Knötchen verbunden, selten Glimmerblättchen, Korngröße höchstens 1,0 mm	–	32,0	16,5
9. do., aber feiner und reiner	—	36,04	4,04
10. Hellgrauer, zäher Letten (enthielt ein kleines Braunkohlensplitterchen) . .	—	36,64	0,6
11. Sehr feiner, gleichförmiger, grauer Sand, ziemlich glimmerig, etwas zu Knötchen verbunden	—	50,64	14,0
12. Hellgrauer, glatter Thon	—	53,14	2,5
13. Hellgrauer, sehr feiner Sand, aber schlichiger als 11	46,6	54,20	1,05
14. Gröblicher, gleichförmiger, grauer Sand (Korngröße durchaus 1,0 mm) mit Braunkohlenstammstückchen	—	55,5	1,3
15. Hellgrauer, feinsandiger Thon	—	59,8	4,3 erbohrt.

Bohrloch *f* 0,12 km nordwestlich von Bohrloch *e*, Terrain 100,9, Wasser 1,6 unter der Oberfläche.

1. Waldboden	—	0,75	0,75
2. Klarer, heller Mainsand mit kleineren Kieselchen .	—	3,5	2,75
3. do., bräunlich . .	—	4,8	1,3

	Ordinate üb. Normal-Null.	Tiefe unter Terrain.	Mächtigkeit.
4. Grober, heller Sand mit Buntsandstein und Quarzgeschieben, auch Lydit .	—	7,0	2,2
5. Mainkies	86,0	14,9	7,9
6. Heller, fast weißlicher, feiner, gleichförmiger Sand, höchstens 1,0 mm Korngröße (darunter ein Lyditstückchen) .	—	20,15	5,25
7. Etwas bräunlicher, auch etwas gröberer gleichförmiger Sand, einige verbundene Partieen	—	22.22	2,07
8—10. do., aber etwas feiner und glimmerig, auch etwas schlichige Partieen . .	—	29,6	7,38
11. do., etwas gröber, wenig schlichige Partieen	—	30.77	1,17
12. do., größere Thonpartieen darin . . .	—	37,08	6.31
13. Klarer, heller Quarzsand (Korngröße höchstens 1,0 mm, ziemlich gerundet) mit wenigen, verbundenen Knötchen	—	40,03	2,95
14—15. Hellgraulicher, ebenso feiner, klarer Quarzsand, glimmerig, ziemlich viel Thonpartieen	—	43,55	3,52
16. Feiner, hellgrauer, glimmeriger Sand mit wenig kleinen Braunkohlenstückchen	53,47	47,43	3,88
17. Grauer, sehr feiner, klarer, glimmeriger Sand, wenige verbundene Partieen	—	51,40	3,97
18. do., aber schlichiger	—	51,86	0,46
19. Hellgrauer, klarer, gleichförmiger Sand	—	53,97	2,11
20. do., mit Thoneinlagerungen	—	55,60	1,63 erbohrt.

Die Bohrlöcher *a*, *a*, *b*, *b₂*, *c*, *d* und *e* liegen fast in einer geraden, südwestlich laufenden Linie. Die Profile zeigen, soweit sie uns eben hier durch die Bohrungen bekannt wurden, in erster Linie einen lithologisch gut charakterisierten Horizont, der aber nicht in ebener, sondern in ziemlich welliger Fläche, nämlich in Ordinate 90,57 oder 87,65—95,85—94,90—90,26—92,96—92,55—86,24—85,1—86,0 verläuft; über demselben liegen die durch die petrographische Beschaffenheit der großen und kleinen Geschiebe kenntlichen Mainkiese und Mainsande, in welche zwischen

α und b_2, als ob ein Fluß sie in einer Breite von ca. 400 m weggewaschen hätte, Flugsand eingeweht ist.

Die unter den Mainkiesen und Mainsanden liegenden Gebilde sind mehr oder weniger fein- und grobkörnige Quarzsande, zwischen welchen sich Thonlinsen von meist ziemlich gleicher lithologischer Beschaffenheit einschieben, ohne jedoch durchzugehen. Die oberen Partieen dieser Sande, die vorderhand in Bohrloch *e* bis Ordinate 45,3 resp. 41,0 erbohrt, aber noch nicht durchbohrt sind, scheinen durch die sauerstoffhaltigen, einsickernden Wasser vermöge ihres geringen Eisengehaltes gelblich und bräunlich gefärbt, während die tieferen Partieen, von diesen Wassern durch überlagernden Thon mehr oder weniger getrennt, noch grau sind; zudem finden sich in denselben auch mehr oder weniger deutliche Spuren von Braunkohle. Diese Sande sind vielfach auch etwas schlichig und in den etwas tieferen Partieen mehr oder weniger reich an Glimmerschüppchen. Die Sandschichten, welche Braunkohle führen, stellen, nicht einen, sondern mehrere geologische Horizonte dar — in α 79,25; in *i* 73,71; in *e* 46.6; in *f* 53,47.

Wir hoffen, daß die geologisch wichtigen Fragen, welche wir außerdem an diese Bohrungen knüpften, sich bei späteren Bohrungen, wenn auch nur zum Teil, erfüllen werden. Es sind dies:

1. die Eruierung der Mächtigkeit dieses oberpliocänen Sandkomplexes,
2. die Feststellung, ob in dem von jenen Sanden erfüllten Becken auch von demselben unterscheidbare, unterpliocäne und obermiocäne Sedimente abgelagert wurden,
3. die Tiefe der miocänen Thone und Kalke, welche uns den Gesamtbetrag der Senkung, wenigstens im östlichen Teile des fraglichen Beckens, ergäbe (siehe Senckenb. Ber. 1885. Senkungen im Gebiete des Untermainthales etc.),
4. der Nachweis, ob sich zwischen Hochstadt-Bieber einerseits und Bad Weilbach anderseits auch mittelmiocäne Hydrobienschichten abgelagert haben.

Bei ausreichendem Tiefgang der Bohrung können jedenfalls die Frage 1 u. 3 ihre Beantwortung finden.

Baugrube des Klärbeckens am Rotenham bei Niederrad.

Das Klärbecken befindet sich auf der linken Mainseite ca. 1,1 km unterhalb des Basalts am Pol oder der Ausmündung des Unterkanals der Niederräder Schleuse und 1,75 km unterhalb der Niederräder Schleusenkammer. Sie liegt in ziemlich gleichem Meridian wie Bohrloch *e*, und zwar ungefähr 2,125 km nördlich von diesem Bohrloch.

Diese Baugrube wurde gegraben für den Bau des Bassins zur Aufnahme und Klärung der Frankfurter Sielwässer, welche nach dieser Klärung in den Main abgelassen werden (Deutsche Vierteljahrsschrift für öffentliche Gesundheitspflege Bd. XVI — Die Klärbeckenanlage für die Sielwässer von Frankfurt a. M. von Stadtbaurat W. H. Lindley, mit 2 Tafeln).

Terrain - Oberkante 94,16 üb. A. P.

Profil der Nordseite.

Dasselbe zeigt ein Einfallen der Diluvial-Schichten unter ca. 30° nach Westen; weniger beträchtlich ist das am Ostprofil beobachtbare Einfallen nach Süd.

Nr.	Schicht	Ordinate üb. A. P.	Teufe unter Terrain. West.	Teufe unter Terrain. Ost.	Mächtigkeit. West.	Mächtigkeit. Ost.
1.	Auleh m.					
2.	Sand mit Maingeröllen, unten eisenschüssig		0,5	0,15	0,5	0,15
	Mainkies mit Buntsandsteinblöcken, auch zwei Basaltblöcken	88,16—90,66	6,0	3,5	5,5	3,35
3.	Gelblicher und weißer Sand, scharf gegen den Kies abschneidend; die Schichtfuge sinkt in einem Winkel von ca. 30° nach Westen ein; der Sand führt Braunkohlenstämme; in ihm ist auch der Gneißblock*) von 0,25 cbm Inhalt eingesunken.					
	Grauer, feiner Sand mit Glimmerblättchen und mit ziemlich					

*) Dieser Gneißblock und einer der Basaltblöcke ist von Herrn Baurat Lindley dem Museum zugewendet worden; beide sind im Senckenbergischen botanischen Garten aufgestellt.

	Ordinate üb. A. P.	Teufe unter Terrain. West.	Teufe unter Terrain. Ost.	Mächtigkeit. West.	Mächtigkeit. Ost.
kantigen, nicht häufigen Quarzkieseln von 1—2 cm Durchmesser; in demselben ist Braunkohle als Stämme, Äste, Stammtrümmer und Früchte eingebettet; an manchen Stellen war der Sand thonig, auch waren reinere Thonbänder und Thonlinsen darin eingelagert		9,0		3,0—5,5	
		ausgegraben		bis 12 m erbohrt.	

Die Denudation ist hier nicht so beträchtlich, als im Bohrloch *e*, wo die Maingeschiebe bis 85,1 über N. N. gehen.

Im Südosten der Baugrube hatte die Braunkohle das höchste Niveau und eine Mächtigkeit von 0,4—0,6 m; es kamen, wie oben schon bemerkt, auch in höherem Niveau, im weißen Sand, vereinzelte Braunkohlenstämme vor.

Gelber Sand, in welchem da und dort der graue Sand mit der Pflanzenschicht muldenförmig liegt, bildete auch vielfach die Baugrubensohle und enthielt im Westen auch die aus Stammteilen, Koniferennadeln etc. bestehende Schnitzelschicht, welche im Osten mit grauem Sand umgeben war. Gelbliche, graue und gelbe Sande wechsellagern, ohne ein durchgehendes Niveau einzuhalten.

Bohrloch zum Zweck der Herstellung eines Brunnens in der chemischen Fabrik Griesheim.

Die chemische Fabrik Griesheim ist an der rechten Seite des Mains, etwa 2,5 km westlich und unterhalb des Rotenhams gelegen; das Bohrloch liegt ca. 90 m nördlich vom Mainufer.

Ordinate der Brunnenmündung 95,19 über A. P. Ordinate des Mainspiegels 88,57, der Mainsohle in der Strommitte gegenüber dem Mainstein Nr. 128 (10): 87,37.

Die Bohrung wurde erst in 8,2 m unter Terrain in der Sohle des schon vorhandenen Brunnens begonnen; das Profil dieses Brunnens ist dasselbe wie auf der linken Mainseite: Aulehm und Diluvialkies mit Schlick. Auch hier schneidet der Mainkies scharf nach unten ab.

	Ordinate üb. A. P.	Tiefe unt. Terrain.	Mächtigkeit.
1. Unterste Lage des Mainkies enthielt je ein Stück Konglomerat, Tertiärkalk und gerollten Muschelkalk	87	8,8	—

	Ordinate üb. A. P.	Tiefe unter Terrain.	Mächtigkeit.
2. Grauer, feiner, aus schön gerundeten Körnern bestehender, an Glimmerblättchen sehr reicher Quarzsand, mit etwas Thoneinlagerung; zu oberst Braunkohlenstammstücke und Aststückchen von Sand inkrustiert; enthält auch nach Angabe von Herrn Follenius weiße Quarzkiesel (bis 3 cm Durchmesser), die jedoch in der Bohrprobe fehlten; unter den durchsichtigen und weißen Körnern auch rote	84,56	11,24	2,44
3. Sehr feiner, wenig schlichiger, grauer Sand mit zahlreichen Glimmerblättchen führt auch Kohlenstückchen (zwei Proben)	—	12,00	0,76
4. Feiner, sehr gleichförmiger, glimmerreicher, grauer Sand (ohne Kohle)	—	12,15	0,15
5. Grober Sand (1,5—2—5 mm Korngröße), von Manganoxyd schwärzlich, scheint neben Quarzitkiesel auch roten Glimmerquarzit zu führen .	83,5	12,30	0,15
6. Sehr feiner, hellgrauer, reiner, ziemlich glimmerreicher Sand	—	12,70	0,40
7. Hellgrauer Sand mit etwas gröberen Körnern	—	12,71	0,01
8. Hellgrauer, auch gleichförmiger Sand mit noch gröberen Körnern und dunkelgrünen Glimmerschüppchen	—	12,89	0,18
9. do. mit wenig rötlichen Quarzkörnern	—	13,96	1,07
10. Feinerer, hellgrauer Sand (4 Proben)	—	16,24	2,28
11. Sehr schlichiger Sand	—	16,49	0,25
12. Sandiger, hellgrauer Thon mit Braunkohle	77,83	17,97	1,48
13. Hellbräunlicher Sand mit Thonpartieen	—	18,70	0,73
14. Ziemlich feiner, hellgrauer, ganz reiner Sand	—	23,51	4,81
15. Sehr feiner, ganz reiner, heller Sand mit Kohlenspuren (2 Proben) . .	68,12	27,68	4,17

Nach mündlicher Mitteilung von Herrn Folleuius folgt in 29,0 m unter Terrain Letten.

Diese grauen und bräunlichen, gleichförmigen Sande setzen sich wohl trotz ihrer bedeutenden Mächtigkeit in Griesheim nicht mehr weit nach Norden in der Wetterau resp. im Niedthal fort, wo altes Diluvium auf Corbiculathon liegt, während hier das Hangende des pliocänen Sandes junges Diluv zu sein scheint.

Diese Sande wurden nirgends nördlich, z. B. in Bockenheim zwischen altem Diluv und Corbiculathon, zwischenlagernd getroffen.

Baugruben der Schleusenkammer und des Nadelwehrs oberhalb Höchst, unmittelbar gegenüber Nied.

Diese Baugruben liegen ca. 4,25 km entfernt vom Rotenham und ca. 2,4 km unterhalb der chemischen Fabrik Griesheim. Die Schleusenkammerbaugrube liegt linksmainisch, die Baugrube des Nadelwehrs lag im Main, zunächst dem rechten Mainufer bei Nied.

Ordinate der Terrain-Oberkante 90,3 m über A. P.

Profil der Südseite der Schleusenkammer.

	Ordinate üb. A. P.	Tiefe unter Terrain.	Mächtigkeit.
1. Aulehm, unten sandig mit Unionen, *Helix arbustorum*, *Succinea putris*	—	2,0	2,0
2. Graue, thonig-sandige Schicht . . .	—	2,2	0,2
3. Gelber und weißer Sand mit Kies und Blöcken; vorherrschend sind es Buntsandsteinblöcke; unter denselben fand sich ein Basaltblock von ca. 0,1 cbm, auch ein Kalkblock, ferner ein relativ sehr großer Lyditblock von 0,01 cbm, eine große Rarität, dann versteinertes Holz aus dem Rotliegenden, selten Gneiß . .	—	5,0	2.8
4. Eisenschüssiges Sandband	85,2	5,1	0,1
5. Grauer Thon, welcher nach Westen sich noch in der Baugrube bedeutend auskeilt, im östlichen Profil 3 m, in der nördlich gelegenen Nadelwahr-Baugrube 2,5 m mächtig ist	83,4	6,9	1,8

	Ordinate üb. A. P.	Tiefe unter Terrain.	Mächtigkeit.
6. Grauer z. T. schlichiger, feiner Sand mit Holzstammstücken und Früchten; die Sohle der Baugrube reicht nur bis 82,9; auch in Ordinate 80 war dieser Sand nicht durchbohrt; er scheint eine wellige Oberfläche zu haben und ist in nächster Nähe nicht allenthalben von Thon überlagert. Zwischen Thon und grauem Sand scheint sich im westlichen Teil der Baugrube gelber Sand einzuschieben, eben dort, wo allmählich der Thon ausgeht . .	—	7,6 bis zu diesem Niveau ausgegraben. 10,3 erbohrt.	0,7

Auch hier waren die Baumstämme zahlreich bis 0,2 m dick und seltsam wie in Stücke von ca. 0,5 m. Länge geschnitten; anderseits ist das Holz ebenso maceriert, wie es sich im Klärbecken fand. Die Kohlen führende Schicht war nicht viel weniger mächtig als im Klärbecken. Die Früchte lagen ungefähr in 83,5 über A. P., was in Rücksicht auf ein Einfallen nach Westen mit dem Vorkommen im Klärbecken übereinstimmt, sodaß es nicht zweifelhaft ist, daß die Früchte führende Schicht beider Lokalitäten derselbe geologische Horizont ist.

Brunnenbohrung in der Gelatinefabrik des Herrn Dr. Fischer in Nied.

Die Terrainoberkante ist ungefähr dieselbe wie in der direkt gegenüberliegenden Schleusenkammer-Baugrube.

Der Horizont des Thons (Schleusenkammer Höchst Nr. 5) war ungefähr derselbe; hier besitzt derselbe eine Mächtigkeit von 1—1,5 m. Darunter liegt:

	Unt. Terrain.	Mächtigkeit.
1. Grauer, feiner, Kohlen führender, glimmerhaltiger Sand . .	ca. 6,5 m	—
2. Blauer, fetter Letten	ca. 8,5—9,5 m	2—3 m
3. Grauer, feiner, ebenfalls Kohlen führender Sand . .	ca. 10,5—12,5 m	2—3 m

4. Ununterbrochen Thon in verschiedener Färbung von blau, gelblich, weiß; letzterer, aus welchem eine Probe fossilfrei ist, ist ein kalkfreier, zarter, plastischer Thon. Die Bohrung wurde bis ca. 40 m unter Terrain fortgesetzt.

Baugrube der Schleusenkammer Raunheim.

Terrainoberkante = 87,00. Mainniveau = 83,5.

Dieselbe ist linksmainisch und liegt südwestlich von Nied und der Schleusenkammer Höchst, ca. 12,5 km mainabwärts.

Von oben nach unten ist das Profil derselben folgendes:

	Ordinate.	Tiefe unter Terrain.	Mächtigkeit.
1. Aulehm mit *Succinea putris* .	—	1,8	1,8
2. Feinsandiger, grauer Streifen . . .	—	2,0	0,2
3. Sand mit Maingeröllen, kleineren und größeren Blöcken	—	3,2	1,2
4. Mangangefärbtes, schwarzes Band, grobkiesig mit kantigen Blöcken und von Kies unterteuft	83,05	3,95	0,75
5. Grauer (grünlich und gelblich), gleichförmiger, feiner, schlichiger Sand .	81,05	5,95	2,0
6. Sehr feiner, hellgrauer Sand mit lignitischen Braunkohlenstücken; in denselben ist eingelagert eine Schichte			
7. aus weißen Quarzkieseln von Taunusquarzit und Gangquarzit (nur ein Stück quarzreichen Taunusschiefer darunter gefunden), teils gut gerundet, teils auch nur an den Kanten gerundet, mit wenig Glimmer	—	6,5	0,55
8. Feiner, glimmeriger, grauer Sand mit Pflanzenstämmen. Sohle der Baugrube	79,00	—	—

Auch hier ist, dem Manganband nach zu urteilen, ein Einfallen von Nord nach Süd zu beobachten, auch von Ost nach West. Selten kamen im Sand kleinere Partieen zähen Lettens vor.

Steinbruch oberhalb Bad Weilbach.

Ordinate der westlichen Oberkante des Bruches ca. 385′ über A. P. = 121 m.

Ostseite des Bruches.

		Mächtigkeit
I.	Löß, unrein, sandig, sogar mit Quarzkieselchen, mit *Suc. oblonga* etc.	5 m.
II.	Diluvialer Taunusschotter und Mainkies	3,5 »
III.	Dünnplattiger, hellschmutzigbräunlicher Sandstein mit durch Auswaschung welliger Oberfläche, ist hier fast bis auf die unterste eisenschüssige Schicht abgehoben und mit Kies verschüttet	0,8 »
IV.	Hellgrauer, glatter Thon, vielfach gelb geflammt, in den unteren Partien mehrfach mit dünnen 2—5 cm starken, feinen, gelblichweißen Sandschnüren wechsellagernd	2,2 »
	Das Liegende eine dünne, braune, eisenschüssige, lockere Sandsteinbank, welche ein südliches Einfallen zeigt	0,05 »
V.	Feiner, hellgrauer, nach unten gelber, milder, lockerer Sandstein; darunter lebhaft gelber, durch Eisenoxydhydrat etwas knotiger Sand, welcher von gröberem, aus gerundeten 1—1,5 mm großen Quarzkörnern bestehendem, hellem Sand unterlagert ist; letzterer enthält unten selten milchweiße Kieselchen und Glimmerblättchen	0,6 »
	Der Sand reicht in der Tiefe weiter und ist schließlich von festem Fels unterteuft (nach Mitteilungen des Steinbruchbesitzers Herrn Flach sen.)	— —

Westlicher Teil der Südseite des Bruches.

I.	Löß hier ausgehend.	— —
II.	Taunusschotter, Maingerölle, darunter nochmals Taunusschotter	— —
III.	Sande und dünnplattige Sandsteine vielfach mit kleinen, kantigen, milchweißen Kieselchen und Glimmerblättchen, mit kalkigem Bindemittel. . .	— —
IV.	Thon, wenig mächtig (nach Angabe von Herrn Flach).	— —

Westlicher Teil der Nordseite des Bruches.

		Mächtigkeit.	
III.	Sand mit milchweißen kantigen Kieseln, welche z. T. mit gelblichem, thonigem Bindemittel verkittet sind	0,5	m
IV.	Gelblicher, sehr fein sandiger Thon, alle Thone sind kalkfrei .	0,15	»
	Weißer Thon	0,2	»
	Feiner, weißer, schlichiger Sand mit weißen Kieselchen	0,55	»
	Graues Thonband	0,05	»
V.	Weißer Sand mit milchweißen Quarzkieselchen . .	0,5	»
	Feiner, weißer Quarzsand	1,0	»
	Feste Bänke von Quarzsandstein und Konglomeraten mit Knochen von einem großen Säuger; in den Sandstein sind nämlich haufenweise milchweiße, wenig gerollte Kiesel eingebacken, Bindemittel kalkig . .	0,5	»
VI.	Schlick mit dichten, hellgelblich grauen Mergeleinlagerungen (nach Mitteilung vom Bruchbesitzer Flach sen.); hieraus stammt das Mergelstück mit Süßwasserkonchylien, das ich nahe den Konglomeratbänken, nur etwas tiefer, liegend fand; ebendaselbst bricht eine schwache Schwefelquelle hervor	1,0	»
VII.	Kalksandiger Hydrobienkalk im Kartoffelkeller und im Anbruch zu Tage; in demselben ist der obere Teil kreidiger Kalk, der vielfach weiße Quarzkiesel(!), dann auch Hornsteinknollen enthält, wie solche häufig in Süßwasserbildungen vorkommen. Hydrobienthon kam bei der Fassung der zwischen Bad Weilbach und Dorf Weilbach liegenden Quelle aus geringer Tiefe zum Vorschein; Böttger sammelte darin Hydrobien.		
VIII.	Weiter westlich steht der Keller des Flach'schen Hauses in petrefaktenlosem Thon.		

Das Hangende dieses letzteren Profils ist das in der benachbarten, nördlich gelegenen Kieskaute anstehende Diluvium.

Der Bruch bei Bad Weilbach gehört zu den interessantesten im Mainzerbecken, da sich dort zu Tage ausgehend Ablagerungen aus dem Mittelmiocän bis zu solchen aus dem Mittelpleistocän folgen. Störungen verschiedener Art, außerdem die Veränderlichkeit mancher Ablagerungen im Streichen, z. B. Übergang von Sand in in Sandstein, erschweren die Einsicht in die Stratigraphie des Bruches, so daß sie ohne Mitteilungen des Bruchbesitzers, Herrn Flach sen., nicht sicher zu eruieren wäre; dies um so mehr, da

Fig. 6.

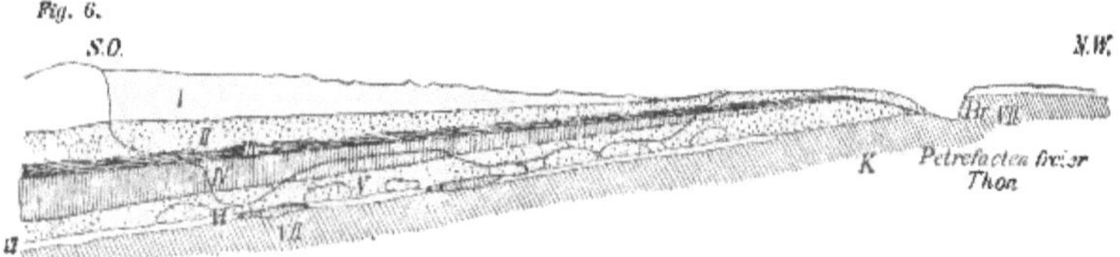

Fig. 6. Längsprofil des Steinbruches oberhalb Bad Weilbach. Von Nordwest nach Südost Verjüngung 1 : 1000.

I. Löss. II. Altes Diluvium.

III. } Pliocän { an weißen Quarzkieseln reiche, glimmerige Sande, vielfach zu dünnplattigem Sandstein verkittet.

IV. } Pliocän { fetter Thon, grau, gelblich, in den unteren Partien sandig.

V. } Pliocän { feine, hellgraue Sande mit Glimmer, an manchen Stellen, meist unten, durch kalkiges Bindemittel mit weißen Quarzkieseln zu Konglomerat verkittet (enthaltend Knochenreste).

VI. und VIII. Mittelmiocän zu oberst im Schlickband (?) mit Süsswasserkonchylien führenden Mergelknollen.

Petrefactenfreier Thon.

K Kartoffelkeller; *Br.* kleiner Bruch.

jetzt Teile im Bruch mit Abraum verschüttet sind, die ehedem von Herrn Flach zur Gewinnung der harten Sandsteine (Fels) offengelegt waren.

Soviel mir bekannt, ist dieser Bruch zuerst von meinem Freund Dr. O. Böttger der Aufmerksamkeit gewürdigt (XIV. Bericht des Offenbacher Vereins 1872/73, p. 103) und die zwischen älterem Diluv und den miocänen Hydrobienschichten liegenden Sedimente als Eppelsheimer Schichten und als Pliocän (a. a. O. p. 120) bezeichnet worden. Wenn auch die eben mitgeteilten Profile, mit dem von Böttger in jener Abhandlung aufgeführten verglichen, wesentlich einfacher sich darstellen und daher nicht unbeträchtlich differieren, so gehe ich doch, was die Hauptsache angeht, ganz und gar mit Böttger einig.

Im Zusammenhang mit dem nordwestlichen Profil ist der im Keller des Flachschen Hauses anstehende petrefaktenlose Thon als VIII. Schicht aufgeführt; Böttger hält ihn (in Rücksicht auf sein Vorkommen z. B. in Wicker) für Rupelthon; der Natur der Weilbacher Quelle, welche jedenfalls aus dieser Schicht stammt, wie auch dem diesen Thon überlagernden Hydrobienkalk nach zu urteilen, sollte man Corbiculathon erwarten. Koch hält diesen Thon für Cyrenenmergel.

In demselben Profil ist auch der kreidig sandige Hydrobienkalk VII., der neuerdings durch das Graben eines Kartoffelkellers angebrochen wurde, aufgeführt. Aus dieser Schicht wohl und zwar aus einer schlotenartigen Einlagerung sammelte Böttger s. Z.

Pisidium antiquum Al. Br. (Bisher nur im Cerithienkalk gefunden.)
Neritina cf. fluviatilis L.
— *cf. pachyderma* Sndbg.
Clausilia bulimoides var. *triptyx* Bttg.

C. Jung eine *Alexia* sp. und wenige *Dreissenia Brardi.*

Im Zusammenhang mit demselben Profil ist endlich eine dunkelgraue Schlickschicht, Fig. 6, VI, gedacht, die ich nie sah; aus derselben soll das große, gelbliche Mergelstück (ca. 12 cm dick) stammen, in welchem Steinkerne von

Grewia crenata Ung.
Planorbis cf. *dealbatus* Al. Br.
Limnaeus

enthalten sind — Bewohner eines kleinen Süßwassertümpels. Diesen Organismen nach zu urteilen, ist diese Schichte jedenfalls noch dem Mittelmiocän zuzurechnen.

Nun folgt nach oben der Schichtkomplex, der sich einerseits aus weißen, kalkfreien Quarzsanden sehr verschiedener Korngröße, anderseits aus kalkfreien Thonen zusammensetzt, welche beide Gebilde nicht allein miteinander wechsellagern, sondern auch mehr oder weniger miteinander gemengt sind. Die Quarzsande sind mehrfach zu plattigen und großknolligen Sandsteinen verkittet und zwar durch kalkiges Bindemittel.

Die Deutung des unteren Teiles dieses Schichtkomplexes*) mit den Eppelsheimer Sanden scheint mir, einmal bezüglich des Liegenden, dann des Vorkommens von Knochenresten eines sehr großen Tieres, die wohl einem Mastodon oder einem Rhinoceros angehören mögen, wohl zutreffend; sie wären demnach als Unterpliocän zu bezeichnen. Die oberen Teile desselben, zusammen mit der diesen Schichtkomplex durchsetzenden nach Nord sich aus-

*) Die unter dem Thon im östlichen Teile des Bruches liegenden feinen Sande sind erst kürzlich wieder in einer Grube sichtbar geworden; unter denselben liegen nach Herrn Flach Konglomerate, die hier ein nicht unbeträchtlich tieferes Niveau einnehmen, als dort, wo sie im nordwestlichen Teile des Bruches zu Tage ausgehen.

keilenden Thonlinse, möchte ich in Rücksicht auf ihre lithologische Beschaffenheit*) mit den Sandschichten in Beziehungen bringen, welche uns die diversen Tiefbauten im Laufe des Untermains von Rotenham bis Raunheim, ferner die Bohrungen im Frankfurter Stadtwald zur Explorierung des Grundwasserlaufes und endlich Brunnenbohrungen in Griesheim und Nied zur Kenntnis gebracht haben, und welche ebenfalls mehrfach von petrefaktenlosen, sich auskeilenden Thonlagen durchsetzt sind. Sie sind somit oberpliocän.

Böttger stellt in dieses Niveau die feuerfesten Thone von Münster bei Hofheim und die Brauneisensteinflötze in der Grube Metz und Celestine bei Hofheim.

Wenn C. Koch in Bezug auf Bad Weilbach im großen Ganzen auf der Böttger'schen Arbeit fußt, so hat er dagegen diverse Stellen konstatiert, aus welchen diesem — wie ihn Koch vorsichtig nennt — obertertiären Horizont entsprechende Sedimente von ähnlicher, aber wie bei denen in Bad Weilbach selbst schwankender, lithologischer Beschaffenheit — Mosbach, Petersberg, Massenheim — zu Tage liegen oder bei Grabungen zum Vorschein kamen.

Es sind also auch hier Sande, die durch die ganze Natur ihres Materials von den darüberliegenden Diluvialsanden sich wesentlich unterscheiden, keine organische Reste führen und z. B. in Mosbach, wie auch bei Bad Weilbach, von Taunusschotter überlagert sind. Nach Koch ist dieser Sand auch durch die gelbe Färbung bestimmter Schichten gekennzeichnet; über demselben traf ich vor einigen Jahren im südlichen Teil der westlich von der Chaussee gelegenen Mosbacher Sandgruben ein Thonlager mit reichlichen Gipskrystallen.

Koch beschreibt diesen Horizont, wie er sich bei einer Brunnengrabung im südlichen Teile jener Gruben (östlich von der Landstraße) ergab (Erläuterungen zu Sektion Wiesbaden) ungefähr folgendermaßen: über einem mit *Cypris* erfüllten Hydrobienthon lag ein kieseliges Konglomerat aus weißen Quarzkieseln mit quarzitischem

*) Die lithologische Ähnlichkeit besteht darin, daß sie nur aus durchsichtigen, milchweißen oder rötlichen, verschieden großen und verschieden gerollten Quarzkörnern mit mehr oder weniger zahlreich eingestreuten Glimmerblättchen bestehen. Daß ihnen der Kalk durchaus fehlt, ist ein Beweis, daß die Verkittung zu Sandsteinen eine nachträgliche ist. Farbe graulichweiß bis gelblichbraun.

Bindemittel — 40 bis 60 cm mächtig —; unter und über demselben lagen weiße Quarzkiesel, welche dazu gerechnet werden müssen, so daß die ganze Kiesschichte eine Mächtigkeit von 1,5 bis 2,2 m hatte. Die auf dem Kiese liegenden Sande sind sehr fein und ziemlich gleichförmig, durch Eisenoxydhydrat gelblich, braun oder durch Manganoxyde schwärzlich gefärbt. Einzelne Schichten sind durch ein loses Bindemittel zu Sandsteinbänken verkittet, und es beträgt die Mächtigkeit dieser Sandschichten selten unter 2 m und noch seltener über 6 m. Die Mächtigkeit dieses ganzen Komplexes beträgt somit 3,5—8,2 m.

Recht interessant ist die durch teilweise Auflösung des Bindemittels entstandene, seltsam wellige Oberfläche, welche der mit kalkigem Bindemittel verkittete, oberste, plattige Sandstein zeigt.

Über den Sandsteinbänken lagert nun der diluviale Schutt, der Schutt der hohen Terrasse, die von Hofheim am Taunus entlang ca. 40 m über dem Mainniveau läuft; hier ist derselbe jedoch ohne die geringste Spur von Konchylien, während solche in Delkenheim ca. 4 km westnordwestlich etc. in ziemlicher Menge vorkommen.

Ein sprechender Zeuge der damaligen klimatischen Verhältnisse in hiesiger Gegend ist das Vorkommen von Resten eines *Spermophilus altaicus* Eversmann,*) der heute im nördlichen Sibirien heimisch ist. Nehring und schon früher H. von Meyer hat bekanntlich diesen großen Nager auch in den Lahnthalhöhlen konstatiert. Dasselbe Tier wurde auch im Eppelsheimer Sand gefunden; doch zweifelte schon damals H. v. Meyer sein tertiäres Alter an**). Das Vorkommen dieses Ziesels daselbst könnte nur durch seine Gewohnheit, 7—8′ tiefe Gänge zu graben, erklärt werden. Zwangloser ist dagegen dieses Vorkommen in Eppelsheim durch Koch dahin erklärt, daß zwischen dem hangenden Löß

*) Seltsam ist es, daß mir Herr Flach zu wiederholten Malen diesen diluvialen Kies als Fundort des von ihm im Bruch von Bad Weilbach gefundenen und von Dr. Böttger eingehend beschriebenen *Spermophilus citillus*, welcher von Nehring als *Spermophilus altaicus* Eversmann erkannt ist, bezeichnete, während Böttger die Konglomerate als die Fundschichte dieser Tierreste angibt. Da alle Angaben über diese Funde sowohl an Böttger, wie an mich vom Bruchbesitzer Flach stammen, so sollte man glauben, seine Dr. Böttger gemachte, frühere Angabe sei die zuverlässigere, besonders auch in Rücksicht auf den Erhaltungszustand des Schädelchens und die Art der Versinterung, während die Einlagerung des betr. Schädelchens im diluvialen Kies die natürlichere wäre.

**) 14. Offenbacher Bericht pag. 115.

und dem tertiären Eppelsheimer Sand ein diluvialer Sand liegt, der sich in dem zusammensetzenden Materiale sowohl, wie auch in den eingelagerten Geschieben auf den ersten Blick von dem tieferliegenden, meist durch eine sandige Thonbank davon getrennten unterscheidet. In diesem Sande ist aber der Erhaltungszustand der fossilen Knochen, wie dies neuerdings der Fund von *Arctomys marmotta* und *Foetorius* sp. beweist, den aus den obertertiären Sanden gewonnenen recht ähnlich. Die Identität der Weilbacher und Eppelsheimer Reste hat Böttger in seiner Abhandlung über den *Spermophilus* im 14. Offenbacher Bericht 1872—73 festgestellt. Der *Spermophilus altaicus* von Eppelsheim wird also wohl aus dem diluvialen Sand daselbst stammen.

Hält man an der Angabe Böttgers resp. der älteren Angabe Flachs über die Fundstelle des Weilbacher Schädelchens fest, so muß man zu der Erklärung v. Meyers greifen, um die tiefe Lage desselben, resp. das Vorkommen in einem älteren Sedimente, zu verstehen.

Die diluvialen Geröll- und Schotterschichten stehen deutlicher in der ganz nahe, nördlich gelegenen Kieskaute an. Man sieht hier zu oberst groben Taunusschotter; derselbe überlagert einen dem Mosbacher Sand recht ähnlichen, 1—1,5 m mächtigen Sand, der Maingeschiebe führt; durch ein schwarzes Manganband scheiden sich diese Sand- und Geröllschicht von dem darunter liegenden Taunusschotter.

Daß hier Schichtenstörungen stattgefunden haben, erkennt man durch kleine, aber gerade durch das Manganband deutliche Verwürfe, die in diesen Diluvialkiesen vorkommen; keilförmige Partieen derselben sind zwischen nach unten konvergierenden Verwurfslinien ca. 4,5 cm gesunken.

Die Schichtenstörungen, von denen das Gesamtbild des großen Bruches*) das sprechendste Zeugnis giebt, erklärt Böttger durch fortschreitende, langsame Zersetzung des Rupelthones, der durch seinen Gehalt an Eisenkies und organischen Substanzen die Speisung der in tieferem Niveau gelegenen Schwefelwasserstoff haltigen Natronquelle übernommen hat, also durch allmähliches Zusammensinken.

---

*) Auf das steile Einfallen der Konglomerate (ca. 35°) möchte vielleicht weniger Wert zu legen sein, da sie kaum durchgehende Bänke, sondern mehr Konkretionen im Sande darzustellen scheinen (siehe Skizze).

Indem sich für alle Schichten ein südöstliches Einfallen ergibt, scheint mir der Vorgang, den ich in »Geologische Tektonik der Umgegend von Frankfurt a. M.« Ber. 1885, beschrieben habe, auch hier zutreffend, da ebenfalls hier feuchte Thonschichten einem Druck von oben ausgesetzt sind, dem sie wirklich nach dem Thal hinaus weichen können. Nichtsdestoweniger scheint mir dieser Vorgang zur Erklärung der u. a. in der Nähe von Bad Weilbach, Flörsheim und Raunheim sich darbietenden Dislokation nicht entfernt zureichend (siehe »Senkungen im Gebiete des Untermainthales« Ber. 1885).

Der Löß legt sich östlich an die Terrasse an; er verschwindet aber gegen deren oberstes Niveau ganz, während er dem Thal zu, also auf der Ostseite des Bruches, in einer 5—6 m mächtigen Wand ansteht.

Thongruben von Sprendlingen 50° 1′ n. Br., 26° 22′ ö. L. Terrainoberkante am Schützenhäuschen, auf dem Weg von Sprendlingen nach Langen, 140 m üb. Normal Null, also höher als das Niveau, in welchem bei Bad Weilbach die obertertiären Sande und Konglomerate anstehen.

Die Löffler'sche Grube, an der Hainer Trift nahe der Straße nach Langen gelegen, zeigt folgendes Profil:

	Ordinate üb. Normal Null.	Tiefe unter Terrain.	Mächtigkeit.
1. Feiner, hellrötlichbrauner Sand mit kleinen Quarzkieselchen; die unterste Lage enthält Gerölle von Odenwälder Granit, Lydit und fleischfarbigem, geadertem Quarz	138,5	1,5	1,5
2. Hellgrauer, feinsandiger, kalkfreier, gebänderter Thon mit hellgelblichem bis braunem, feinem, schlichigem Sand 10—12mal wechsellagernd; Thonbänder zwischen 0,05—0,2 m, Sandzwischenlager zwischen 0,05—0,15 m Mächtigkeit schwankend; der Thon zeigt oft auf Klüften Mangandendriten und fällt schwach nordwestlich ein .		4,0	2,5
3. Schwerer, brauner, nicht sandiger Letten, nicht durchsenkt .		5,5	1,5

In der nahen Sandgrube von Konrad Schmidt liegt unter dem diluvialen Sand:

2. bräunlicher, auch rötlicher, reiner, gleichförmiger Quarzsand mit Manganoxydstreifen; Korngröße ca. 1,0 mm.
3. weißlicher, gleichförmiger, reiner Quarzsand (Korngröße 0,5 bis 1,0 mm); Quarzkörner weniger gerundet, meist durchsichtig, nicht selten rötlich, auch milchig weiß; selten metallglänzende Glimmerschüppchen; völlig kalkfrei. In großer Tiefe nicht durchsenkt.

Diese beiden Anbrüche zeigen ebenfalls, daß diese Thone nicht durchgehende Schichten sind, sondern sich in mehr oder weniger großer Erstreckung wieder auskeilen, also wieder in Sand übergehen.

Wir fassen das, was sich aus den vorgeführten Profilen etc. ergibt, in folgendem zusammen:

1. Ein obertertiäres Süßwasser-Becken, das seine Sedimente in der Zeit zwischen Ende des Mittelmiocäns und dem Beginn des Pleistocäns erhielt, hat sich als Versenkungsbecken zwischen Niederrad und Flörsheim-Bad Weilbach ausgedehnt.

2a. Das Material scheint teils das Rotliegende, teils der Taunus geliefert zu haben, da die Sedimente vorherrschend Quarzsande sind, welche sich durch ihren Kalkmangel kennzeichnen, vor allem also durch ihre Gleichförmigkeit von den Diluvialkiesen und -sanden hiesiger Gegend wohl unterscheidbar sind; die oft ziemlich zahlreichen Carneolkörner und Glimmerblättchen mögen wohl vorzüglich aus dem Rotliegenden stammen, das im Südost das Ufer des Beckens bildete.

Die Korngröße dieser Sande schwankt zwischen 0,2—2 mm; nur im Griesheimer Bohrloch kam in etwas größerer Tiefe grober Sand und Kies (Korngröße ca. 2—5 mm) vor.

Am westlichen Ufer dieses Seees sind diese Sande besonders reich an meist kantigen Quarzkieseln (Gangquarzit und Taunusquarzit); diese nehmen mit der Entfernung vom Gebirge mehr ab; sie sind noch zahlreich und wenig gerundet in einer Schichte in der Raunheimer Schleusenkammer; in Höchst sind sie dagegen nicht mehr häufig im grauen Sand, selten aber in dem Klärbecken bei Niederrad; auch im Griesheimer Bohrloch bemerkte sie Herr Follenius.

Diese Quarzkiesel, bei Abwesenheit jedes anderen Geschiebes, dürften wohl in hiesiger Gegend als die Leitfossilien des Taunus bezeichnet werden.

Die Quarzkiesel enthaltenden Sandschichten in Raunheim, Höchst und Klärbecken nehmen denselben Horizont ein, was auch von den Flötzchen daselbst gilt.

Silberglänzende Glimmerblättchen scheinen diese Sande, Kiese und Sandsteine auch ziemlich allgemein auszuzeichnen.

2b. Zwischen diese Sandschichten schieben sich mehrfach Thonlinsen, die jedoch keine durchgehenden Schichten bilden, sondern sich in ungleicher Horizontalerstreckung auskeilen. Auch sie sind kalkfrei. In denselben wurden mit Ausnahme eines eingeschwemmten marinen Cytherenschälchens (Böttger) keine tierischen Reste gefunden.

3. Die eben besprochenen Ablagerungen kontrastieren ganz ungemein mit dem im Mittel- und Untermiocän stattfindenden Wechsel von Kalk- und Mergelschichten, denen nur selten Quarzsande eingelagert sind. Auch dieser Umstand scheint auf eine nicht unbeträchtliche Änderung des Reliefs der Gegend nach der Untermiocänzeit hinzuweisen.

Der Gleichförmigkeit und der Kleinheit des Korns der Sande nach zu urteilen, scheint das oben in seinen östlichen und westlichen Grenzen bezeichnete Becken ein stiller See oder eine ruhige Bucht gewesen zu sein. Die ausreichend rasche Einschwemmung der meist etwas schlichigen Sande sorgte für die Erhaltung der mit ihnen transportierten Bäume, Äste, Früchte, überhaupt Pflanzenreste, (Raunheim, Höchst-Nied, Griesheim, Klärbecken, Bohrloch *f, e, i*).

4. Da diese obertertiären Sande in ziemlich verschiedener absoluter Höhe, auch abgesehen von ihrem Vorkommen bei Bad Weilbach, nach oben ausgehen, so mag nach Abfluß der Wasser und vor dem Eintreten des Mains in unser Gebiet die Oberfläche doch lange Zeit der Denudation ausgesetzt gewesen und so ihr Relief wellenförmig modelliert worden sein. Daß eine ziemlich lange Zeit dazwischen verstrich, das beweist das scharfe Abschneiden der obertertiären Schichten gegen das junge Diluv. Auf der linken Mainseite und außerdem in Griesheim und Nied ist hiernach der älteste diluviale Fluß dieses Gebietes nicht über die pliocänen Sande hinweggegangen, sondern hat ein anderes Bett eingehalten.

Nicht zutreffend ist dies für Bad Weilbach, da sich von hier bis Mosbach die Sedimente — oberpliocänen und unterpleistocänen *) — ziemlich unmittelbar einander gefolgt sind. Hier haben also wohl nur während der Obermiocänzeit die Ablagerungen eine Unterbrechung erfahren. Auch mit Einschluß der Eppelsheimer Sande fehlen uns nämlich im ganzen Gebiet des Mainzerbeckens Schichten, die als obermiocäne charakterisirt wären und sich als solche ansprechen ließen.

Auch die Früchteschicht, resp. Braunkohlenschicht hat nicht horizontalen Verlauf — im Klärbecken ist ihre Ordinate 88—86, in Höchst 83, in Raunheim 84.

5. Daß sich der Flörsheim-Niederräder-See auch weiter nördlich über das rechte Ufer des Mains hinaus ausgedehnt hat, dafür sind bisher zwei Thatsachen bekannt; es sind dies die Bohrungen in Griesheim und Nied, welche die Pliocänsande zu Tage förderten, so daß das liegende Miocän in Nied 40 m unter Terrain, in Griesheim in 28 m unter Terrain noch nicht erreicht wurde.

Dagegen möchte man wohl auch mit Recht glauben, daß jener See vom Main aus nach Norden nicht weit reichte, wenn man nach der Analogie der Grindbrunnenquellen (siehe p. 191—199) und der Schichten, aus denen sie aufsteigen, den Faulbrunnen im Nieder Wald aus dem Corbiculathon aufsteigend hält.

6. Die geringste Mächtigkeit hat dieser Sand-Thon-Schichtenkomplex natürlich an seinen Ufern, also bei Bad Weilbach ca. 6 m und am Forsthaus im Bohrloch *a* ca. 15 m. Im Bohrloch *c* ist dagegen seine Mächtigkeit mindestens 44 m, im Bohrloch Nied ca. 33 m. Die Unterkante dieser Sande und Thone wurde aber auch hier nicht erreicht.

Hoffen wir, dass bei Fortsetzung der Bohrungen diese Frage und noch andere, die wir p. 209 angedeutet haben, ihre Beantwortung finden.

Wohl nur scheinbar ist dieser Schichtkomplex durch den Aufschluß in der Kelsterbacher Schleusenkammer-Baugrube, wo die Sohle 25 m unter Terrain, in 88 m über NN noch im Diluv steckt — unterbrochen, da an den meisten Lokalitäten die Oberkante der pliocänen Sande in tieferem Niveau als in Ordinate 88 liegt.

*) Da in Mosbach zwischen pliocänem und sog. Mosbacher Sand Taunusschotter liegt, so wird letzterer als Unterpleistocän zu gelten haben, nachdem Sandberger (Pal. 27. Bd. p. 93) die letzteren Sande als mittelpleistocän orientiert hat.

7. Die Früchte führende Schicht gehört den höheren Particen des Gesamtkomplexes dieser Sande an, so daß sie ebenso sicher als Oberpliocän zu bezeichnen ist, wie die Früchte führenden Schichten der Wetterau und Seligenstadts.

8. Eine Gliederung dieses Schichtkomplexes ist nicht möglich, bis nicht durch Bohrung das effektiv gut orientierte Miocän unter dem obertertiären Sandkomplex erreicht, d. h. derselbe in seinem ganzen Betrag auch in der Tiefe des Beckens bekannt ist. Möglich, daß es dann Anhaltspunkte gibt, ihn etwa so zu gliedern, wie man dies etwa für Bad Weilbach geltend machen kann. Nach der ganzen Sachlage ist es hier wahrscheinlich, daß gerade zwischen dem mittelmiocänen Hydrobienkalk und den Pliocänschichten kein organischer Zusammenhang herrscht, die letzteren vielmehr diskordant an jenem anliegen, während in der Profilskizze Fig. 6 eine konkordante Auflagerung notiert ist.

Lithologisch ist jedenfalls Ober- und Unterpliocän in unserem Teile des Mainzerbeckens ganz konform.

9. Tierische Reste sind — mit Ausnahme der Fragmente großer Säugerknochen in den Konglomeraten von Bad Weilbach — in den Sanden nirgends gefunden worden.

Dagegen haben sich in verschiedenen Horizonten Pflanzenreste — an drei Lokalitäten sogar kleinere Flötzchen — vorgefunden; das Hauptmaterial sind Stammreste; außerdem haben sich aber auch Früchte in großer Menge erhalten, wonach die beiden Früchte-Schichten im Klärbecken und in der Höchst-Nieder Schleusenkammer zweifellos völlig demselben geologischen Horizont angehören.

Was nun diese Floren doppelt interessant macht, ist, daß sie die durch die Schichtfolge erkannte Stellung der hier besprochenen Sande bestätigt, da der Gesamthabitus derselben mit der Wetterauer Pliocänflora große Übereinstimmung hat.

Der organische Gehalt der Sande scheint sich auch durch die graue Farbe zu verraten; wenigstens sind die oberen nicht oder wenig von Thon überlagerten, den sauerstoffhaltigen Wässern mehr zugänglichen Sande heller, durch geringen Eisengehalt auch gelblich bis gelb, während sie nach unten geschlossen grau bleiben.

Mit diesen Schichten schließt das von Ende der Oligocänzeit an im Mainzer Tertiärbecken herrschende Stillleben ab. In demselben haben daher alle Veränderungen der Konchylfauna ohne fremde

Beeinflussung stattgefunden. Mit der Zunahme der Aussüßung nehmen natürlich die Süßwasserkonchylien zu, wie dies in den mittelmiocänen Hydrobienkalken zu beobachten ist. In den in völlig süßem Wasser niedergeschlagenen Sanden und Thonen der Pliocänzeit fehlt dagegen, wie schon erwähnt, jede Spur tierischen Lebens, also auch jede Spur von Süßwasserkonchylien.

Die von Ende der Pliocänzeit an sich in höherem Maße geltend machende Erosion thut das ihrige, die Wasser des Mains und der Nied unserer Gegend zuzuführen, welche Sedimente transportierten, die aus verschiedenartigen Elementen sich zusammensetzend von den bisherigen Sedimenten gut unterscheidbar sind.

Im Zusammenhange hiermit, weise ich in erster Linie darauf hin, daß nach meiner im Bericht 1884, p. 173 geltend gemachten Orientierung zwischen Aschaffenburg und Hanau resp. Seligenstadt und Groß-Steinheim sich auch ein Pliocänbecken befand, in welchem die Seligenstädter Braunkohle sich abgelagert hat. Da die Sedimente desselben jedoch thoniger Natur zu sein scheinen, so möchte eine Verbindung nach Westen mit dem Louisa-Flörsheimer Becken nicht wahrscheinlich sein.

Dann erinnere ich an diverse kleinere pliocäne Süßwassersee'n in der Wetterau, in welchen ebenfalls nicht unbeträchtliche Braunkohlenablagerungen stattgefunden haben, so östlich von Friedberg, und östlich von Münzenberg bei Hungen-Wölfersheim (Ludwig Palaeont Bd. V).

Bezüglich weiter nördlich erfolgter Ablagerungen aus der Pliocänzeit gibt v. Koenen in seiner Abhandlung über »geologische Verhältnisse, welche mit der Emporhebung des Harzes in Verbindung stehen« (Jahrb. d. preuß. geol. Landesanstalt 1883, p. 194) folgende Mitteilungen: »Zu erwähnen ist ferner das Auftreten von pliocänen Tertiärbildungen auf der Sohle oder an den Gehängen von Versenkungsbecken oder Spaltenthälern. Aus den braunen Thonen von Fulda hat Speyer (Zeitsch. d. d. geol. Ges. 28 p. 417 und 29 p. 852) schön erhaltene Zähne von *Mastodon arvernensis* und *Mastodon Borsoni* bekannt gemacht, und Beyrich wies gleich darauf hin, daß dies von Wichtigkeit für die Altersbestimmung anderer, in Thalbildungen von Diluvium bedeckter Tertiärbildungen sei. Es sind hierunter natürlich nicht die oben erwähnten in Spalten eingestürzten oligocänen oder vielleicht altmiocänen Tertiärschichten zu verstehen, welche oft genug jetzt auch in Thalbildungen liegen, sondern solche, welche sich in den bereits gebildeten Thalbecken etc. abgelagert haben. Es sind dies besonders in dem Gebiete der Fulda und der Werra auftretende, bei der geologischen Kartierung dieser Gegend aufgefundene, zum Teil aber auch schon von Hassencamp (V. Ber. Ver. f. Naturk. zu Fulda 1878) beobachtete, meist wenig ausgedehnte Ablagerungen, welche in der Gegend von Fulda-Hersfeld graue Schluffthone in Verbindung mit hellen Quarzsanden und Geröllen, vereinzelt auch Braunkohlen und, wie es scheint, darüber liegend, braunen Lehm enthalten; dieser wird dem Diluviallehm ganz ähnlich und ist augenscheinlich in ähnlicher Weise entstanden. Die Gerölle sind mir von Fulda bis über Hersfeld hinaus bekannt, wechseln oft mit Sand, enthalten Quarzbrocken und vor allem größere und kleinere gut abgerundete Buntsandsteinstücke, welche indessen des färbenden Eisenoxyds gänzlich beraubt sind. Sie unterscheiden sich von dem dortigen »Schotter einheimischer Gesteine« also nur durch ihre helle Farbe, sind also wohl von der Fulda zur Pliocänzeit abgelagert und zwar nach Bildung der wesentlichsten Terrainformen durch Dislokationen.«

Es ist hier auch noch erwähnt, daß die hieher gehörigen Braunkohlen bei Rhina (zwischen Fulda und Hersfeld) eine kleine Flora geliefert haben, deren Beschreibung sehr wünschenswert erscheint.

Nachtrag. Noch vor Drucklegung wurde mir durch die Güte des Herrn Wilh. Löffler, Ziegelfabrik-Besitzer in Sprendlingen, Oberkieferzähne und Geweihfragmente eines Hirsches aus der Thongrube (siehe p. 222) zugesandt. Dieselben scheinen *C. elaphus* am nächsten zu stehen. Diese Thone und zugehörigen Sande sind demnach nicht oberpliocän sondern wahrscheinlich mittelpleistocän, wofür besonders auch die Höhenlage (138 m) spricht, da sie mit derjenigen der Hochheim-Mosbacher Terrasse ziemlich übereinstimmt. — Herr Prof. Dr. Nehring, dem ich diese Zähne zur Beurteilung sandte, schreibt: »Die Zähne sehen denen von *C. elaphus* sehr ähnlich; ich halte es aber für sehr schwierig, nach einigen oberen Backenzähnen überhaupt eine Cervus-Species zu bestimmen! Wer garantirt, ob die Zähne nicht ebenso gut von *C. maral*, *C. Lütdorfi* oder *C. eustephanus* herrühren? Ob nicht der Vorläufer unseres *C. elaphus* etwas verschieden von der heutigen Species war? Ich halte es für besser in solchen Fällen auf eine bestimmte Namengebung zu verzichten, ich würde niemals auf einige obere Backenzähne, welche noch dazu nicht einmal im Zusammenhang erhalten sind, eine Cervus-Art gründen, besser geht es bei unteren Backenzähnen.«

Anhang.

I. Quellenverhältnisse westlich von Frankfurt a. M.

Mehr von lokalem Interesse nur, wenn auch mit dem geologischen Schichtbau in innigster Beziehung, mögen meine bei Begehung des eben besprochenen Gebietes, im Sommer 1884 gemachten, auf Quellenverhältnisse bezüglichen Notizen sein.

1. Hafenbaugrube. Erst (August 1885) nahe dem westlichen Ende der Baugrube für die nördliche Quaimauer, also rechtsmainisch kam von Norden eine vorzügliches Wasser führende Quelle durch Mainkies auf Tertiärthon fließend zu Tage.
2. Schleusenkammer Niederrad. An südöstlicher und südwestlicher Seite drang durch den Sinter Quellwasser.
3. Roterham. Quellen, die aus dem gleichförmigen grauen oder gelblichen Sand hervorbrachen, drängten vertikal nach oben, lockerten daher den Sand in hohem Grade, so daß das Begehen der Sohle der Baugrube — 8 m unter Terrain — mit Aufmerksamkeit geschehen mußte; sie zeigen ein thoniges Unterlager an.
4. Gehspitze. Nach Mitteilung des Verwalters der Holzmann'schen Ziegelfabrik daselbst ist der Brunnen 9 m tief. Der Wasserzufluß sei hier um so stärker, je mehr Wasser abgepumpt werde.
5. Griesheimer Chemische Fabrik. Herr Follenius stellte fest, daß in den Brunnen daselbst kein Mainwasser kam, wonach der Main daselbst, ebenso wie bei Nied, auf einer Wasser undurchlässigen Schicht fließt.
6. Nied, Gelatinefabrik von Dr. Fischer. Zum Zweck der Herstellung eines Brunnens wurde im April 1884 ein Bohrloch (siehe p. 214) bis ca. 40 m unter Terrain nieder-

gebracht, ohne darin aufsteigendes Wasser zu erhalten. In diesem Frühjahr wurde der Brunnenschacht aufgeräumt und bis auf die erste blaue Lettenschicht (siehe Bohrprofil aus der Gelatinefabrik von Nied Nr. 2. ein Cylinder eingetrieben; die über dem Letten liegende Schichte grauen Sandes gibt jedoch höchstens per Minute 100 Liter; hört die Pumpe auf zu arbeiten, so steigt das Wasser ca. 1—1,3 m und behält dann seinen Stand. Wir wollen diesen Brunnen »Niedbrunnen« nennen.

Im Innern der Gebäude desselben Etablissements und zwar 100 m weiter nach dem Main, von letzterem jedoch noch ca. 200 m entfernt, also zwischen dem Niedbrunnen und dem Main gelegen, befindet sich ein Brunnen, dessen Sohle ungefähr 8 m unter Terrain, demnach wohl ziemlich im Niveau der Sohle der gegenüberliegenden, ausgeräumten Schleusenkammer liegt. Dieser Brunnen, den wir zum Unterschied vom obigen Brunnen »Mainbrunnen« nennen wollen, füllt sich zeitweise, z. B. bei der Überschwemmung im Jahre 1876, vollständig mit dem gleichförmigen feinen Pliocänsand. Nach der Überschwemmung sank, nach Abzug des Wassers und des den Brunnen füllenden Sandes, das über der Sohle liegende Terrain, in Folge der Ausschwemmung des Sandes durch das von unten zudringende Wasser, nicht unbeträchtlich (ca. 2'). Dieses Ausschwemmen geschieht übrigens auch sonst bei stärkerem Zuzug von Wasser, sodaß das Wasser, sobald es reichlich zuströmt, unrein, dagegen nur rein ist, wenn der Zuzug des Wassers langsamer erfolgt. Der Brunnen steht demnach mit seiner unteren eisernen Röhre ganz im grauen Pliocänsand, welcher die Wasser führende Schicht ist. Dies bestätigt sich auch dadurch, daß mit der Ausräumung der Höchster Schleusenkammer-Baugrube das Wasser im Mainbrunnen zum größten Teile ausblieb. Das Wasser dieses Brunnens kommt demnach von Süden her, also unter der oberen Lettenschicht in obiger Baugrube (siehe p. 213 No. 5), welche Schicht, wie dort bemerkt, die Mainsohle bildet. Nach Zumauerung der Schleusenkammer stellte sich im Mainbrunnen das Wasser allmählich wieder ein. Wasseranalysen, welche diesen Zusammenhang auch noch hätten bestätigen können, sind nicht gemacht worden.

Rätselhaft bleibt das so ganz verschiedene Verhalten des nur 100 m nördlich vom Mainbrunnen gelegenen Niedbrunnens bezüglich des Wasserzuzugs. Im Profil des letzteren (p. 214) fällt, wie schon oben hervorgehoben, die große Mächtigkeit des unter dem Pliocänsand gelegenen Thones bei der großen Uniformität aller anderen Tiefen-Profile — von Louisa bis Raunheim — auf; um das beiderseits so verschiedene Verhalten zu verstehen, könnte man ein weiteres Herauftreten des Thones gegen das Terrain zwischen den beiden Brunnen vermuten, wozu man aber sonst keinen Anhaltspunkt hat.

Herr Dr. Fischer hat durch Analysen der verschiedenen in Frage kommenden Wässer (Mainbrunnen und Niedbrunnen, Main und Nied) evident festgestellt, daß das Wasser aus diesen Brunnen kein Nied- und auch kein Mainwasser ist, daß aber auch im Laufe der Zeit ihr Festgehalt nicht unbeträchtliche Schwankungen erfährt.

7. Nied bei Schmied Kilp. Der Brunnen daselbst im schweren Mainkies gelegen ist 5,8 m tief; derselbe hatte auch im trockenen Sommer 1884 stets 50 cm Grundwasser. Ob das Liegende dieses Kieses Corbiculathon ist, wie ich vermute, konnte ich nicht in Erfahrung bringen.

8. Nied, Baugrube des Nadelwehrs und der Schleusenkammer.

In der Nadelwehrbaugrube war der graue Letten, das Liegende des Kieses, 2,5 m mächtig; derselbe ist es, welcher die von Süden kommenden Quellen am Aufsteigen nach oben hindert; dieser Letten soll nach Mitteilung des Kgl. Bauaufsehers Herrn Splett sackartig Sand enthalten, was ich jedoch im Profil der Schleusenkammer-Baugrube nirgends beobachtete. Nach Abdecken des Kieses und eines Teiles des Lettens kam es zu ganz bedeutenden Quellendurchbrüchen, die einmal, nach Mitteilung von Herrn Splett, in 1 Stunde 1200 cbm Wasser nach oben ergossen, wobei mit dem unter dem Thon liegenden, grauen Sand auch Stammstücke und Früchte empor kamen — ein Beweis, daß das Flötzchen in der Schleusenkammer Höchst sich auch noch nördlich fortsetzt. Nicht allein die Art des Quellendurchbruches, der die Baugrube des Nadelwehrs in kürzester Zeit unter Wasser setzte, sondern auch der Umstand, daß der Brunnen der Gelatinefabrik zu den Quellen der gegenüber liegenden Schleusenkammer-Baugrube in Beziehung sich zeigte, bezeugen, daß die Wässer, die sich in dem grauen Sande bewegen, von Süden, nach Nied also unter dem Main her kommen.

In der Schleusenkammer Höchst waren am Grund der Baugrube auch einige Quellen, welche die im grauen Sand liegenden Früchte rein wuschen.

9. Schwefelquelle am Nieder Wald, zwischen Nied und Rödelheim. Auf dem Wege von Nied nach Rödelheim, etwas links von der Straße gelegen, ist eine Schwefelquelle in 4 m Tiefe gefaßt.

Dieser Nieder Faulbrunnen liegt in einem Terrain mit stehendem Wasser. Daß die Sohle dieser Wasseransammlung Cyrenenmergel ist, resp. das Schwefelwasser diesem entstammt, wie es C. Koch auf der geologischen Karte notiert, ist jedenfalls nicht zutreffend; vielmehr wird dieselbe, gleich den Grindbrunnenquellen, aus Corbiculathon aufsteigen, was bei den in »Senkungen«, Bericht 1885 konstatierten Dislokationen, trotz der Nähe der pliocänen Ablagerung in Nied das wahrscheinlichste ist.

Aus dem Wasser des Nieder Faulbrunnens steigen in Menge und zwar diskontinuirlich, in großer Menge, Gasblasen; sie entwickeln sich erst beim Aufsteigen des Wassers, resp. bei allmählicher Abnahme des auflastenden Druckes. Die Temperatur mag ungefähr 8—9° R sein. Das überfließende Wasser hat wenig Schwefel abgesetzt.

In Nied selbst gibt es nach den Angaben des Bürgermeisters und des Herrn Dr. Fischer keine Schwefelquellen, was schon aus der geologischen Schichtfolge zu schließen ist.

10. Schleusenkammer gegenüber Okriftel. Es wurde ein starker Wasserzufluß von Osten und von unten, nicht jedoch vom Main konstatiert; eine Quelle war von ziemlichem Belang; sie konnte 70—80 cm hoch gestaut werden. Die grauen Sande mit den weißen Kieseln wurden jedoch in der Sohle der Baugrube (Ordinate = 80,9) nicht erreicht. Die Diluvialanhäufungen sind daher, da das Kelsterbacher Plateau die Ordinate 106,0 hat, zum mindesten 25 m mächtig.

11. Schleusenkammer Raunheim. Die Grundwasser zogen auch hier trotz des trockenen Sommers in großer Menge zu, so daß die Pumpen tüchtig zu thun hatten. Regen und längerer Regenmangel machte sich im Wasserzufluß bemerklich, doch nicht beträchtlich; der Wasserstand im Rohr variierte zwischen 10—15—20 cm. Die Brunnen in Raunheim haben während der Ausräumung der Baugrube sehr abgenommen; jetzt nach der Vermauerung ist-ihr Wasserstand wieder in ehemaliger Höhe, was beweist, daß das Grundwasser sich nicht in den Main ergießt. Quellen, die da und dort in der Sohle der Baugrube zum Vorschein kamen, deuten auf thoniges Unterlager, das aber mindestens 1 m unter der Baugrubensohle liegt.

Vom Main nach der Schleuse drückte sich erst ganz zuletzt etwas Wasser.

II. Seltsame Funde in den Baugruben Roterham, Höchst und Raunheim.

Roterham. In der südwestlichen Ecke, 6 m unter Terrain, wurde eine Kaurischnecke, *Cypraea moneta* L. gefunden; nach dem westlichen und südlichen Einfallen (siehe Baugrube Roterham, Profil) zu urteilen, wird diese Schnecke nicht im pliocänen, wohl aber im Tiefsten des jungdiluvialen Sandes gelegen haben. Herr Ingenieur Löhr war bei dem Auffinden derselben zugegen.

Höchst Schleusenkammer. Diese Baugrube lieferte eine mittelmeerische Schnecke, einen *Chenopus pes pelecani* L., und zwar in sehr guter Erhaltung; er wurde im Tiefsten des Kieses vom Kgl. Bauaufseher Herrn Splett gefunden.

Raunheim Schleusenkammer. Auch in der tiefsten Diluviallage, nach Angabe des Herrn Bauaufsehers Bergmann im gleichförmigen Sand, kam ein fremdländisches Konchyl zum Vorschein, ein stark gerundetes Bruchstück von *Pectunculus*, der jedoch noch seine lebhaft braune Farbe zeigt.

Bearbeitung ist an keinem dieser Konchylien zu beobachten.

Senkungen im Gebiete des Untermainthales unterhalb Frankfurts und des Unterniedthales.

Beschrieben von

Dr. phil. F. Kinkelin.

In meinem Vortrage über die geologische Tektonik der Frankfurter Umgegend (Senckenberg. Ber. 1885.) habe ich gelegentlich der Anschauung Carl Kochs gedacht, daß die höhere Lage der älteren Tertiärschichten des Mainzer Tertiärbeckens eine fortgesetzte Hebung desselben während seines Bestandes bedeute.

Im folgenden möchte ich nun Anhaltspunkte an die Hand geben, die den Beweis erbringen, daß wenigstens von der jüngeren (mittelmiocänen) Tertiärzeit unser Gebiet ein Senkungsgebiet darstellt, daß also die Niveauunterschiede aus dieser Zeit und wohl auch aus früherer nicht Hebungen, sondern Senkungen zuzuschreiben sind. Mit diesem Niedergang ging parallel die Auffüllung des Beckens im Innern, wodurch der wassererfüllte Raum doch immer kleiner werden mußte, bis auch die letzten Reste da und dort — in der Wetterau, im oberen und im unteren Teil des Untermainthales — von Süßwasserablagerungen ausgefüllt waren. Wie im Süden und Norden Deutschlands, so auch in Mitteldeutschland, wenn auch hier nicht so drastisch, ist das Ende dieses Zeitraumes der Anfang einer Zeit, in welcher andere die Erdoberfläche modellierende Faktoren in die Erscheinung oder doch wenigstens in den Vordergrund treten.

Längst beschäftigte uns, meinen Freund, Herrn Ludwig Becker, jetzt in Hamburg, und mich, die Frage, wo ist das Tertiär hingekommen, welches die Verbindung desjenigen der hohen Straße und der Sachsenhäuser Höhen (Lerchesberg) mit dem des Taunusrandes herstellte, resp. auf welche Weise ist es beseitigt?

Ein Blick auf die geologische Karte zeigt die Corbiculaschichten am Lerchesberg und an der Oberschweinstiege südlich von Sachsenhausen als den westlichsten Rand des Tertiärs dahier, geschieden durch mächtige Diluvialterrassen von den Tertiärschichten bei Diedenbergen, Bad Weilbach, Wicker, Flörsheim, Hochheim.

Wo Flußläufe vorhanden sind oder für die Vergangenheit konstatiert werden konnten, da lag das Wohin und Wie klar. Es ist keine Frage, daß hinter resp. südlich dem Oberrad-Sachsenhäuser Tertiärzug das Tertiär in großer Breite von einem früheren Mainlauf, vom Main Babenhausen-Kelsterbach, dessen Zeuge z. B. die mächtige Terrasse Station Goldstein - Station Schwanheim-Kelsterbach-Claraberg ist, erodiert worden ist. *) Und ein kümmerlicher Epigone der wasserreichen, erosionsgewaltigen Diluvialzeit ist auch unser heutiger Main, der in früherer Zeit ebenfalls tüchtig ausgeräumt und so das Zusammenhängende getrennt hat.

Nun gehören aber zu jeder Terrasse zwei Ufer, an welche sie sich anlehnen kann, und seien sie noch so niedrig. Es wirft sich daher die Frage auf, nicht allein, wo ist das südliche Ufer des Babenhausen-Kelsterbacher Mains, sondern auch das nördliche Ufer desselben hingekommen und zwar bezüglich des letzteren von der Stelle an, wo die Darmstädter Eisenbahn den Louisa-Basalt durchschneidet und auch in Diluvialablagerungen jener Terrasse einschneidet? Wo ist also das Tertiär von hier bis an die Reste von Hydrobienkalk unterhalb Diedenbergen und Bad Weilbach hingekommen? Bis dahin waren nämlich die tertiären Oberrad-Sachsenhäuser Höhen, die man südlich, wie schon berührt, noch über die obere Schweinstiege verfolgen kann, das nördliche Ufer dieses Flusses.

Westlich der Main-Neckarbahn trifft man also keine Spur von Tertiär an!

Nun ist ja der Denudation viel zuzumuten; sie hätte aber auch die Sachsenhäuser Höhen beseitigen müssen, die derselben ebensolange ausgesetzt sind. Warum geschah dies dort und nicht hier?

---

*) Anm. In Neu-Isenburg traf man im dritten Hause von Frankfurt kommend, im Gasthaus zum Löwen, bei einer Kellergrabung Tertiärkalk; der Brunnenstock des Lauterbach'schen Hauses im »großen Garten« in Neu-Isenburg steht in 26 Fuß Tiefe auf festem Fels, der kaum etwas Anderes sein wird, als Corbicula-Kalk.

Die westlichsten miocänen Tertiärschichten im Mainthal sind nordnordöstlich von der Louisa die Thone am Riedhof, von welchen Volger (Beiträge zur Geologie des Großh. Hessen, 1858, Heft 1, p. 28) berichtet hat, und fassen wir den am »Pol« unterhalb des Gutleuthofes durch den Main ziehenden Basalt *) als Fortsetzung des Louisabasaltes auf, was aus noch näher mitzuteilenden Gründen sehr wahrscheinlich ist, so sind in direkter Nähe des Mains das westlichst gelegene, bekannte, miocäne Tertiär die Letten und Kalksinter, welche beim Ausräumen der Niederräder Schleusenkammer zum Vorschein kamen und unser Interesse in so mancherlei Beziehungen anregten (Senckenb. Ber. 1884 p. 219—258).

Hier rekapitulieren wir nur,

1. daß diese Schichten, was natürlich nur von den Letten gelten kann, konkordant den im oberen Lauf des Mains anstehenden Tertiärthonen aufliegen, also wohl der oberste Horizont des in hiesiger Gegend so mächtigen, oberen Untermiocäns sind;
2. daß sie wohl mit den Thonen am Affenstein, deren Fauna Dr. Oscar Böttger beschrieben hat, kontemporär sind (Bericht 1884 p. 233—236);
3. daß sie — und das gilt von den merkwürdigen, mächtigen Kalksinterbildungen — in ihrer Entstehungsgeschichte mit den vulkanischen Erscheinungen der nächsten Umgebung — Pol unterhalb des Gutleuthofes — in ursächlicher Beziehung stehen (Bericht 1884 p. 224—227), so daß umgekehrt der Kalksinter in der eigentümlichen daselbst beschriebenen Form als Indikator für ein nachbarliches Vorkommen von Basalt an-

*) Derselbe behält seine Breite von 150 m nicht bei, sondern engt sich vielmehr bis zum linken Mainufer auf 80 m Breite ein; südlich verschwindet er unter dem Kies und Aulehm. Linksseitig also liegt seine obere Grenze ca. 20 m unterhalb des Austrittes des Unterkanals in den Main, rechtsseitig etwa 600 m unterhalb des Gutleuthofes. Die Übereinstimmung des Pol-Anamesites mit demjenigen von Steinheim hat sich derweilen auch durch das reichliche Vorkommen von Halbopal, der zum großen Teil, wie in Steinheim, faserig umgewandelt ist und dadurch das Aussehen von verkieselten Baumstämmen erhält, vermehrt (Ber. 1884 p. 236). Die oberste Fläche des Basaltes am »Pol«, noch von 0,3—0,4 m Kies bedeckt, hatte hier die Ordinate 88,2; er wurde bis zur Ordinate 87,1 ausgehoben.

gesprochen werden darf. Als Beleg für letzteres kann die Einbettung von zahlreichen, ähnlichen Kalksinterstückchen in den Affensteinthon gelten, da sich neben denselben, wie Böttger konstatiert hat, auch lapilliähnliche Lavastückchen gefunden haben.

Diese Letten samt Sinterstöcken setzen nun auch, was neuerdings in der Baugrube des Nadelwehres, etwas oberhalb Gogelsgut beobachtet wurde, quer durch den Main, verlaufen also weiter nördlich*); sie sind es, welche die direkte westliche Fortsetzung der Letten und Mergel in der Hafenbaugrube bilden und als die Widerlage für die Stauung derselben bei ihrer nach Westen geschehenen gleitenden Bewegung angesprochen werden könnten (Senckenb. Ber. 1885 p. 174). Parallel mit diesen Südnord ziehenden Sinterbildungen streicht nun der Anamesit vom Pol an der Ausmündung des Unterkanals in den Main durch denselben.

Gelegentlich der Legung der Röhren für die Stadtwald-Grundwasserleitung wurde kürzlich der Louisa-Basalt **) direkt hinter dem Bethmann'schen Gut Louisa (also südlich desselben, hinter der Tannenhecke), im Bischoffsweg (ehemals Schwarzkautenweg), der vom Forsthaus nach der Station Louisa führt, somit fast unmittelbar vor derselben, senkrecht durchquert und zwar in einer Breite von nahezu 200 m, rechts und links von Flugsand begleitet und auch etwas von demselben bedeckt; die westliche Grenze dieses Basaltes im Bischoffsweg liegt 40—50 m vom Waldrand entfernt. Bei der ähnlichen Breitendimension und dem ziemlich geradlinigen Verlauf, der sich in dem zwischen dem I. und II. Durchlaß an der Main-Neckarbahn durchschnittenen Basalt fortsetzt, ist obige Voraussetzung, daß diese Basalte in der Tiefe zusammenhängen und wahrscheinlich derselben Spaltenerfüllung angehören, naheliegend.

---

*) Hier wurden auch wieder die weißen, sich auskeilenden Mergelpartieen (Ber. 1884 p. 223) angetroffen; aus einem solchen wurde eine Helixart herausgelöst, welche an *Helix Ramondi* erinnert; sie ist etwas verdrückt und ohne Skulptur.

**) Der Basalt, der bis 2,5 m tief ausgebrochen wurde, war hier an den beiden Seiten stark verwittert oder faul und nur in der Mitte frisch und fest; derselbe enthielt hier auch schönen Pechopal; die schwammige, bienrosige Beschaffenheit in den oberen Partieen scheint anzudeuten, daß die Denudation noch wenig beseitigt hat, d. h. daß noch ziemlich die ursprüngliche Oberfläche des Basaltes erhalten ist.

Westlich dieser Basaltstreifen bot den nächsten tieferen Einblick die Klärbeckenbaugrube am Rotenham unterhalb der dritten Eisenbahnbrücke — etwa 1,2 km westlich des »Pols« und ca. 2 km westlich des unteren Endes der Niederräder Schleusenkammer — dar.

Hier in dieser kurzen Entfernung zeigt sich, obwohl das westliche Einfallen der Schichten in der Schleusenkammer ein sehr geringes war, im Profil ein total verschiedenes Bild. Außer der jungen, von Aulehm bedeckten Mainterrasse, die auch in der Schleusenkammer den Tertiärletten überlagert, sind es hier gelbe und in der Tiefe graue, feine, gleichförmige Sande bis 9 m unter Terrain, aus welchen sich das Profil zusammensetzt.

Daß hiernach zwischen Klärbassin und Schleusenkammer keine konkordante Schichtenfolge vorhanden ist, scheint schon aus dem bisher Mitgeteilten gewiß. Durch den lithologischen und paläontologischen Charakter dieser gleichförmigen Sande erkannte ich dieselben als die bisher gesuchten Pliocänschichten des Mainzer-beckens im Untermainthal, welche ich in diesem Bericht genauer beschrieben habe. Zum mindesten wäre zwischen »Pol« und dritter Eisenbahnbrücke der ganze Komplex der mittelmiocänen Hydrobienschichten, sofern man konkordante und kontinuierliche Ablagerung annimmt, unterzubringen. Für diese Sachlage ist jedoch absolut kein Anhaltspunkt vorhanden.

Nun kam im Laufe des Winters das Projekt Lindley, das der Stadt aus dem Stadtwald Grundwasser zuzuführen versprach. Dasselbe war mir aus verschiedenen Gründen sympathisch, einmal weil ich diverse Indicien (Quellenverhältnisse. Ber. 1885 p. 2) kannte, die es von Erfolg erscheinen ließen, dann, weil es sich um Untersuchungen nach der Tiefe handeln mußte, weil vielleicht u. a. auch die Frage nach dem jüngeren Miocän in dieser Gegend ihre Lösung fand, wobei sich wohl auch die Totalmächtigkeit der pliocänen Sande ergab.

Für unseren Gegenstand kommt vorderhand nur das Östlichste der Bohrlöcher, welche zum Zwecke der Eruierung der Bodenuntergrundsbeschaffenheit des Stadtwaldes und seiner Wasserführung erbohrt wurden — als »α« bezeichnet — in Betracht. Es liegt ca. 180 m vor dem Oberforsthaus, rechts von der Straße (von Frankfurt kommend) im Wald und noch vor der Straße, welche nach Niederrad rechts abgeht, nur etwa 750 m von dem Basalt im Bischoffsweg entfernt.

Hier fand sich unter Terrain (103,74 m üb. N. N.)

in 13,17 Teufe grauer, gleichförmiger Thon, überlagert von grobem Mainsand,

in 16,09 m unter Terrain hellgrauer, gleichförmiger Sand und

in 21,49 m, also im Ordinate 82,25 ein gelblich brauner Letten, der mit gleichsam zerbackten Holzsplittern durchspickt war; ihm folgte ein jedenfalls von Bitumen schwärzlich gefärbter, zäher Thon.

In 30,27 m, also im Ordinate 73,47 üb. N. N. änderte sich plötzlich die Beschaffenheit des erbohrten Materials; es erschien eine mit dunklen, kleinen Brocken reich erfüllte Schicht; bei näherer Untersuchung erwies sie sich zusammengesetzt

aus wenig Thon, zumeist aus größeren, wenig gerundeten und wenig angewitterten Stückchen Basaltes.

Bei der Bohrung, die von nun an sehr langsam — nur ca. 50 cm per Tag — fortschritt, und die nur wegen des sich an dieses Bohrloch knüpfenden, geologischen Interesses fortgesetzt wurde, ist der Basalt, der nun in festem Fels ansteht, bis zu einer Tiefe von 5 m durchsenkt worden.

An diesem Basalt fiel vor allem auf, daß er, verglichen mit dem frischen Basalt aus dem Bischoffsweg, wesentlich dichter ist, ferner daß er die Poren ausfüllende hellgelbliche Ausscheidungen. die nach der Bestimmung von Dr. Schauf Halbopal sind, enthält. Nach der gefälligen Auskunft, welche uns Herr Prof. Rosenbusch erteilte, stimmt trotzdem das fragliche Gestein vollständig mit einem s. Z. an der Louisa gesammelten und von ihm untersuchten Basalt überein.

Was ich von dieser Bohrung erwartet hatte, hatte sich nicht erfüllt; der untermiocäne Letten Frankfurts wurde als Liegendes nicht erreicht*); dagegen stellte sich durch dieselbe hier ein Verwurf, eine Senkung von mindestens 33 m dar, die jedoch höchst wahrscheinlich einen viel größeren Betrag hat. Ein Stück der deckenartigen Ausbreitung des Louisa-Pol-Basaltganges scheint demnach im Westen mit den ihn unterteufenden, wie auch überlagernden Schichten in die Tiefe gegangen zu sein. Leider machte das Abreißen des Bohrers der Bohrung ein Ende, so daß die Dicke

*) Hermann von Meyer führt an, daß der Louisa-Basalt als Liegendes Litorinellenthon d. i. Corbiculathon habe.

des Basalts, wie auch der Horizont ihres Liegenden nicht, wie beabsichtigt, festgestellt werden konnte.

Es bedarf kaum der Bemerkung, daß die Thatsache eines beträchtlichen Verwurfes nicht bloß in der tieferen Lage des Basaltes liegt, welches Verhältnis man sich etwa wie in beistehender Figur denken könnte, welche aber auch eine andere Auffassung zuließe, sondern vor allem in dem Niveau einerseits des Pliocänsandes im Bohrloch und anderseits des östlich vom Louisabasalt gelegenen, untermiocänen Kalkes und Mergels am Sachsenhäuser Berge.

Fig. 7.

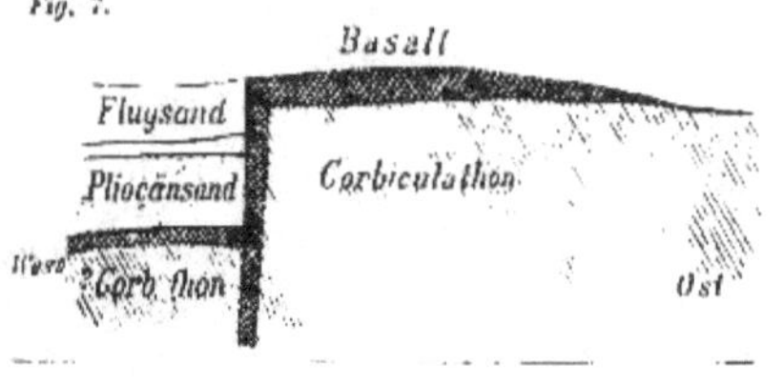

Diese letzteren erreichen dort 475′ = 149 m üb. N. N. während die Unterkante des Pliocäns hier westlich des Basalts in 73,47 m üb. N. N. liegt — eine Höhendifferenz von ungefähr 75,5 m.

Da mehrere der Basaltergüsse in nächster Umgegend, nämlich diejenigen an der Louisa, am Pol, am Affenstein, bei Eckenheim und in Bockenheim als zur Corbiculazeit geschehen erwiesen sind, und allem nach die übrigen mit diesen in Zusammenhang stehen, so könnte allerdings der Basalt im Bohrloch α auch diesen geologischen Horizont darstellen.

Wo jenes tertiäre Ufer des Kelsterbacher Mains hier, gerade von der Stelle an, wo der Tertiärkalk aufhört und der Basalt in der Umgegend der Louisa auftritt, hingekommen ist, ist somit klar. Es ist in die Tiefe gesunken mit allen während seiner Senkung auf ihm abgelagerten Sedimenten.

Hier hebt zweifellos die Versenkung im Osten an, welche uns so auffällig bei Flörsheim im Westen vorliegt, wo jüngstes Tertiär in der Schleusenkammer Raunheim (siehe Bericht 1885, Pliocänschichten im Untermainthal) bloß gelegt war, ältestes Tertiär aber in gleichem oder sogar einige Meter höheren Niveau in einer Entfernung von kaum 1 km in den großen Thongruben unterhalb Flörsheim offen zu Tage steht.

16

Hier schneiden also jüngstes und ältestes Tertiär — Pliocän und Mitteloligocän — scharf gegeneinander ab.

Fig. 8.

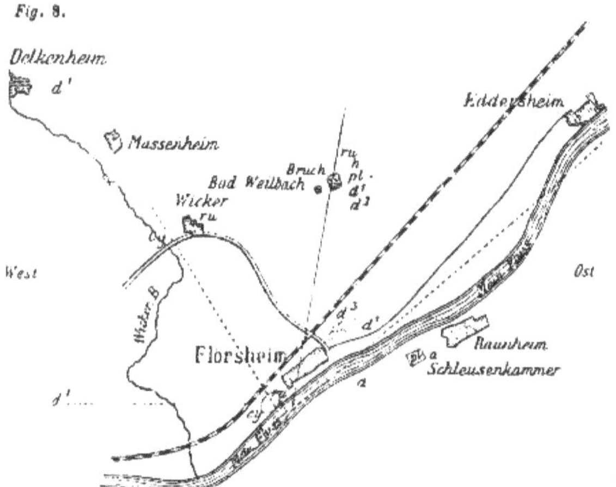

Fig. 8. Senkungen in der Nähe von Flörsheim.
ru Rupelthon, cy Cyrenenmergel; h Hydrobienkalk; pl Pliocänschichten; d^1 altes Diluvium; d^3 Löß; a jüngstes Maindiluv und alluvialer Aulehm.

Nach den Mitteilungen des Herrn Dienst in Flörsheim, Besitzer einer Thongrube und Wirt zum Anker, scheint der Verwurf in der Nähe der letzten Häuser Flörsheims — gegen Hochheim hin — gelegen zu sein. Grabungen brachten nämlich daselbst unter dem Diluv nicht den plastischen Rupelthon der unterhalb (der Flußrichtung nach) liegenden Thongruben, sondern wenigstens bis 28 m — so weit wurde gegraben — gleichförmigen, weißlichen Sand zu Tage.

An die von Benecke und Cohen beschriebenen, SSW—NNO verlaufenden Rheinspalten werden wir umsomehr erinnert, da einerseits die Linie Louisa-Pol ziemlich genau in die Richtung des westlichen Gebirgsrandes des vorderen Odenwaldes fällt, andrerseits Flörsheim in der Linie liegt, die ziemlich S—N oder richtiger SSW—NNO längs der Rheinspalte Nierstein—Nackenheim gezogen wird.

Dafür spricht auch, daß westlich dieser Linie Nierstein-Nackenheim-Flörsheim die Corbiculaschichten bei Bauschheim aus der weiten, zwischen Rheinhessen und Odenwald sich dehnenden

Tiefebene hervorragen, daß ferner, ebenfalls westlich von dieser Linie gelegen, die Schleusenkammer Kostheim in ihren tiefsten Schichten nur junges Diluv, aber kein Pliocän, wie in Raunheim und Höchst, zeigte, daß endlich in nördlicher Fortsetzung dieser Linie die Anbrüche oberhalb Bad Weilbach liegen, wo fast unmittelbar die mittelmiocänen Hydrobienkalke am Rupelthon *) anliegend erscheinen und sich nicht unbeträchtliche Schichtstörungen im Bruch zu erkennen geben. Es ist auch bemerkenswert, daß bei Bad Weilbach die altdiluviale, von Löß bedeckte Terrasse tiefer liegt, als nordöstlich bei Kriftel und Hofheim, dann aber auch tiefer, als westnordwestlich bei Delkenheim.

Unterhalb der Thongruben von Flörsheim stellt sich nach den Mitteilungen des Herrn Dienst ein zweiter, wenn auch nicht so bedeutender Verwurf, wie oberhalb derselben heraus. Der mitteloligocäne Rupelthon ist nämlich längs des Mains nur in einer Strecke von 5 Minuten, also ca. 300 m, anstehend. Auch weiter westlich schneidet derselbe plötzlich scharf ab, und es liegt direkt daran der oberste Horizont des Mitteloligocäns (nach v. Kœnen), der Cyrenenmergel.

In einem zunächst diesem Verwurf niedergebrachten Bohrloch lag noch in 75 m Tiefe schwärzlicher Thon mit Braunkohle, und die Konchylien dieser Tiefe waren die Leitfossilien des Cyrenenmergels u. a. das *Bittium plicatum Galeotti*. Nicht hundert Schritte von der untersten Flörsheimer Thongrube geht der Cyrenenmergel schon fast zu Tage aus.

Da im Bohrloch der liegende Rupelthon in 75 m nicht erreicht wurde, so mag der Verwurf hier mindestens 80 m betragen. Noch etwas bedeutender erscheint derselbe, wenn wir die absolute Höhe der oberen Schichten des Cyrenenmergels hier und in Diedenbergen (Ber. 1884 p. 172) vergleichen; hier ist sie ungefähr 290′ über A. P., dort 600′, was eine Höhendifferenz von 310′, also mehr als 90 m ergibt.

Bei Flörsheim liegt demnach zwischen den zwei Verwerfungen gleichsam eine neutrale Stelle, an deren Seiten die Senkungen Fig. 9

*) Wenn diese Deutung des petrefaktenlosen Thones daselbst (siehe Offenbacher Ber. 1872/73 p. 120 und Senckenb. Ber. 1885 p. 218) zutreffend ist; auch bei Deutung dieses Thones als Cyrenenmergel, was Koch wahrscheinlicher dünkt, würde der gesamte untermiocäne Schichtkomplex fehlen.

in sehr verschiedenem Grade und zu verschiedenen Zeiten erfolgt sind. Östlich hat solche länger angehalten und hat dadurch zur Einlagerung wesentlich jüngerer Tertiärschichten Gelegenheit gegeben. Gerade aus diesen Verhältnissen ist es klar ersichtlich, daß es **nicht Hebungen** des Gebirgsrandes sind, welche die höhere Lage der älteren Schichten im Gegensatze zu den tiefer liegenden und jüngeren veranlaßten, sondern vielmehr **Senkungen**.

Fig. 9.

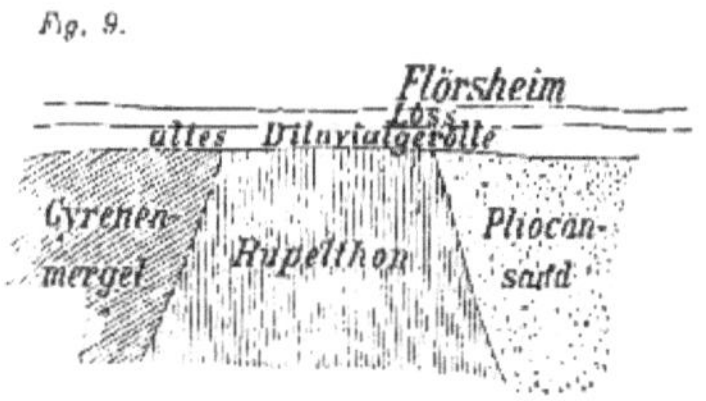

An der westlichen Bruchstelle haben keine Lavaergüsse die Senkung begleitet, welche an der östlichen zum Teil durch den Stoffverlust in der Tiefe einen Niedergang der Sedimente nach derselben verständlich machen.

Wie beträchtlich die beiden Verwürfe sind, läßt sich nur ungefähr schätzen; jedenfalls ist der kleinere zum mindesten 90 m, wie viel bedeutender derjenige zwischen dem mittleren Mitteloligocän und dem oberen Pliocän. Zur Eruirung eines Minimalbetrages könnten etwa folgende Thatsachen herangezogen werden:

Pliocänschichten (Bohrloch *e* Ber. 1885 p. 207) . .		44 m
Hydrobienkalk (da es fraglich, ob solcher zwischen Frankfurt und Flörsheim abgelagert ist) . .		— »
Corbiculaschichten	nach dem Bohrloch am Bassin der städtischen Brunnenleitung bei Frankfurt a. M., Erläuterung von Ludwig zu Sektion Offenbach, p. 25	155 »
Cerithienkalk		18 »
Cyrenenmergel (nach Bohrloch Flörsheim, wo jedoch der Rupelthon noch nicht erreicht)		75 »
		292 m

Der durch diese Verwürfe begrenzte Keil von Rupelthon, der wie am Gebirg hinaufgeschleift erscheint, verbreitet sich nach dem Gebirge.

Bezüglich der Schichtlage in dieser Gegend äußert sich C. **Koch** in seiner Erläuterung zu Blatt Hochheim p. 16 folgendermaßen: »Die normalen unteren Cyrenenmergel lagern auf dem Septarienthone; bei Wicker und Wallau lagern sie demselben an, indem die ältere Formation hier einen emportretenden Rücken bildet, welcher von Breckenheim nach den Flörsheimer Thongruben hinzieht und gleichsam die Cyrenenmergel auf der rechten Mainseite in zwei getrennte Becken teilt. Im Habitus gleichen diese Cyrenenmergel den Septarienthonen so sehr, daß beide Schichten nur durch ihre Einschüsse unterschieden werden können und da, wo solche fehlen, die Höhenlage die Grenze beider bestimmen muß.

Daß auch in jüngster geologischer Vergangenheit nicht unbeträchtliche Dislokationen begonnen haben, hiefür waren mir schon einige Zeit sichere und auffällige Thatsachen bekannt.

Vor allem sind es die Diluvialablagerungen in nächster Nähe von Flörsheim, auf der rechten und linken Seite des Mains, welche diese Dislokation evident machen und zeigen, daß der Main selbst eine längere Strecke von Nordost so ziemlich der betr. Verwurfslinie folgt (siehe Kartenskizze Fig. 8).

Links des Wegs, der von Flörsheim nach Eddersheim führt, also rechts des Mains befindet sich eine Kiesgrube. Der grobe Mainkies d^1 ist hier von ächtem, die Lößkonchylien — *Succinea oblonga, Pupa muscorum* und *Helix hispida* — führendem Löß d^3 überlagert *) und liegt mit seiner Oberkante ungefähr im Ordinate 270'. Nur wenig mainaufwärts, schräg gegenüber liegt die Schleusenkammer Raunheim, in welcher, wie in der Schleusenkammer Höchst und in der Klärbeckenbaugrube bei Niederrad, junger Diluvialkies, von alluvialem Aulehm a**) überlagert, das Hangende der gleichförmigen meist hellgrauen Sande Fig. 8 pl. bildet.

Für die Terrassen unserer Gegend gibt uns demnach das Niveau nicht allenthalben die richtige Antwort über das Alter derselben resp. die Zugehörigkeit zu anderen, ihrem Alter nach bekannten; zur Feststellung des letzteren muß auch, wenn keine Fossilien leitend zur Hand sind, die Schichtfolge herangezogen werden.

*) In der geologischen Karte ist daher der betr. Kies nicht richtig bezeichnet.

**) Rechts des Mains *Succinea oblonga* im Löß, links desselben *Succinea Pfeifferi* im Aulehm.

Daß übrigens die Diluvialterrasse von Flörsheim, wie sie auch über dem Rupelthon lagert, zu den älteren oder ältesten Mainterrassen gehört, bezeugt nicht allein die Überlagerung mit Löß, sondern auch ein vor Jahren von Dr. Otto Meyer, jetzt in New Haven, Conn. aufgefundener Mammutbackenzahn; ferner bewahrt ein gewißer Mohr sen. in Flörsheim einen solchen auf, den er aus 10,5 m unter Terrain daselbst gegraben angibt.

Daß dieser Verwurf längs des Mainlaufes wenigstens bis Höchst reicht, zeigen uns daselbst dieselben Verhältnisse rechts und links des Mains, wie sie uns eben beschäftigten.

In der Schleusenkammer Höchst, auch linksmainisch, war dasselbe Profil wie in Raunheim, also jüngstes Diluv über Pliocänsanden.

Rechts des Mains hat dagegen Böttger vor Jahren im Saude nahe der Alizarinfabrik *Valvata contorta* Menke, *Pupa alpestris* Alder (= *parcedentata* Sndbg. *part.*) und *Pupa muscorum* L. — Charakterschnecken der Mosbacher Sande — gefunden.

Die Richtung der Verwurfslinie ist also ungefähr SW-NO.

Weiter östlich scheint der Verwurf auch in der Umgebung von Nied, wahrscheinlich sogar in Nied selbst erkennbar. Die beiden, in dem von der Gelatinefabrik eingenommenen Gebiet liegenden Brunnen, der Nied- und der Mainbrunnen (Ber. 1885 Pliocänschichten p. 214) stehen im Pliocänsand und liegen daher südlich der Verwurfslinie, während der Brunnen von Kilp (Ber. 1885, p. 232), welcher sich im oberen Teil des Ortes befindet, wahrscheinlich schon nördlich derselben gelegen ist. Noch weiter östlich bieten die Schichtverhältnisse einerseits am Nieder Faulbrunnen (Ber. 1885 p. 233) anderseits im Brunnen der chemischen Fabrik in Griesheim (Ber. 1885 p. 211) die hervorgehobenen Gegensätze.

Es ist wohl kein Zweifel, daß der Nieder Faulbrunnen dem Corbiculathon entsteigt, welcher, wie wir sofort zeigen werden, in der unteren Wetterau von altem Diluvialgerölle überlagert ist. Der Brunnen in der chemischen Fabrik von Griesheim liegt dagegen fast ganz in den Pliocänsanden, welche von jungem Diluv überlagert sind, wie wir solches auch über den Pliocänsanden der Klärbeckenbaugrube kennen, aber auch weiter östlich von der Süd-Nord ziehenden Verwurfslinie Louisa-Pol, als Hangendes der Corbiculathone im Mainthal zwischen Frankfurt und Sachsenhausen und oberhalb Frankfurts den Rupelthon überlagernd.

Auffällig ist, daß die Linie Flörsheim, Eddersheim, Nied nahe südlich jenem Nieder Faulbrunnen läuft.

Das oben von Flörsheim und Höchst erwähnte tiefe Niveau der ältesten, von Löß überlagerten Diluvialkiese und -sande reicht nun auch das Niedthal hinauf.

Ich führe hiefür folgende Aufnahmen an, von Süd nach Nord fortschreitend.

In der Nähe der Galluswarte:

0,6 m Lößartiger etwas rötlich brauner Lehm.
0,3 „ Kies, reich an Maingeschieben, eisenschüssig.
1,5—2 „ Feiner Kies, ohne Taunusgeschiebe.
4 „ reiner feiner Kies.

Das Liegende ist nicht bekannt.

Als alte Diluvialterrasse ist diese erkannt, obwohl die Sande und Kiese nicht von wirklichem, ungestörtem Löß überlagert sind, durch die Auffindung eines wundervoll erhaltenen Mammutbackenzahnes, der uns durch das städtische Tiefbauamt überwiesen wurde.

In den Kiesgruben südlich und westlich von Bockenheim, welche etwa 4--5 m tief ausgegraben sind, befinden sich in größter Menge Buntsandstein, ferner Lydit, nicht selten auch Gneiß und Kalk. Diese schön geschichtete Terrasse liegt zum Teil auf Basalt, zum Teil auf Tertiärthon.

Auch hier fehlt als Decke der Terrasse der Löß; dagegen wurde daselbst von Herrn Heusler vor kurzem ein Mammutbackenzahn und in nächster Nähe im Kies beim Bau der Fundamente für die Häuser in der Schwindstraße von meinem Freund Ludwig Becker eine ziemlich beträchtliche Zahl von Mammutzähnen, Backenzähnen, wie Stoßzähnen, gefunden. Sie sind alle dem Museum geschenkt worden.

Als Liegendes dieser Kiese ist zunächst in der Brönner'schen Fabrik (gelegentlich einer Brunnengrabung) der Corbiculathon in 4 m unter Terrain angetroffen worden. Wie ich schon früher mitteilte, ist dieser mit Kalkpartieen wechsellagernde Corbiculathon in 104 m unter Terrain noch nicht durchsenkt worden.

Dasselbe Profil ergab eine Brunnengrabung im Gebiet der Musterschutz-Ausstellung:

Sandiger Löß mit *Succinea oblonga* Drap.
Diluvialer Kies (4 m).
Blaugrauer Thon.

Das gleiche Profil zeigt sich auch in der Ziegelfabrik von Phil. Holzmann & Co. in Rödelheim:

4 m Löß, in den unteren Lagen sandig, im ganzen reich an Konchylien;
1,5 » Kies mit großen Blöcken;
Mergel, nicht durchteuft;

Der konchylienreiche Löß enthielt von *Rhinoceros tichorhinus* einen Backenzahn und einen Wirbel, ferner Geweihfragmente vom Ren; außerdem wurde im Kies von Herrn Cretzschmar daselbst auch der Stoßzahn eines Mammuts gefunden. Der Kies enthält u. a. große Basaltblöcke, auch einen von welliggebogenen Quarzadern reichlich durchzogenen Lyditblock (1 cbdm), wie er mir auch in der Niddaterrasse von Ginheim auffiel. Buntsandstein kommt hier nicht mehr vor.

Die von Herrn Cretzschmar gesammelten und uns zugesandten Konchylien aus dem Löß sind folgende:

Limnaeus palustris var Andr., sehr ähnlich den Formen aus dem Straßburger Thallöß.
Succinea oblonga Drap. wie im Löß gewöhnlich, sehr zahlreich.
Succinea oblonga var. elongata AlBr. 6 Stück.
Pupa muscorum L. 12 Stück.
Planorbis umbilicatus var. subangulata Phil. 3 Stück.
Planorbis rotundatus Poiret, mit engerer Aufwindung als gewöhnlich, jedoch nicht mit *Pl. septemgyratus* Rossm. zu verwechseln.

Etwas weiter nach Eschborn zu, auch in einer Ziegelei von Phil. Holzmann, beobachtete ich s. Z. folgendes Profil:

3 m Löß mit *Succinea oblonga* und *Pupa muscorum*, darunter eine schwärzliche Schichte.
5 m Roter Lehm mit Lößkindeln, auch mit *Succ. oblonga typ.*, ferner *Succ. Pfeifferi* Rossm und *Limnaeus palustris var. diluviana* Andreae, auch mit Feuersteinsplitter.
3,5 m Taunusschotter, eisenschüßig, in der Tiefe reiner, mit Knochen und Zähnen vom Pferd.

Es sind besonders die mir bisher rätselhaften Niveauverhältnisse der diversen Diluvialterrassen, die mich bisher abhielten, die Mitteilungen über die Diluvialbildungen in unserer Gegend von Aschaffenburg bis Wiesbaden zu publizieren, auf welche Dr. A. Penck in seinem Vortrag über Periodizität der Thalbildung (Verhandlungen der Ges. f. Erdkunde zu Berlin 1884 p 4) hinweist.

Die altdiluviale Terrasse nimmt nämlich bei Hofheim-Kriftel*) über Delkenheim nach Mosbach ein Niveau von 420—480' üb. A. P. ein. In tieferem, aber noch hohem Niveau liegt die östliche Fortsetzung dieser Terrasse bei Bornheim am Röderberg beim Clementinenhospital nämlich in 390' üb. A. P. Daß diese Sand- und Kiesmassen, die auch im Norden Frankfurts liegen, wirklich altdiluviale sind, beweist, abgesehen von dem Niveau, ein in denselben (Bornheim Burggasse 3,5 m unter Terrain) aufgefundener Backenzahn von *Elephas antiquus*. Die geringere absolute Höhe, welche die Bornheimer Terrasse erreicht, beweist nur, daß in diesem Teil der hohen Straße auch nach der Mittelpleistocänzeit Senkungen stattfanden, beweist also dasselbe, was wir auch aus den tiefen Niveaus der aus derselben Zeit stammenden Flußgerölle in der unteren Wetterau erkennen. Die Mosbacher Terrasse erforderte bei Bornheim und im Norden Frankfurts natürlich mindestens eine Höhenlage von 480' ü. A. P.

Schenken wir auch der verschiedenen Höhenlage des diese alten Terrassen meist überlagernden Lößes einige Aufmerksamkeit. Seiner wahrscheinlichen Bildungsgeschichte als Stauungsabsatz bei Hochfluten nach muß er ursprünglich allenthalben mindestens einige Meter über der Oberfläche der in der Mittelpleistocänzeit aufgeschütteten Kiese und Sande, also etwa 500', eingenommen haben.

Schon die hohe Lage, welche das alte Diluv in einer Gegend, welche, wie es scheint, kaum eine Niveauminderung erfahren hat, — bei Sprendlingen 138,5 m = 441 pr' — innehat, beweist, daß das generelle Niveau damaliger Zeit ein hohes war. Dafür spricht ferner, daß der Bornheim-Mosbacher Main auch auf der Sachsenhäuser Seite floß; in dortigem Kiese wurde ebenfalls ein Zahn von *Elephas antiquus*, der im Senckenbergischen Museum aufbewahrt wird, aufgefunden; auch der in großer Menge im Sand am Seehof ausgegrabenen, diluvialen Tiere, von welchen H. v. Meyer referierte, wäre als Beleg hiefür zu gedenken.

*) Wie oben schon bemerkt, erreicht sie bei Bad Weilbach, also zwischen Hofheim und Delkenheim nur die Höhe 390'.

Von der Louisa an lieferten für jenen Main die pliocänen Sande das linke Ufer.

Wie heute, so kam auch damals von Norden ein Fluß dem Main in die Flanke, sodaß sich die beiderseitigen Gerölle mischten und gemeinsam den Weg nach Westen einschlugen.

Das hohe Niveau der gesamten Gegend zur Mittelpleistocänzeit scheint auch die beträchtliche Höhe, welche der Löß erreicht, wahrscheinlich zu machen. An der Berger Warte steigt er bis zu 683′, sodaß, wenn wirklich der Main zur Mittelpleistocänzeit schon in 390′ geflossen wäre, der Löß diese Kiese um nahezu 300′ überragt hätte; auch am Taunusrand reichte der Löß bis 620′, also wenigstens 140′ über das Niveau der Kiese. Wenn nun auf den Sachsenhäuser Höhen keine Spur von Löß mehr vorhanden ist, so ist doch kein Zweifel, daß er auch sie in ihrer ganzen südlichen Fortsetzung bedeckt hat, durch Abspülung aber entfernt worden ist. Auch die an der ganzen Oberräder und Sachsenhäuser Höhe verbreiteten Kiese, aus welchen wohl der kleine im Museum mit der Etikette »von Sachsenhausen« aufbewahrte Backenzahn von *Elephas antiquus* stammen wird, sind wenig mächtig oder auch gänzlich verschwunden.

Wie eine weite Decke, alles je nach dem Relief in ziemlich gleicher Höhe überdeckend, zog sich der Löß auch von der hohen Straße über die Wetterau nach dem Taunus. Hier, wie in den Mainthälern späterer Zeit fehlt er nun nur dort, wo er durch spätere Erosion und Denudation entfernt wurde. Die so verschiedene Höhenlage des Lößes legt uns demnach den bedeutenden Betrag von Senkungen in der unteren Wetterau ebenso deutlich vor Augen, wie die der diluvialen Terrassen.

Andere Belege für eine Senkung in der unteren Wetterau liefert auch der Niveauvergleich zwischen der Oberfläche des Cyrenenmergels im Thal z. B. Massenheim-Vilbel und derjenigen des Rupelthones auf dem Rotliegenden am Niederberg bei Vilbel.

An der Berger Warte mag der Corbiculakalk unter dem Löß zum mindesten die absolute Höhe von 630′ erreichen. Gleichaltrige Schichten haben ehedem gleiches Niveau eingenommen, sodaß die entsprechenden Schichten, welche zur Zeit des Mittelpleistocäns in Bornheim nicht mehr als 480′ besitzen konnten, schon zuvor also vor der Mittelpleistocänzeit eine bedeutende Senkung erfahren haben mußten, auf welche ich schon mehrfach (Senckenberg. Ber.

1884 p. 189 u. Ber. 1885 p. 167 u. 249) hingewiesen habe. Diese mittelpleistocäne Mainterrasse erscheint nämlich weiter nördlich auf der hohen Straße nirgends mehr; die Corbiculakalke daselbst sind allenthalben direkt von Löß bedeckt; im Norden der Stadt (Frankfurter Kirchhöfe etc.) wird sie von Corbiculalschichten überragt und begleitet.

Ein Querbruch zieht auch durch den oberen Teil des Niddathales. Bei Vilbel (rechts der Nidda) geht nämlich der Cyrenenmergel mit oligocäner Braunkohle fast in der Thalebene zu Tage aus, während wahrscheinlich schon von Eschersheim an, gewiß aber zwischen Ginheim-Bockenheim und in Bockenheim das die miocäne Braunkohle Unterteufende den Corbiculaschichten angehört und in der Thalebene liegend von Basalt oder Diluv bedeckt ist.

Daß die Oberfläche des Eschersheimer Basaltes mit dem Bockenheimer dieselbe absolute Höhe einhält, spricht dafür, daß die Senkung, welche zwischen Corbiculathon bei Eschersheim und Cyrenenmergel bei Vilbel durchgeht, nördlich des Basaltes von Eschersheim gelegen ist, daß also der Eschersheimer Basalt, wie in Bockenheim auf Corbiculaschichten liegt. Bisher habe ich aber noch nicht Gelegenheit gehabt, das Liegende des Eschersheimer Basaltes zu sehen, da im Museum von demselben außer Braunkohlen und Gips keine Gesteinsproben liegen. Die Bestätigung, daß der Eschersheimer Basalt auf Corbiculathon liegt, ist demnach noch abzuwarten, aber kaum zu bezweifeln, da eben durch die zwischen Bockenheim und Ginheim erhaltenen Profile die Fortsetzung des Corbiculathones nördlich des Basaltes von Bocken-

Fig. 10.

Fig. 10. Idealer Längsschnitt durch die untere Wetterau von Vilbel bis über den Main. *me* Meeressand, *ru* Rupelthon, *cy* Cyrenenmergel, *D1* altes, *D2* jüngeres, *D3* jüngstes Diluvium, *L* Löß, *A* alluvialer Aulehm.

heim außer Zweifel gesetzt ist, und zwischen Bockenheim und Eschersheim keine Schichtenstörungen begleitende Erscheinungen auftreten. Hiebei wäre auch an den bei Eschborn vorkommenden Corbiculathon zu erinnern.

Herrn Bomnüter danke ich für die gütige Mitteilung des Profils wie der Gesteinsbelege aus dem Braunkohlenschacht Grube Jakob zwischen Ginheim und Bockenheim.

Mündung desselben ca. 360′ üb. A. P.

Von oben nach unten folgen sich:

1,5 m sandiger Lehm;
3,5 » Sand mit zwischenlagerndem Kies (der Niddaterrasse Eschersheim-Ginheim angehörig);
3—4 » graulichweißer Thon, zerfährt mit Wasser (kalkhaltig);
0,3—0,5 » Triebsand (schmutziggrauer Quarzsand mit gelbbraunen Streifen, kleine Quarzkieselchen enthaltend);
0,1—0,15 » grauer Thon;
1,5—2 » Braunkohle, meist holzig;
3,0 » grauer bis grüner Thon (mit Cypris, Hydrobien, Otolithen und anderen Fischresten, enthält sandige Einlagerungen in den oberen Partieen);
0,2 » nieriger Kalksinter;
0,3 » grober Sand (grobsandiger Kalksinter);
0,7 » gelber Sand (gelblicher, sandigerdiger Kalksinter);
2,0 » feiner, grauer Sand (wahrscheinlich auch sandiger Kalksinter) *);
1,0 » grober Sand und Kies (?) **);
3,0 » blauer Thon;
1,0 » feiner Sand (wohl Kalksinter);
2,0 » blauer Thon;
0,3 » weißer Sand (wohl Kalksintersand);

*) Volger spricht (Beiträge zur Geologie des Großh. Hessen, I. Heft p. 28) von Geschieben von Milchquarz, die in einzelnen kalkigmergeligen Schichten am Grindbrunnen reichlich enthalten seien. Ich habe dieselben in der wesentlich tieferen Grindbrunnen-Baugrube 1885 (Ber. 1885 p. 186) nie gesehen.

**) Das Eingeklammerte sind Zusätze, die nach Untersuchung der Bohrproben, welche ich bis zu dieser Schicht erhalten habe, gemacht wurden; von dieser Schicht an lagen mir die Gesteinsbelege nicht vor, daher ich auch den groben Sand und Kies nicht gesehen habe.

0.15 » schwarzer Thon mit wenig Kohlenresten;
5.5 » abwechselnd Sand (auch wohl Kalksinter-Sand) und Thon.

Weniger detailliert und nicht bis zu solcher Tiefe führte ich dieses Profil schon im Senckenberg. Ber. 1884 p. 171 an und zwar zusammen mit Cyrenenmergel-Profilen hiesiger Gegend; schon die Fossilien des unter der Braunkohle liegenden Thones, deren erste Proben ich der Güte des Herrn Dr. Achill Andreae verdanke, orientieren diese Braunkohle in die Corbiculazeit.

Aus diesem Profil möchte ich nun in erster Linie auf die Ordinate der Braunkohle aufmerksam machen, welche 335' beträgt.

Obwohl also diese Braunkohle einem wesentlich höheren Horizonte, nämlich dem oberen Untermiocän, angehört, so nimmt sie doch ziemlich dasselbe Niveau ein, wie die dem Cyrenenmergel (oberstes Mitteloligocän nach v. Koenen) zugehörige Braunkohle bei Vilbel*), so daß im Thal wie auf der Höhe (hohe Straße) eine staffelförmige Senkung sich konstatiert. Dasselbe Niveau und einen der Ginheimer Kohle gleichen geologischen Horizont wird wohl auch die nördlich, also zwischen Ginheim und Massenheim, gelegene, ehemals bei Eschersheim gelegentlich eines Versuchsschachtes geförderte Kohle einnehmen.

Am auffälligsten in obigem Profil ist das Auftreten von Kalksinter unter dem grauen Thon. Betreffs der möglichen Bedeutung dieser Kalksinterbildung möchte ich an die lithologisch identischen Kalksinter und von sandigem Kalksinter durchzogenen Thone der Schleusenkammer Niederrad erinnern. Ich fand nun, daß die Kalksinter, wie sie im Ber. 1884 p. 225—227 beschrieben sind, auch über den Main beim Nadelwehr, also nördlich, sich fortsetzen. Wie weit dies geschieht, darüber haben bisherige Grabungen noch keine

*) Nach den gefälligen Mitteilungen des Herrn Obersteiger Oberbeck wurde hier der Cyrenenmergel schon in 4—5 m Tiefe erreicht: im Cyrenenmergel stieß man nämlich, nachdem 2 m durchsenkt waren, auf die Braunkohle, deren Fauna besonders durch die Beimischung von Süßwasserkonchylien zu den brackischen Cyrenenmergel-Konchylien (Böttger, Beiträge p. 21—23.) interessant ist. Das Hangende des Cyrenenmergels ist wenig mächtiger Lehm (wahrscheinlich Löß) und grobes Gerölle. Oberhalb Kahlbach (Braunkohlenschacht) soll die Braunkohle 120' unter Terrain (540'), also in 420' liegen.

Notiz geliefert. Zu Anfang dieser Mitteilungen wurde geltend gemacht, daß die Kalksinter in hiesiger Gegend, wo es der Basaltdurchbrüche so viele gibt, ein Indikator auf vulkanische Erscheinungen zu sein scheinen; ich belegte dies auch mit dem Vorkommen solcher Kalksinterbröckchen im Thon der Grüneburg. Es liegt daher ziemlich nahe, zu glauben, daß die Basalte Louisa-Pol, Bockenheim, Eschersheim, welche lithologisch identisch sind, miteinander, also wohl auf derselben Gangspalte, in Verbindung stehen *).

Wie nun im Bereiche der Basalte Louisa-Pol für eine miocäne Senkung verschiedene Beweise in dieser Abhandlung erbracht wurden, so mögen auch die Basalte von Bockenheim und Eschersheim mit den Schichtstörungen, Senkungen, sowohl an der hohen Straße, wie innerhalb des Niddathales in ursächlichem Zusammenhange stehen.

Betr. der miocänen Senkungen im Bereich der unteren Wetterau möchte ich noch auf die Basalte nahe dem Bahnhof Bonames und westnordwestlich Kahlbach, ferner auf diejenigen, welche bei Nieder- und Obererlenbach liegen, hinweisen; sie liegen in zwei das Thal durchquerenden Linien.

Ob Theobald mit Grund von einem bei Bornheim vorkommenden Basalt spricht, ist mir nicht bekannt. Ein solches Vorkommen daselbst möchte meiner Erfahrung gemäß unwahrscheinlich sein.

Nicht unerwähnt darf ich lassen, daß, wenn auch eine solche Verbindung der Basalte — Louisa-Pol-Bockenheim-Eschersheim-Bonames — auf einer Gangspalte oder auf zwei unter stumpfem Winkel sich treffenden nicht stattfindet, dies die Wahrscheinlichkeit des ursächlichen Zusammenhanges zwischen Lavaergüssen und Senkungen in der unteren Wetterau nicht aufhebt.

Betreffs des Betrages der eben erörterten Senkung zwischen Vilbel und Eschersheim liegt folgender Anhaltspunkt vor. 1842 wurde unter Leitung von Oberingenieur Eyssen am Bassin der städtischen Brunnenleitung bei Frankfurt a. M. (Terrain = 120 m üb. A. P.) ein Bohrloch niedergebracht, das ca. 155 m Corbicula-

*) Theobald sagt in seiner inhaltsreichen Beschreibung der hohen Straße (Bericht der Wetterauischen Gesellschaft 1855 p. 89), daß die Basalte Bockenheim-Eschersheim unterirdisch zusammenhängen. Auf welche Thatsachen sich diese Behauptung stützt, ist mir jedoch nicht bekannt.

thon, 19 m Cerithienkalk und 14 m Cyrenenmergel durchteufte, ohne das Liegende des letzteren zu treffen. Vom unteren Ende des in der Brönner'schen Fabrik erbohrten Bohrloches wäre also der Cyrenenmergel, da daselbst 100 m Corbiculathon durchbohrt worden sind, erst in weiteren 74 m zu erreichen, also, da die Mündung dieses Bohrloches in ca. 100 m üb. A. P. sich befand, und der Corbiculathon noch von 4 m Diluvialkies bedeckt ist, in der absoluten Höhe von — 78 m; der Verwurf beträgt demnach ungefähr 184 m, da die Oberkante des Cyrenenmergels bei Vilbel ungefähr in + 106 m üb. N. N. liegt.

Hierbei ist allerdings angenommen, daß die Oberkante der Corbiculathone im Bohrloch unter der Friedberger Warte (Bassin der städtischen Brunnenleitung) und im Brunnen der Brönner'schen Fabrik denselben geologischen Horizont einnimmt; diese Annahme ist wohl nicht zutreffend; über den Betrag der Denudation am einen wie am andern Punkt hat man jedoch keine paläontologischen Anhaltspunkte; immerhin könnte sich der Betrag der Senkung, wenn man die Denudation in Rechnung ziehen könnte, nur erhöhen, da dieselbe auf der Höhe zweifellos eine erhebliche war.

Nun sei noch einer Senkung gedacht, welche in früher Tertiärzeit fast die ganze zwischen Taunus und Spessart gelegene Erdscholle erfuhr. Die Anhaltspunkte für diese Bewegung liegen im Vergleich der Niveaus, welche die mitteloligocänen Meeressande einesteils am Ufer des Mainzerbeckens, also u. a. am südlichen und östlichen Taunusrand, andernteils im Inneren jenes Beckens einnehmen. Bekanntlich steigen jene Strandgerölle am Fuß des Taunus bis 250—300 m (Senckenb. Ber. 1876—77 p. 83). Im Inneren des Beckens kennen wir die kontemporären Sedimente von zwei Lokalitäten, nämlich aus der Gegend von Vilbel und von Offenbach.

1. In Thälchen südlich Vilbel auf dem Fußwege nach Bergen (auf einem Wegkreuz) ist s. Z. von Dr. Volger eine Bohrung ausgeführt worden. Die Mündung des Bohrloches mag eben die Ordinate 390′ haben. Das wissenschaftlich Interessante aus demselben hat Böttger in seiner Dissertationsschrift p. 15 mitgeteilt.

Das Bohrloch wies von oben nach unten folgende Schichtfolge auf:

ca. 50′ Löß;
ca. 60′ dunkler, bituminöser, feinkörniger, schiefriger, geschichteter Thon, der nach unten in ein grauschwarzes, lockeres, thonkalkiges Quarzgeschiebelager überging und welch' letzteres in seinen unteren mehr kalkigen Partieen häufig Haizähne eingebacken enthält;
darunter in 120′ Teufe in geringer Mächtigkeit festes, unzersetztes Kalkkonglomerat mit viel Grünerdekörnern und nicht selten die Hohlräume von Meeressand-Schnecken und Muscheln;
30′ lebhaft gefärbte, mennigrote und weiße, kalkige Sande, welche zum Teil verrundete Geschiebe enthalten und nach Dr. Volger noch zur Tertiärformation gehören;
darunter thonige, lilagefärbte Schichten und
darauf folgt zuletzt fester Sandstein des Rotliegenden.

2. Im Bohrloch der Neubeckerschen Fabrik in Offenbach lag in ungefähr 100 m unter Terrain unter dem Rupelthon und unmittelbar auf Rotliegendem eine nach Mitteilung des Herrn Neubecker 8 m. mächtige Kalkschicht. Dieser weißliche Kalk ist dicht und zeigt Quarzkörner eingebacken.

Der Meeressand ist demnach im Innern des Beckens wenig mächtig und kalkig.

Die Niveaudifferenz zwischen den Strandgewölben am Taunus und dem Meereskalk im Bohrloch bei Vilbel ist nach Obigem mindestens 165 m und wird noch bedeutend übertroffen von derjenigen zwischen den Strandgeröllen am Taunus und dem Meereskalk im Bohrloch der Neubecker'schen Fabrik; ihr Betrag ist 250—300 m.

Wenn sich zur jüngeren Tertiärzeit aus Anlaß von Senkungen zwischen Niederrad und Flörsheim ein Süßwasserbecken dehnte, so wird sich, bedingt wohl auch durch die Störungen, welche sich durch die mächtigen Lavaergüsse bei Steinheim (Groß-Steinheim bis Dietesheim) und nahe Kahl anzeigen, ein ähnliches Bassin zwischen Steinheim bei Hanau und Seligenstadt bei Aschaffenburg ausgebreitet haben, in welches aus den benachbarten Wäldern Einschwemmungen stattfanden.

Möglich, daß sich diese See'n nördlich des Rotliegenden von Sprendlingen, Dreieichenhain etc. nahe kamen.

Das hohe Niveau der altdiluvialen Sande und Thone bei Sprendlingen in 188,5 m (bei Hofheim-Mosbach liegen die kontemporären Sande in 130—150 m) konstatiert zwischen den beiden Senkungsgebieten einen Landstreifen, welcher von den postpliocänen Senkungsbewegungen ziemlich unberührt blieb.

Das im vorhergehenden Erörterte fassen wir kurz in folgenden Sätzen zusammen:

1. Die tertiäre Landschaft östlich des Taunus ist ein Senkungsfeld, das während der mittleren Mitteloligocänzeit in solchem Maß in die Tiefe sank, daß die anfänglich seichte Bucht eine Tiefe von 160—300 m erhielt.

   In einzelnen Teilen des Beckens — westlich Nackenheim-Flörsheim — setzte sich diese Senkung auch nach der Mitteloligocänzeit fort.

2. Im unteren Untermainthal treten Verwürfe von großem Betrage auf, die schon zu Ende der Untermiocänzeit ihren Anfang genommen haben mögen und noch in der postpliocänen Zeit fortgedauert haben.

   Die Verwurfslinien scheinen den SSW—NNO gerichteten Rheinspalten entsprechend. Der Abstand derselben beträgt ca. 18 km.

   Dieses Senkungsfeld stellt ein im Osten von der Louisa und im Westen bei Flörsheim begrenztes Becken dar, das in bedeutender Mächtigkeit von pliocänen Sanden und Thonen erfüllt ist.

3. In der unteren Wetterau zeigen sich aber auch Senkungen, die erst nach der Mittelpleistocänzeit begannen und in die jüngste Zeit hereinreichen, die südlich, wenigstens auf der Strecke Flörsheim-Höchst, von dem Mainlauf bezeichnet sind. Sie sind besonders durch die tiefe Lage des ältesten Diluvs unserer Gegend innerhalb des Thales erkannt, dieselben brachten das alte Diluv in gleiche absolute Höhe neben die jüngsten diluvialen Ab-

lagerungen. Diese Verwurfslinie ist die nördliche Grenze jenes Pliocänsee's.

4. Es läuft aber auch quer durch die Tertiärschichten der hohen Straße und der unteren Wetterau ein Verwurf, der sich in der Senkung der südlich von der Verwurfsspalte gelegenen Schichten zeigt; der Beginn desselben fällt wohl auch in die Miocänzeit, ist jedenfalls praediluvial; die Senkung setzt sich aber auch nach der Mittelpleistocänzeit fort. Die erstere ermöglichte es dem Main, zur Zeit seines erstmaligen Eintrittes in unsere Gegend, seinen Weg auch nördlich von Frankfurt und südlich der Friedberger Warte über Bornheim von Ost nach West zu nehmen.

5. Mit den zur Miocänzeit eingesetzten Senkungen stehen ohne Zweifel die Basalterhebungen — einerseits von Louisa-Pol, anderseits wahrscheinlich auch die am Westrande der hohen Straße entlang liegenden bei Bockenheim-Eschersheim in ursächlichem Zusammenhang, wobei auch den das Thal durchquerenden Basaltergüßen eine Bedeutung beizumessen sein wird.

6. Die untere Wetterau stellt somit, wenigstens von unterhalb Vilbel bis an den Main, ein Senckungsthal dar, während das Mainthal zwischen Hochstadt und Frankfurt ein reines Erosionsthal zu sein scheint.

7. Ein anderes Senkungsfeld liegt zwischen Hanau und Aschaffenburg; dasselbe mag wohl mit den Basaltergüssen zwischen Groß-Steinheim und Dietesheim in Beziehung stehen.

8. Zwischen demselben und dem am Basalt der Louisa anhebenden liegt ein ziemlich breiter Streifen, welcher von den späteren Senkungsbewegungen unberührt blieb.

II. Über die Corbiculasande in der Nähe von Frankfurt a. M.

Von

Dr. Friedrich Kinkelin.

Dem Profil des Braunkohlenschachtes Giuheim haben wir in der Abhandlung: Senkungen im Gebiete des Untermainthales etc. Ber. 1885 p. 252 mehrfaches und besonderes Interesse abgewinnen können; es lassen sich aber noch andere Betrachtungen an dasselbe knüpfen, die von Bedeutung für die Stratigraphie der hiesigen Gegend sind.

Ich lasse das Profil nochmals folgen, soweit es diese letzteren Betrachtungen berührt:

1,5 m Lehm;

3,5 m Niddaterrasse;

3—4 m weißlich grauer, kalkhaltiger Thon;

0,3—0,5 m schmutzig grauer Quarzsand mit gelbbraunen Streifen, enthaltend kleine Quarzkieselchen;

0,1—0,15 m grauer Thon;

1,5—2 m Braunkohle;

3 m grauer bis grüner Thon mit Cypris, Hydrobien, Otolithen und anderen Fischresten, in den oberen Partieen mit sandigen Einlagerungen, beim Trocknen schiefrig.

Vorerst muß ich nun daran erinnern, daß ich auf ein unmittelbar beim Eintritt in Eckenheim, links und rechts von der Straße, zu beobachtendes Profil hin vielfarbige, rote, gelbe, weiße Sande und Kiese, Corbiculasande (Senckenberg. Ber. 1883 p. 265 u. f.) nannte. Dieselben werden von einem dunkeln, beim Trocknen in Schieferblättchen sich spaltenden Letten unterteuft, in dem ich deutliche und zahlreiche Spuren von Cyprisschälchen erkannte.

Ich irrte darin, die ähnlich aussehenden vielfarbigen, ebenfalls petrefaktenfreien Sande und Kiese von der Straßengabel bei Vilbel — in Höhe 510—520' bei 8 m Mächtigkeit — mit den Eckenheimer Sanden und Kiesen — in Höhe 440' bei 2—4—8 m Mächtigkeit — für identisch zu halten und berichtigte dies im Ber. 1884 p. 183—186. Ebendaselbst p. 193—194 konstatierte ich jedoch, daß diese Orientirung — sofern nämlich die Sande an der Straßengabel bei Vilbel von Cerithienkalk mit Perna überlagert werden — für die vielfarbigen Sande in Eckenheim nicht zutreffend sein könne, daß vielmehr die Cyprisschicht Eckenheim wohl gleiches, absolutes wie geologisches Niveau mit einer Fischreste führenden Schicht (unterhalb der Friedberger Warte, 40' unter Terrain) habe, welche Böttger beschrieben hat.

Das Rätsel scheint sich durch obiges Profil zu lösen, so daß die Bezeichnung Corbiculasande für die Eckenheimer Sande und Kiese ebenso zutreffend ist, wie die Bezeichnung — Cerithiensande — für die Kiese und Sande von der Straßengabel bei Vilbel, insofern in den einen ebensowenig Corbiculen vorkommen, wie in den anderen Cerithien. Diese Namen sollen nur den tertiären Horizont bezeichnen, welchem sie angehören.

Zur Begründung hiervon rekapituliere ich das Profil in Eckenheim und zwar etwas ausführlicher als früher.

An einem Anschnitt, rechts von der Straße (von Frankfurt kommend) ca. 50 m südlich von dem früheren, jetzt gänzlich bewachsenen, folgen die Schichten von oben nach unten:

0,3 m Mutterboden; hier steht der Löß nicht mehr an;
0,5, Verwitterter Basalt;
1,5 m hellgrauer, fast weißer Thon;
0,5 m gelber, gebänderter, sehr feiner (Quarzkörner 0,05—0,07 mm), schlichiger Sand, nicht durchteuft.

Nur 15 m weiter südlich ist der Sand nicht mehr von weißem Thon überlagert; der auch hier sehr feine, schlichige, gelbbraune, rot gebänderte, gelbe und weiße Sand fällt nach West unter ca. 10° ein.

Etwa 30 m östlich ist der rot geflammte Sand durch zahlreiche Zwischenlagerung und Einlagerung von teils gerundeten, teils kantigen, kleinen weißen Quarztrümmern (Korngröße 2—5 mm) kiesig geworden. Hier scheint er noch von dem weißen Thon überlagert und ist in einer Wand von 2 m Höhe anstehend. Die Streifen und Schichtfugen, liegen horizontal oder konvergiren.

Nach Osten nimmt also das Korn an Größe zu, bei Preungesheim sah ich allenthalben auf den nördlich und nordöstlich davon gelegenen Feldern weiße Quarzkiesel.

So im Anstehenden.

Durch Herrn Kirchmann, der im Interesse der Ziegel- vulgo Russen-Brennerei aus Löß in dem fraglichen Gebiet mehrere Brunnen gegraben oder gebohrt hat, erfuhr ich, daß diese Sand- und Kiesschicht 4—7,5 m mächtig werden könne, daß die tiefsten Lagen derselben Gerölle bis zu 1 cm Durchmesser enthalten und mit einer eisenschüssigen Lage gegen den dunkeln, sich durch außerordentlich zahlreiche Otolithen auszeichnenden, Cypris führenden Letten abtrennen. Dieser letztere wurde also in dem schon früher (Bericht 1883) besprochenen Brunnen bis 12 m, in einem anderen bis fast 20 m tiefen Bohrloch angetroffen; in letzterem traf man in dieser Tiefe auf einen dunkeln Stein. Sobald derselbe durchbohrt war, so drang das Wasser mächtig herauf und erfüllte den Brunnen ganz. Das Bohrloch wurde in dem Letten noch 7 m weiter fortgesetzt, so daß es im ganzen 83′ tief war. Innerhalb dieses Lettenkomplexes wurde bei diesen Grabungen und Bohrungen nirgends Sand und Kies angetroffen, wie solcher im Braunkohlenschacht von Ginheim unter dem grauen und blauen Thon oder noch unmittelbarer unter der Kalksinterlage angetroffen worden sein soll (siehe p. 252 u. 253.)

Dieser letztere Schacht — von Eckenheim nur 2,75 km entfernt — führt in dem das Braunkohlenflötz unterteufenden Thon total dieselben Organreste, die auch im schiefrigen Letten von Eckenheim erkannt wurden — Cypris, Hydrobien, Otolithen und andere Fischreste; aber auch lithologisch sind die beiderseitigen Thone ganz ident; beide trocknen auch zu bräunlich grauen Schieferblättchen.

Begreiflich, daß dieses zu einem Vergleich auffordert in Bezug auf den den Eckenheimer Cypristhon überlagernden, gebänderten Sand.

Im Braunkohlenschachtprofil p. 252 ist der entsprechende Sand als Triebsand bezeichnet; derselbe erscheint auch gelblichbraun gestreift, auch aus kantigen größeren und gerundeten kleinerer Quarzstückchen (von 0,5—2 mm Korngröße) zusammengesetzt, aber durch etwas beigemengten Thon nicht rein graulich weiß, sondern mehr schmutzig grau.

Auch bezüglich des Hangenden dieser Sande ist Übereinstimmung; es ist dasselbe beiderseits ein hellgraulich weißer kalkhaltiger Thon; bei Eckenheim findet man die Ursache des Kalkgehaltes in der Einbettung von kleinen Septarien in den Thon.

Wie die in der Anmerkung*) beigefügten Profile diverser Bohr-

*) Anmerkung. Herr Bomnüter hat u. a. folgende Bohrregister aufgenommen: Bohrloch D, ca. 400 m östlich vom Schacht:

1,93 m Lehm,
4,87 » gelber Kies,
0,50 » gelber Thon,
0,75 » weißer Thon,
0,50 » gelber Sand,
2,64 » weißer Sand,
0,10 » gelber Thon,
0,07 » Braunkohle,
0,95 » grauer und schwarzer Thon,
0,95 » Braunkohle,
0,50 » grauer Thon,
0,30 » Braunkohle,
3,10 » grüner Thon,
2,90 » blauer Thon,
0,30 » weißer Thon,
0,40 » blauer Thon,
0,20 » schwarzer Thon,
3,10 » grüner Thon.

Bohrloch 25, ca. 200 m ostnordöstlich vom Schacht:

1,10 m Lehm
1,00 » Kies
1,80 » weißer Letten
1,40 » Sand
0,80 » Braunkohle
0,85 » grüner Letten.

Von Herrn Heusler in Bockenheim wurden mir folgende Mitteilungen: Brunnenloch in der Salmiakfabrik (englische Gasfabrik) in Bockenheim:

— Mutterboden
0,25 m Kies und Sand,
0,50 » Basalt,
1,00 » Letten,
0,3—0,5 m Triebsand, mit wenig eingelagertem Letten, Wasser.

Bohrloch im Eiswerk von Haack, im Steinweg.

5 m Mutterboden,
13 » Basalt,

löcher in der Umgegend von Ginheim und Bockenheim zeigen, hat dieser Triebsand sehr ungleiche Mächtigkeit; seine größte scheint aber 2 m zu sein, dieselbe erlangt er hier als Einlagerung in einer Mulde in Mitten derselben.

Hier liegt er in 8—9 m unter Terrain, hat also ungefähr die absolute Höhe 360′ = 113 m.

Ist etwa 135 m die Ordinate der vielfarbigen Sande und Kiese bei Eckenheim, diejenige der sog. Triebsande im Braunkohlenschacht Grube Jakob ungefähr 105 m, ergibt sich besonders aus der Schichtfolge, daß sie denselben Horizont darstellen, — so haben wir auch hier ein Einfallen nach dem Thal konstatiert (Bericht 1885, Geologische Tektonik der Umgegend von Frankfurt) und zwar auf 2,75 km ein Tieferliegen von ca. 30 m, also ein Gefälle von 0,011 pCt.

Im Bereiche der Grube Jakob scheint als Hangendes des Triebsandes oder des ihn überlagernden Thones kein Basalt vorhanden.

Anders in Bockenheim, wo sich der Basalt mancheorts 14—18 m mächtig über die undulierte Tertiäroberfläche ergoß.

Daß nun der schlichige, gebänderte, gelbe bis rötliche Sand von Eckenheim sich thatsächlich nach Westen bis Ginheim-Bockenheim fortsetzt, beweist zur Evidenz das unmittelbar Liegende des Basalts im Bruche von Herrn Heyl senior vis à vis der Realschule.

Auch in Bockenheim ist die unterste Basaltlage großlöcherig. Unter derselben liegt unmittelbar, nur etwa durch eine 1—5 mm dicke Thonschicht verwitterten Basaltes getrennt, feiner, bräunlich gelber bis rötlicher, milder, total kalkfreier Sandstein, also ein Gestein, das sich von dem feinen, vielfarbigen, schlichigen Sand von Eckenheim nur dadurch unterscheidet, daß es etwas mehr verbunden ist. Die Zeolithausscheidungen, nicht selten in den verzogenen Löchern des Basaltes, haben sich auch in den lockeren Sandstein gezogen und lassen sich da als kleine wasserklare

---

13 m blauer Letten,
0,3 » kohliger Thon,
1,0 » weißer Flugsand,
bis ca. 40 m Tiefe Letten, jedoch nicht durchbohrt.

Nädelchen, auch etwa kleine Hohlräume des Sandes auskleidend, beobachten.

Unter diesem verbundenen, schlichigen, lebhaft gefärbten Sande, dessen Stärke hier nicht ganz unbeträchtlich zu sein scheint, liegt dann der Tertiärletten, den man in Bockenheim ja allenthalben unter dem Basalt antrifft. Im Steinweg in Bockenheim traf man sogar unmittelbar unter dem Basalt Braunkohlen an.

Hierüber äußert Theobald (Wetterauer Ber. 1855 p. 88): »in Bockenheim liegt der Anamesit auf blauem Mergel, welcher Braunkohlen enthält, und auf Sanden und Geschieben, woron er Massen einschließt und umwickelt, welche dann gewöhnlich verändert, gelb und braun, wie verbrannt, aussehen.

In der Zusammenstellung der von Basalt überlagerten oder durchbrochenen vielfarbigen Sande in der Wetterau und zwischen Wetterau und Vogelsberg (Senckenb.-Ber. 1883 p. 273) ist demnach nun auch noch Bockenheim aufzuführen.

Zusammenfassung. 1) Es ist erwiesen, daß sowohl in den oberen Schichten des Untermiocäns d. i. in den sog. Corbiculaschichten, wie in den unteren Schichten des Oberoligocäns (nach v. Koenen) oder der Cerithienschichten lithologisch ähnliche Quarzsand-Ablagerungen vorkommen.

In der Umgegend von Frankfurt tritt der obere Horizont bei Preungesheim, Eckenheim, im Schacht der Braunkohlengrube Jakob zwischen Ginheim und Bockenheim und unter dem Basalt von Bockenheim auf; — der untere an der Straßengabel bei Vilbel, am Abhang von »Russland« südlich von Vilbel und im Schacht in der Nußgartenstraße in Seckbach, südlich des Eselswegs.

2) Es gibt innerhalb unseres Tertiärbeckens 3 Horizonte, in welchen größere Braunkohlenablagerungen vorkommen:

a. Im mitteloligocänen Cyrenenmergel — oberhalb Kahlbach, bei Vilbel, Seckbach, Sachsenhausen, Diedenbergen, Hochheim.

b. Im untermiocänen Corbiculathon - Grube Jakob bei Bockenheim, vielleicht auch Eschersheim. Salzhausen scheint etwas jünger.

c. In den Pliocänschichten — Höchst-Nied, Klärbecken bei Niederrad, Steinheim bei Hanau, Seligenstadt, Dorheim etc.

3. Auch die Basaltergüsse bei Bockenheim, Eschersheim und Eckenheim geschahen in derselben Zeit, wie diejenigen des Affensteins, des Pols unterhalb des Gutleuthofes und der Louisa, nämlich in der jüngsten Untermiocänzeit.

Welchem der beiden Sandhorizonte die lithologisch so ähnlichen, in meinem Aufsatz: Corbiculasande in der Umgegend von Frankfurt a. M. Senckenberg. Ber. 1883 p 265—278 — besprochenen Sande und Sandsteine, im nördlichen Teile der Wetterau gelegen, angehören, müssen weitere Untersuchungen ergeben.

Hier nehme ich die Gelegenheit wahr, den Zwischensatz: »wie es schon Sandberger in seinen Konchylien des Mainzerbeckens 1862 gethan« — im Senckenberg. Ber. 1884 p. 193 — als ein Versehen zu bezeichnen; es ist also dieser Zwischensatz zu streichen, ebenso auch die auf die étude stratigraphique von Cossmann und Lambert bezügliche dortige Notiz, welche von einer irrigen Deutung der Bezeichnung »Stampien« meinerseits herrührt.

Meine Reise nach Norwegen im Sommer 1884.

Von

F. C. Noll.

Nachdem Herr Graf Bose der Senckenbergischen naturforschenden Gesellschaft im Sommer 1884 die Mittel zur Ausführung einer wissenschaftlichen Reise zur Verfügung gestellt hatte, wurde mir die Ausführung derselben übertragen.

Da im Süden Europas die Cholera sich mehr und mehr auszubreiten und das Reisen durch die Quarantainemássregeln unmöglich zu machen drohte, musste ich von einer Wahl des Mittelmeeres, an die ich wohl dachte, absehen und wählte deshalb, besonders auch auf Wunsch des Herrn Grafen, die Norwegische Küste, um die Meeresfauna der Nordsee und der Fjorde zum Ziele meiner Thätigkeit zu nehmen.

Am 16. Juli 1884 konnte ich die Reise antreten. Da meine Arbeiten sich voraussichtlich vorzugsweise auf die Anwendung des Schleppnetzes — der Skrabe, wie die Norweger dies Werkzeug nennen, englisch dredge — erstrecken würden, so musste es mir wünschenswerth sein, bei den nur geringen Erfahrungen, die ich auf einer früheren Reise mit diesem Instrumente gemacht hatte, den Rath des Herrn Prof. Möbius in Kiel, der so viele Untersuchungen mit der Schrabe in der Ost- und Nordsee gemacht, vor Anfang meiner Arbeit einzuholen. Prof. Möbius, dem ich meine Ankunft gemeldet hatte, gab mir verschiedene Rathschläge, die mir später von Nutzen waren, und zeigte mir das neugebaute Zoologische Museum der Universität im Schlossgarten. Es ist ein hübscher, in Backsteinen ausgeführter Bau, der besonders durch seine zweckmässige und zugleich schöne Einrichtung die Aufmerksamkeit erregt. Die Ausstellungssäle sind durch Oberlicht erhellt,

1

so dass die ganzen Wände zur Aufstellung von Naturalien verfügbar sind. In ihrer Mitte läuft eine kleine Gallerie rund um, auf der eine Person sich bequem bewegen kann; sie ermöglicht, den Raum der Wände bis zur Decke auszunutzen, und da der Boden der Gallerie aus dicken matten Glasplatten besteht, so erhalten die unter ihr befindlichen Gegenstände hinreichendes Licht. Die an den Wänden hinlaufenden Glasschränke gestatten wegen ihrer geringen Tiefe, nur eine Reihe von Körpern aufzustellen, so dass jedes Schaustück auch unverdeckt zur Betrachtung gelangen kann; sie sind auch nicht höher und reichen nicht weiter nach dem Boden hinab, als dass sie ohne Strecken oder tiefes Bücken das Ansehen der ausgestellten Gegenstände bequem gestatten. Der Raum unter und über ihnen enthält verschlossene Schubladen, in denen Dubletten und weniger wichtige Dinge aufbewahrt werden. Selbst das Geländer der Gallerie, auf der sich die Besucher alle in einer Richtung bewegen, trägt nochmals kleine Schaukästen, in welchen allgemein interessante Dinge zur Ausstellung gebracht sind wie z. B. die Auster in verschiedenen Altersstufen und Varietäten, die Perlen und Korallen, die Seide u. s. w. nach ihrer Entstehung und Verwerthung durch den Menschen. Kurz das Museum kann als Muster für derartige Neubauten dienen und als solches verdient es auch von unserer Seite die höchste Beachtung. Werden wir doch demnächst in die Lage versetzt sein, die überfüllten und zum Theil unpraktischen Räume unseres Museums zu erweitern und möglichst zu verbessern.

Auch das reiche Museum für Alterthümer in Kiel konnte ich noch besichtigen, sowie das aus einem Moore ausgegrabene Vikingerschiff, das für 30 Ruderer eingerichtet war. Eine Menge der interessantesten Waffen und Geräthschaften, die es enthielt, sind ringsum an den Wänden aufgestellt, eiserne Lanzen, Schwerter Holzschilde, Römermünzen und, vieles andere.

Nachts 12 Uhr 45 ging das dänische Schiff Aegir nach Korsör auf Seeland ab, wo wir um 7 Uhr am nächsten Morgen ankamen. Die Bahn führte quer durch die Insel, durch Felder und schöne Buchenwälder nach Kopenhagen, wo ich gegen Mittag des 18. Juli eintraf. Hier wurde mir die erste unangenehme Nachricht. Die Universitätsferien waren im Gange und die meisten Professoren verreist. Herr Dr. Lütken, der zweite

Inspektor des Zoologischen Museums, dem die Abtheilung der Wirbelthiere unterstellt ist, hatte die Freundlichkeit, mir die überreichen Sammlungen zu zeigen. Besonders sehenswerth ist die in einem Seitenbau befindliche Kollektion der Wale, wie sie kaum irgendwo reicher und vollständiger zu sehen ist. Auch Embryonen dieser Meersäugethiere in Weingeist sind in grosser Auswahl vorhanden.

Montag den 21. Juli ging das Schiff nach Christiania. Die Fahrt war eine ruhige bis nach Helsingör, wo bei dem malerisch gelegenen Schlosse Fredericksborg früher der Sundzoll von den vorüberfahrenden Schiffen erhoben wurde. Eben, wie wir uns nahen, kommt von Norden eine schwedische Fregatte heran, und krachend dröhnen von ihr wie von den Wällen des Schlosses die Salutschüsse über das Wasser.

Nach weiterer Fahrt mit kaltem Winde den Tag über — die schwedische Küste bleibt stets in Sicht — wird es Abends milder. Der Weg führt uns zwischen zahlreichen Schären hindurch, öden abgerundeten Felsköpfen, die steil aus dem Meere herauftauchen und mit ihrem spärlichen Graswuchs düstere Farben zeigen. Nur schmale Wasserstrassen bleiben zwischen ihnen, und in diesen ist das Wasser ohne den Wogengang, der draussen das Schiff in starke Bewegung setzt; $8\frac{1}{2}$ Uhr Abends sind wir vor Götaborg in der Enge eines Fjords. Das dunkle Meer, die düsteren Schären, die angestrichenen Holzhäuser, das wenige Grün, die zahlreichen Dampfer, Segelschiffe und Kähne bilden zusammen ein ganz eigenartiges, in merkwürdigen Farbentönen schattirtes Bild, das gleichwohl in seiner Harmonie einen geeigneten Vorwurf für den Pinsel eines Malers liefert. Nachdem wir den Weg wieder aufgenommen, liegt Nachts um 1 Uhr das Schiff plötzlich still, da ein Gewitter gerade über uns ist. Blitz und Donner erfolgen zugleich, ein heftiger Regen giesst herab, aber bald geht die Fahrt weiter, und um 11 Uhr des folgenden Tages dampfen wir langsam in den Hafen des schön gelegenen Christiania ein.

Auch hier grosse Ferien. Prof. G. O. Sars, dessen Rath ich sehr gerne eingeholt hätte, ist seit einigen Tagen auf dem Lande, Konservator Collett hat eine Untersuchungsreise nach dem Norden der Küste unternommen. Es wird mir gesagt, ich könne ihn vielleicht in Trondhjem treffen, eine Hoffnung, die sich leider nicht erfüllte. So war ich denn ohne Rath, wohin ich mich am besten wenden, wie ich überhaupt meine Arbeiten einrichten sollte. Ich konnte nicht die bereits gemachten Erfahrungen Anderer benutzen, sondern musste auf eigene Faust und auf gutes Glück meine weiteren Pläne entwerfen.

In Christiania kaufte ich mir zunächst die nöthigen Seekarten und was sonst noch an Büchern, Plänen u. s. w. erforderlich war; nach den Angaben des Herrn Prof. Möbius liess ich mir hier noch eine dreiseitige Schrabe anfertigen, die für manche Zwecke besser sein sollte als die von Hause mitgebrachte vierseitige. Ihre Herstellung erforderte zwei Tage, und so hatte ich Zeit, die Sammlungen anzusehen. Das Zoologische Museum ist weder sehr geräumig noch zweckmässig gebaut und bedarf wohl der baldigen Verlegung und Vergrösserung. Es enthält aber sehr schätzenswerthes Material. Die Universitätssammlung af nordiske Oldsager enthält reiche Schätze von norwegischen Gegenständen von der älteren Steinzeit an bis zu diesem Jahrhundert. Besonders interessant sind die arktischen Steingeräthe aus Finnmarken und Nordland, von eigener Form und aus Schiefer gefertigt, während wir sonst vorzugsweise den Feuerstein in jener Zeit angewendet finden.

In einem besonderen Gebäude ist ebenfalls ein sogenanntes Vikingerschiff untergebracht. Es ist etwa 1000 Jahre alt, hat eine Länge von 75 Fuss und war für 32 Ruderer eingerichtet. Es unterscheidet sich von dem ähnlichen Fahrzeuge in Kiel dadurch, dass es ein dachartiges Verdeck besass, einen starken Kiel hat und dass die Ruder nicht oben aufgelegt, sondern durch runde Löcher in der Seitenwand gesteckt wurden. Dass seine Besitzer grössere Reisen über Meer mit ihm vornahmen, dürfte daraus hervorgehen, dass sogar Bettstellen unter dem Verdecke vorhanden waren. Wie das Kieler Schiff wurde auch es aus einem Moore ausgegraben, worin es wahrscheinlich aus Furcht vor nahenden Feinden geborgen worden war.

Am 26. Juli führte mich der Hurtigtog (Schnellzug) 4 Uhr 53 Min. Nachmittags nach Trondhjem zu. Die Bahn steigt langsam bergauf, ist auf dem grössten Theil des Weges einspurig, und ein Schnellzug in unserem Sinne kann die Fahrt kaum genannt werden. Bald geht es durch Fichtenwälder, in denen die Axt der Spekulanten bereits stark gelichtet hat, weshalb es auch an dicken Stämmen fast überall gebricht; dann kommen wir an

Kanälen und Seen hin bis Hamar an dem grossen Mjörsee, wo Abendbrod genommen und umgestiegen wird. Mit einbrechender Nacht kommt der Schaffner, schiebt die Sitze zusammen, legt die Rückwände als Kissen um und ein ganz bequemer Raum zum Schlafen ist gebildet. Aber warme Decken zum Schutze gegen die Kälte der Nacht sind nöthig.

Die Neugierde, wie die Landschaft hier im Gebirge beschaffen sein möge, weckt mich mit Anbruch des Tages. Ich wische ein Fenster ab, um hinaussehen zu können, aber da bietet sich ein ödes Bild. Die Höhen links und rechts von der Bahn zeigen sehr häufig mächtige Anlagerungen eines grauen feinen Sandes, der noch aus der Eiszeit stammen soll. Kleine Bäche haben tiefe Furchen in ihn eingeschnitten und bilden stellenweise seichte Sümpfe. Weithin überkleidet schwarzer Torfrasen, mit den Haarbüscheln des Wollgrases geschmückt, den Boden, der selbst wieder vielfach zerklüftet und zerrissen ist. Als einzig hier herrschenden Baum sehen wir die kaum über 2 m hohe Zwergbirke, *Betula nana*. Der knorrige Stamm mit grauweisser Rinde trägt eine pyramidenförmige Krone und ist gewöhnlich von zahlreichen Wurzel- und Stockauschlägen umgeben. Angenehm ist der Harzduft der breitherzförmigen Blätter. Bald aber hört der Wald, wenn man den sehr lichten Bestand der Birken so nennen darf, auf und sorgsam angelegte und gepflegte Wiesen mit feinem Grase verkünden die Nähe eines bewohnten Ortes. Zwischen 7 und 8 Uhr des Morgens fährt der Zug in eine grosse, ganz aus Holz bestehende Halle ein. Ein guter Kaffee »med flöde« (Rahm) ist hier zur Erwärmung geboten. Wir sind in Röraas, der höchst gelegenen Station unserer Bahn, 628 m über dem Meere. Der Ort von 2000 Einwohnern verdankt sein Dasein nur den Kupferkiesgruben, die ganz in der Nähe liegen. Nachdem wir alsdann noch bis zu 670 m angestiegen sind, fällt die Bahn rascher gegen Trondhjem hin ab. Jetzt bricht die Sonne durch und bescheint den interessantesten Theil der Fahrt, das Thal der Gula, an dessen steil abfallenden Gehängen der Zug sich hinbewegt. Die Bildung der Berge und des Thals, die Fichtenwaldungen und Grastriften, die Bäche und kleinen Wasserfälle erinnern uns gar sehr an unseren Schwarzwald, nur dass die Gehöfte (gaarde) hier bei weitem nicht der Landschaft den poetischen Reiz zu verleihen vermögen wie in dem deutschen Gebirge. Die im

Rechteck aufgerichteten Blockhäuser mit den grau verwitterten Balkenwänden, bedeckt mit knappem Dache von Rasen, sehen doch gar zu nüchtern aus und man ahnt nicht, dass sie manchmal von recht wohlhabenden Leuten bewohnt sind. Freilich drunten im Thale, wo die weiss angestrichene Holzkirche von Hov die Aufmerksamkeit auf sich zieht, da sehen wir auch Häuser, deren Bretterverschlag mit lebhaften Oelfarben verziert ist und deren Ziegeldächer verrathen, wie auch hier die Liebe zu einer grösseren Behaglichkeit sich geltend zu machen beginnt.

An dem Bahnhofe von Stören haben wir Gegelegenheit, eine junge Norwegerin in der nationalen Sonntagstracht zu sehen. Es ist ein frisches Kind ächt germanischen Blutes, wie hier die Leute es vorherrschend sind, rothbackig und blauäugig mit langen hellblonden Zöpfen; die weissen Hemdärmel, das schwarze Mieder und Röckchen mit rothen und goldenen Bändern und Streifen benäht, steht ihr gut an, aber das Aufsehen, das sie bei den Passagieren erregt, bringt sie in einige Verlegenheit und vielleicht wird auch sie bald das bunte Kleid mit dem allgemein gebräuchlichen Anzuge vertauschen.

Vormittags 10 Uhr 40 treffen wir in Trondhjem, der alten Krönungsstadt mit ihrem merkwürdigen Dome ein. Es ist Sonntag und Regenwetter, die aussergewöhnlich breiten Strassen sind beiderseits von niederen zweistöckigen Holzhäusern mit buntem Oelfarbenanstrich eingefasst, die Kaufläden geschlossen, die Strassen menschenleer — das macht einen eigenen Eindruck; man glaubt sich in eine ganz fremde Welt, in die Einsamkeit des höchsten Nordens versetzt. Desto behaglicher ist es in dem Hôtel Victoria bei dem freundlichen Herrn von Quillfeldt, einem Deutschen, und als am Montag die Geschäfte sich öffnen, das Getriebe fleissiger Menschen die Strassen füllt, Markt und Hafen belebt sind, da macht die Stadt einen besseren Eindruck und in wenigen Tagen hat man sie lieb gewonnen. Ueberrascht wird man geradezu durch die reiche Vegetation, die man hier über dem 63. Breitegrad — Drontheim liegt fast $3^1/_2$ Grad nördlicher als Petersburg — antrifft. Die Rosen habe ich kaum irgendwo reiner und duftender gefunden als hier, Levkojen und Reseden bilden eine Hauptzierde der Gärten. Liebt der Norweger durchgehends die Blumen, so übertrifft der Drontheimer doch Alle in diesem Punkte. Hinter jedem Fenster stehen mindestens zwei Blumentöpfe mit feinen Pflanzen — die Fenster öffnen sich nach der Strasse zu — und wenn man am Samstag Nachmittag den Friedhof bei dem Dome besucht, da findet man jedes Grab mit frisch gepflückten Blumen und Sträussen geschmückt. Als Alleebaum steht in den Hauptstrassen die Balsampappel, *Populus balsamifera*, aus Nordamerika. Vorzügliche Erdbeeren gibt es noch Anfangs August, Himbeeren und Johannisbeeren reifen jetzt, und auch die gelbrothe Moldebeere (Multer), *Vaccinium Chamaemorus* L., ist täglich neben Heidelbeeren auf dem Markte.

Zunächst lenkte ich meine Schritte nach dem schönen Museum der Stadt, in welchem besonders die norwegischen Thiere, sowohl die des Landes als auch des Meeres, ausgezeichnet vertreten sind. Hauptsächlich bekommt man hier ein Bild von den in dem Trondhjemfjord lebenden Geschöpfen, welche durch die fortgesetzten Bemühungen des Konservators Storm fast vollständig zusammengebracht wurden. Aber auch hier erhielt ich ungünstigen Bescheid — Herr Storm ist verreist. Was nun thun? Den hohen Norden aufzusuchen, das schien mir aus verschiedenen Gründen sehr gewagt. Einmal musste ich mit der Zeit geizen, die mir nur in beschränktem Masse zu Gebot stand, dann war ich noch keineswegs der norwegischen Sprache so mächtig, dass ich mit Fischern und Arbeitsleuten hätte allein zurecht kommen können, und schliesslich konnte ich auch nicht wissen, ob ich meiner Arbeit kundige und willige Fischer antreffen werde. Das Beste schien es mir darum zu sein, hier in dem Drontheimfjord selbst die ersten Proben mit dem Schraben zu versuchen und davon die weiteren Unternehmungen abhängig zu machen. Mit Hülfe meines Wirthes fanden wir einen Fischer, der etwas Englisch sprach und sich bereit erklärte, mit mir zu arbeiten. Dann wurde ein Tau von 400 Faden Länge (der Faden zu 6 Fuss = 1,8834 m.) bestellt und der bequemeren Tragfähigkeit wegen auf zwei Rollen vertheilt. Auch sonst wurde Alles zum Schraben hergerichtet. Ehe ich dazu ausfahren konnte, machte ich an mehreren Abenden Excursionen zur pelagischen Fischerei. Ich liess mich ziemlich weit hinausrudern auf den Fjord und streifte mit einem feinmaschigen Netze durch das Wasser, um die nahe der Oberfläche schwimmenden Wesen aufzufangen. Der Erfolg war ein auffallend geringer, zum Theil mag er mit durch die grosse Helligkeit veranlasst gewesen sein, da erst mit einbrechender Dunkelheit die meisten der pelagischen Seethiere an die Oberfläche kommen. Ende Juli war es in Trondhjem aber abends noch so hell, dass ich um 11½ Uhr noch bequem die Zeitung auf der Strasse lesen konnte. Jedenfalls waren aber auch noch andere Ursachen mitwirkend, auf die wir später zurückkommen werden.

Am 31. Juli machte ich die erste Ausfahrt mit drei Fischern. Da eine Tiefenkarte des Trondhjemfjord noch nicht existirt, musste ich mich hinsichtlich der Tiefenverhältnisse auf die Angaben meiner Leute verlassen. Bald merkte ich, dass sie ihr Wasser wohl kannten, dass sie aber die tiefen Stellen scheuten und mich immer an seichtere Plätze, wo ihre Arbeit eine leichtere war, zu bringen suchten. Ich liess mir dies für den ersten Tag gefallen, hatte aber die ganze Zeit hindurch, die wir zusammen arbeiteten, mit ihrem Eigensinne zu kämpfen. Obgleich sie noch nie geschrabt hatten, wollten sie doch Alles nur nach ihrer Laune und Gewohnheit betreiben. Als wir z. B. im tiefen Wasser alles Tau abgewickelt hatten und in der Strömung des Fjords uns befanden, machten wir mehrmals die Erfahrung, dass das Netz trotz der schweren eisernen Rahme und trotz eines Gewichtes, das wir 1 m vor dem Netze an das Seil gebunden hatten, nicht auf den Grund gelangt war. Um diesem Missstande zu begegnen, verlangte ich, dass sie von Zeit zu Zeit eine kleine Strecke rückwärts oder seitwärts rudern sollten, damit das Seil, das gespannt hinter dem Kahne hergezogen wurde, erschlaffe und das Fallen des Netzes auf den Grund ermögliche. Erst nach längerem Widerstreben folgten sie mir, und als sie dann den günstigen Erfolg gesehen, wandten sie dies Verfahren ungeheissen öfters an. In ähnlicher Weise ging es aber fast in allen Stücken, und man sieht, wie sehr man in dem Erfolge bei seiner Arbeit von den Leuten abhängig ist.

Das Wetter war anfänglich meinen Arbeiten wenig günstig; der Wind blies mitunter so heftig, dass es unmöglich war, in dem Kahne die feinen Gegenstände, die mit dem Netze aus der Tiefe gekommen waren, aus dem Siebe zu lesen; einmal wurden mir die Spiritusgläser, die auf dem Boden des Kahnes standen, durcheinander geworfen und zerbrochen, so dass ich mir einen Kasten mit Fächern herstellen liess, um sie darin einzeln zu bergen. — In dem Trondhjemfjord machte ich acht Ausfahrten, die erste von fünf Stunden, die späteren bis zu acht Stunden Dauer. Anfangs hielten wir uns in der Tiefe bis zu 200 Faden, dann fuhren wir zwei Stunden weit hinaus, bis wir in die Hauptströmung des Fjords gelangten, wo wir 400 Faden auswerfen mussten. Hier konnten wir auch bei achtstündiger Arbeit das Netz höchstens fünfmal auswerfen, da das Aufziehen desselben durch drei Mann bis zu einer halben Stunde Zeit verlangte. Die Arbeit ist für die Leute eine harte; ist man nach ein bis mehrstündigem Rudern an den Ort gelangt, wo man das Netz versenkt, dann muss dieses mit der grössten Anstrengung etwa eine halbe Stunde lang mit dem Strome über den Grund hingezogen werden. Dann erfolgt das Aufziehen, das durch eine Rolle an der Seite des Schiffes, über die das Seil läuft, erleichtert wird; die Leute haben dabei dicke wollene Handschuhe an, um sich die Hände nicht aufzureiben, während geölte Ueberhosen und eben solche Aermel die Glieder vor dem Durchnässen schützen. Kommt endlich der Sack an das Tageslicht, schwer gefüllt mit Schlamm, Sand oder Steinen, dann wird der Inhalt in feine Drahtsiebe vertheilt und in diesen vorsichtig ausgewaschen, so dass gröbere Gegenstände und die erbeuteten Thiere in dem Siebe zurückbleiben.

Bestand meine Arbeit im Anfange der Fahrt in dem Ueberwachen der Thätigkeit der Leute, in dem Anordnen des Vorzunehmenden, in dem Lothen der Tiefe, in der Beobachtung der Wasserfläche, vor Allem aber der Bewegungen des nachgeschleppten Taues — so musste ich jetzt helfen sieben und dann den Inhalt der Siebe bergen. Da die Geschöpfe der Tiefe meistens nur eine geringe Grösse haben, so war dies bei dem Schaukeln des Schiffes mitunter ziemlich schwierig. Das Sieb wird zwischen den Knieen festgeklemmt, in der einen Hand hält man das Spiritusglas, in der anderen die Pincette, und so muss der ganze Inhalt des Netzes durchgearbeitet werden. Wir werden später hören, wie es bequemer ist, das Schraben vom Lande aus zu betreiben und wie dies gehandhabt wird. Hier im Trondhjemfjord aber war es mir um die Untersuchung möglichst grosser Tiefen zu thun, da gerade hier die interessantesten Thierformen, die sonst nicht zu erlangen, zu Hause sind. Fast an allen Stellen, an denen wir arbeiteten, trafen wir den Boden des Fjords mit feinem grauem Schlamme bedeckt, und dies selbst an den Stellen, wo der lebhafteste Wasserstrom statthatte. Auf diesem Boden leben eigenthümliche Thiere, vor Allem eine Menge von Würmern, die theils freie Gänge in dem Schlamme wühlen, theils aus Sand und Schlamm Röhren bauen, in welchen sie wohnen; zwei Arten von Schlangensternen, deren Scheibe etwa nur einen Centimeter Durchmesser hat, deren dünne und leicht zerbrechliche Arme aber dieses Mass um das Zehnfache und mehr übertreffen, *Ophiolepis filiformis* und *O. norwegica* (letztere seltener), schlängeln sich auf dem glatten Boden umher; der noch viel zerbrechlichere Haarstern, *Antedon Sarsii*, haust hier, zierliche Muschelchen der Gattungen *Psammobia*, *Neaera*, *Leda*, *Corbula*, *Pecten* graben sich oft in Menge da unten ein, Dentalien stecken zahlreich aufrecht im Boden, und Vertreter der einfachsten Formen des Thierreichs, Rhizopoden, die sich aus feinen Sandkörnern eine schützende Hülle zusammenkleben, überdecken den Schlamm, hier bei Trondhjem besonders die hirschgeweihartig verzweigten Gehäuse der *Astrorhiza*, ebenso *Rhabdammina*, *Hyperammina* u. a. Durch die auf dem Fjorde hin und herfahrenden Dampfschiffe werden Schlacken und Kohlenstückchen ausgeworfen, und wo diese aus dem Grunde emporragen, da bilden sie Befestigungspunkte für Geschöpfe mit sesshafter Lebensweise; die interessanten Brachiopoden, besonders *Waldheimia cranium*, Ascidien in verschiedenen Arten, Wurmröhren, Schwämme und kleine Balanen zieht man mit ihnen aus der Tiefe.

Nur einmal, nördlich von dem kleinen Inselfort Munkholm, fanden wir mit dem Netze felsigen Grund, und hier thaten wir den reichsten Zug. Ausser den genannten festsitzenden Geschöpfen erbeuteten wir hübsche Kieselschwämme, *Geodia norwegica*, *Halichondria ventilabrum*, *Spongia dichotoma* u. a., auch ein Exemplar einer Art *Desmacidon* von weicher Struktur, aber deshalb besonders interessant, weil ein Krebschen von 5 mm Länge in dem Schwammgewebe sass, ohne dass man sehen konnte, wie es hineingekommen war, und hier seine Eier und Junge zwischen den Bauchfüssen hielt. Da das Thier blind ist, scheint es eine parasitische Lebensweise zu führen; es wird zum Gegenstande genauerer Untersuchung gemacht werden, wobei allein zu bedauern ist, dass nur ein Schwamm mit wenigen seiner Gäste gefunden wurde. Aufgeblähte Holothurien — Seewurst nannten sie die Fischer — lagen hier am Boden, ihre Verwandte von sonderbarer Gestalt, die *Cuviera squamata* (*Psolus sq.*) wurden vom Felsen losgekratzt, und unter anderen Bryozoen wurde das hübsche *Kinetoskias Smithii* K. & D. in der Gestalt eines Bäumchens von 5 cm erbeutet.

Der interessante Platz musste von geringer Grösse sein und wie eine Insel aus dem Schlamme hervorragen; unser Bestreben, ihn nochmals aufzufinden, war aber von keinem Erfolge gekrönt. Mit jedem Netzzuge brachten wir auch kleine Crustaceen an die Oberfläche, zum Theil hochinteressante nordische Formen; über sie wird späterhin berichtet werden.

Der Drontheimfjord gehört mit zu den breitesten Fjorden Norwegens, auch seine Längenausdehnung ist eine bedeutende. Wie aber bei den meisten dieser Einbuchtungen des Meeres in das Land ist der Fjord an seinem Eingang bei der Küste viel schmäler als in seinem inneren Theile, von dem aus viele seitliche Buchten und Busen sich abzweigen. Die Strömung in dem hellen Wasser der Fjorde hängt ganz von dem Meere ab. Hat dieses Flut, dann dringt sein Wasser weit in den Fjord hinein vor und auch dieser hat Flut, wenn auch später als das Meer; fällt draussen in der Nordsee der Spiegel, dann fliesst das Wasser des Fjords hinaus, und so hat also auch dieser seine Gezeiten. Wegen der schmalen Verbindung mit dem Meere aber zieht nur ein nicht sehr breiter Strom in dem Fjorde hin und her, während seitlich von ihm nur ein An- und Abschwellen des Wassers bemerkbar ist. Gelangt man in den Hauptstrom, so bemerkt man dies einmal an der Richtung des stärker fliessenden Wassers dann besonders aber an den zahlreichen Quallen, Medusen und Rhizostomen, die der Strom mit sich führt, die also bald land- bald seewärts dahin treiben. Vereinzelte Quallen trifft man zwar an allen Stellen der Fjorde, in dichten Zügen ziehen sie aber nur mit dem Strome. Und hier gewähren sie ein anziehendes Schauspiel. Morgens und bei trübem Wetter alle in der Tiefe, kommen sie zu Mittag mehr und mehr an die Oberfläche, und soweit das Wasser den Einblick in die Tiefe gestattet, gewahrt man die leichten, wie aus Wasser gefertigten Glocken, am meisten die bläuliche *Medusa aurita*. Bis zu Tellergrösse ziehen sie mit der Scheibe pumpend dahin, in der Tiefe kaum als blasse Schatten bemerkbar. Rosenrothe Ringe, meistens 4, selten 5 oder 6, fallen am meisten in die Augen, die Eierstöcke: manche Individuen sind mit gelber körniger Masse erfüllt, den Eiern, die sie in den Falten der vier gekräuselten Arme tragen. Nicht so häufig ist die rothbraune Wurzelqualle, *Rhizostoma Cuvieri*. Sie wird in einzelnen Exemplaren fast doppelt so gross wie die Meduse, schwebt immer einzeln dahin, nicht in solchen Schwärmen wie die andere und hat die Fähigkeit, besondere Fangfäden, die in Büscheln unter dem Rande der Glocke entspringen, bis zu einer Länge von 3 und 4 m auszustrecken. Sie hat ferner die unangenehme Eigenschaft, bei Berührung auf der blossen Haut heftig zu brennen. „Die blauen Maneter scheuen wir beim Baden nicht“, sagte mir ein Junge, »aber die rothen fürchten wir wie den Teufel.«

Die Quallen waren, in allen Grössen vorkommend, in reichlichen Mengen allerwärts vorhanden, Mitte und Ende September aber ging es mit ihnen zu Ende. Starr und matt sah man die Medusen den Küsten und Buchten zutreiben, wo sie in dem Tange sich verklebten oder auch sonst in kurzer Zeit sich auflösten. Rhizostomen widerstehen am längsten und noch am 20. September sah ich sie lebend in einzelnen Exemplaren bei Bergen dahinziehen.

Wo mitten in dem Fjord die Quallen treiben, da sind die besten Gründe für die Tiefseefischerei, und es hängt dies wohl zusammen einmal mit der steten Erneuerung des Wassers, die den meisten Thieren zusagt, und dann mit der grösseren Menge von Nahrung, die ihnen hier zugeführt wird. Hier stecken auch im Schlamme die hübschen Stöcke der Seefedern, verschiedene Arten aus der Familie der Pennatuliden. Ein dickerer muskulöser Stiel gräbt sich in den Grund und schiebt nach oben einen Schaft, der von einem harten Stabe im Innern gestützt wird und in zweizeiliger Anordnung seitliche Arme wie die Fahne einer Feder trägt. An diesen sitzen in Reihen die kleinen Polypen, denen von der Strömung die Nahrung zugebracht wird. Schade nur, dass man mit einem Schleppnetze, das eine Breite von 75 cm hat, so wenig die Stellen trifft, wo diese Thiere meistens gesellig zusammen sitzen, und dass das niedere Netz die grossen Exemplare meistens umbiegt und in den Schlamm drückt oder zerbricht, anstatt dieselben in sich aufzunehmen. Es ist eben ein unvollkommenes Instrument, das Schleppnetz, und um bedeutendere Resultate zu erhalten, müsste man mit einem kleinen Dampfer und der Trawle arbeiten, die eine Breite von mehreren Metern mit entsprechender Höhe hat.

Von den im Trondhjemfjord vorkommenden Formen erbeutete ich die dünne *Virgularia mirabilis Müll.* und das plumpere *Kophobelemnon Mülleri Asbj.*

Als ich meine Leute endlich im richtigen Gange hatte und mit meiner Ausbeute anfing zufrieden zu werden, da strikten dieselben. „It is to heavy," sagte der Alte und verlangte bessere Bezahlung. Da ich aber schon 12 Kronen d. h. 13,50 Mark für den Tag zu bezahlen hatte, so stellte ich die Arbeit ein und verliess Trondhjem.

Um die Mittagsstunde des 7. Aug. kam ich nach guter Fahrt, die Nachts um 12 Uhr begonnen hatte, nach Molde. Der Flötmand (Bootsmann), der mich ans Land brachte, erzählte mir, dass er vor einigen Jahren mit Prof. Sars geschrabt habe; leider aber musste er bei seinem Dienste bleiben und konnte er mir nur einen Mann verschaffen, dem er einige Anweisung geben wollte.

Das kleine aber freundliche Molde hat eine herrliche Lage an der Nordseite des Moldefjord, der hier seine grösste Breite und Tiefe hat, und mit Recht wird es viel besucht. Auf einem sanft ansteigenden Vorlande gelegen, ist es auf der Nordseite von Hügeln und Bergen geschützt, während ihm von Süden die direkten sowie die von dem Fjorde zurückgespiegelten Strahlen der Sonne zukommen und die Temperatur im Sommer mitunter nicht unbedeutend steigern. So zeigte das Thermometer Tage lang in meinem nach der Hauptstrasse gelegenen Zimmer 25° R. im Monat August. Daher kommt es, dass Molde in seiner nächsten Umgebung von einer für die hiesigen Verhältnisse üppigen Vegetation umgeben ist. Stattliche Weidenbäume verbreiten in den Gärten Schatten und lassen eben ihre Samenwolle fliegen (10. Aug.), schwarzer Holunder (*Sambucus nigra*) ist am Abblühen, während der Traubenholunder (*S. racemosa*) seine Beeren zeitigt. Die kleinblättrige Linde (*Tilia parvifolia*) und grossblumiger Jasmin (*Philadelphus grandiflorus*) blühen noch; Geisblatt (*Lonicera Caprifolium*), das an einigen Häusern emporrankt, verbreitet Abends Wohlgeruch, die Esche und besonders die Bastardvogelbeere (*Sorbus hybrida*) finden sich zahlreich in den Gärten und an den Wegen. Kirschbäume reifen gerade ihre Früchte und sogar einige Aepfelbäume haben es schon zu nussdicken Früchten gebracht; eine Hauptrolle aber spielen in den Gärten die Johannisbeeren (*Ribes rubrum*), die in mehr als 2 m hohen Hecken so sehr mit Früchten überladen sind, dass sie einer Stütze bedürfen, um nicht zusammengerissen zu werden. Oberhalb der Stadt aber ändert sich sogleich der Charakter der Vegetation. Wenige Felder mit Kartoffeln, die noch in Blüthe stehen, oder mit sechszeiliger Gerste, dann Wiesen und gleich darauf Sumpfboden mit Preissel- und Sumpfheidelbeeren (*Vaccinium uliginosum*) und dann gemischter Wald: Fichte, Kiefer, Vogelbeere, (*Sorbus aucuparia*), Erlen und Wacholder.

Prachtvoll ist der Blick von den Höhen hinter Molde auf den Fjord mit seinem herrlichen blauen Wasser und der grossartigen Gebirgsscenerie auf seiner Südseite. Mächtige Ketten von Bergen von bizarrer, oft gar zu schwerer Form ziehen sich hin, soweit das Auge sieht, und sind auch im Hochsommer noch mit glänzenden Schneefeldern überdeckt, die sich oft tief herabziehen. Das Bild ist ein grossartiges aber nicht so ruhig majestätisches, wie man es an den meisten Schweizer Seen, z. B. an dem Bodensee, zu sehen gewohnt ist. Die Berge spitzen sich nicht, von einem breiten Stocke aufsteigend, leicht und gefällig zu, vielmehr sind es meistens massige abgerundete Blöcke, wie von gigantischer Hand durcheinandergeschüttet, bald von der Gestalt einer Glocke bald von der eines schiefgestellten abgestumpften Kegels u. s. w. Und dass man nicht vergisst, dass man sich hier trotz der Hitze im Norden befindet, dafür sorgen die vor uns in dem Fjorde quer sich hinziehenden Skjären (spr. Schären): düsterer Kieferwald, dessen Boden von röthlich grünem Heidekraut bedeckt ist, sticht doch gar zu sehr ab von dem freudigen Grün der Wiesen und Laubgebüsche, womit die Auen und Inseln in unseren Strömen und Seen bedeckt sind.

Es waren herrliche Tage, die ich auf dem Moldefjord in dem Kahne verlebte. Meistens fuhren wir nach Beendigung der Vorbereitungen Morgens um 8½ Uhr hinaus und blieben bis um 6 des Nachmittags draussen. Spiegelglatt lag an den meisten Tagen die krystallene Flut vor uns und eine frische und reine Luft machte die herrschende Hitze weniger drückend.

Fast täglich sieht man einen der grossen Postdampfer oder einen der kleineren Lokaldampfer lange Wellenlinien in der silbernen Flut ziehen, und ausserdem beleben Fischerboote oder Kähne mit Landleuten, die Verkehr mit der Stadt haben, den Fjord.

Möven ziehen rufend dahin oder streiten, mit heller Stimme schreiend, um einen Bissen; die schwarze grosse Raubmöve schwimmt einzeln auf dem Wasser oder überwacht fliegend die Gattungsverwandten, um ihnen eine Beute abzujagen; drüben an der dunklen Einfahrt in den berühmten Romsdahlfjord ertönt zuweilen ein

Geschrei wie von einer fernen Volksmenge, bei welcher Männer, Weiber und Kinder durcheinander rufen; es sind Taucher, *Colymbus septentrionalis* L., hier Lommen genannt, die dort an einer der Klippen ihren Brutplatz haben und vielleicht die Heimkehr der Ihrigen begrüssen. Auf der Wasserfläche fallen oft ganze Reihen dunkler Punkte auf, Gruppen von Enten, die in der Nähe der Schären oder an sonstigen seichten Stellen der Nahrung nachgehen. Sehr häufig ist hier die Eiderente (*Somateria mollissima*) und zwar vorzugsweise das braune Weibchen, während man den schwarzweissen Erpel nur selten zu Gesicht bekommt. Die Thiere wissen, dass sie während des Sommers sich einer strengen Schonzeit erfreuen und sind deshalb wenig scheu; einmal schwamm eine Ente mit drei Jungen nahe vor uns her und erst, als sie merkte, dass wir dieselbe Richtung wie sie einschlugen, enteilte sie ängstlich flatternd mit ihrer Brut nach einer kleinen Bucht, die sie unseren Blicken barg. Ihre Jagd ist verpachtet.

Eine hübsche Unterhaltung boten die Braunfische (Meerschweine, *Phocaena communis*), die zu zweien bis vieren hier wie in dem Trondhjemford häufig über dem Wasser emportauchten. Die Thiere haben etwa die Grösse des Delphins, dessen Scharen im Mittelmeer und atlantischen Ozean so vielfach den Schiffen folgen; nur ist ihre Gestalt etwas gedrungener, ihre Schnauze kürzer. Während aber der Delphin, um zu athmen, in weitem Bogen aus dem Wasser springt, so dass seine volle Gestalt sichtbar wird, macht der Braunfisch nur eine ganz kurze Wendung in die Luft: zuerst sieht man den Kopf, dieser taucht unter und nun erscheint der fette Rücken mit der Flosse, um auch sogleich wieder zu verschwinden: zum Schluss hebt sich dann noch die Schwanzflosse aus dem Wasser. Wohl dreimal bis viermal hintereinander erscheinen die hübschen Thiere in unserer Nähe, um dann für längere Zeit der Jagd auf Fische in grösseren Tiefen obzuliegen. Einmal ging einer der Braunfische unter dem Hintertheil unseres Kahnes durch, so dass sein Rücken den Kiel streifte und ich ihm leicht einen Schlag mit dem Ruder hätte versetzen können. Sobald der Kopf eines der Thiere über dem Wasser erscheint, hört man bei dem Ausathmen ein dem Niesen ähnliches Geräusch, weshalb die Norweger auch den Braunfisch »Nysen« nennen.

Auch in dem Moldefjord waren meine Bemühungen vorzugsweise der Tiefseefauna zugewandt; leider aber waren sie nicht von dem Erfolge gekrönt, wie ich ihn wohl erwartet hatte. Ich bekam allmählich den Eindruck, und später wurde er mir so ziemlich zur Gewissheit, dass das Thierleben in den von dem Lande völlig umschlossenen Fjorden weniger reich sein müsse als in gleichtiefen Sunden und Strassen oder als in dem offenen Meere, d. h. dass auf gleichgrossen Flächen des Grundes in jenen Fjorden weniger Geschöpfe zu finden sein werden als auf solchen der zuletzt genannten Plätze. Und diese Thatsache erklärt sich unschwer. Wir hörten, wie durch den engen Eingang des Fjords bei seiner Verbindung mit dem Meere nur ein schmaler Wasserstrom zur Zeit der Flut aufsteigt; er bringt ausser den genannten Quallen eine Menge kleiner und kleinster Geschöpfe mit, die zum Theil bei der Ebbe wieder nach dem Meere zurückgehen, zum Theil auch in dem Fjorde zurückbleiben und hier nach den Seiten mit dem schwellenden Wasser sich ausbreitend einer Anzahl von grösseren Geschöpfen zur Nahrung dienen. Eine ganze Masse solcher ist nämlich auf diese kleinsten Nahrungsbestandtheile hingewiesen und auch durch Strudel-, Wimper- und Siebvorrichtungen im Stande, sich die im Wasser schwebenden Nahrungsstoffe nutzbar zu machen; Schwämme, Polypen, Würmer, Bryozoen, Räderthierchen, Tunicaten, Brachiopoden, Muscheln und selbst viele Holothurien sind alle für diese Nahrungsquelle eingerichtet. — Sie finden sich deshalb in grösster Menge auf dem Boden, der von der wechselnden Strömung überflossen wird, weniger nach den Seiten des Fjords; dass auch hier wie in dem Trondhjemfjord und ebenso in dem Borgundfjord, den ich später besuchte, die pelagischen Geschöpfe in geringerer Zahl vorhanden waren, ergab mir das Fischen an der Oberfläche, das an Orten, wo lebhafte Strömung das Meer durchzog, wie z. B. bei Aalesund, ungleich günstigere Resultate lieferte.

Eine zweite Nahrungsquelle für die Tiefseefauna der Fjorde bietet das Süsswasser, das als Regen- oder Schneewasser von den Küsten, als Fluss- und Bachwasser in die Buchten kommt. Es bringt ausser Sand und Schlamm auch faulende pflanzliche und thierische Stoffe mit; doch scheint es nicht, dass dieselben auf weitere Strecken hinaus eine Rolle zu spielen im Stande wären, wie das Süsswasser, das sie bringt, selbst sehr bald in der grossen Menge des Salzwassers verschwindet. Da wo der Molde Elf, im Sommer ein armer Bach, bei der Stadt in den Fjord fällt, da liegt in diesem ein brauner Mulm, Pflanzenreste aus den moorigen

Waldwiesen, die das Flüsschen durchschneidet, am Grunde und er dient direkt einem Herzigel, der in Menge darin lebt, zur Nahrung.

Die angegebenen Ursachen sind die Erklärung dafür, dass das Wasser des Moldefjord so ungemein rein und klar ist und dass ich — ausserhalb der grossen Strömung — nur selten lebende, dem blossen Auge sichtbare Geschöpfe bei der pelagischen Fischerei erbeutete (einige vereinzelte Noktiluken); daraus versteht man auch, warum auf dem geeignetsten felsigen Grunde die Austern und die braune Miesmuschel (*Modiola modiolus*) nur in geringer Zahl vorhanden sind. Die Molde-Auster, die ich an Ort und Stelle erbeutete, ist von vorzüglichem Geschmack und wie mir scheint, den feinsten nordamerikanischen an die Seite zu stellen, bildet aber nirgends in dem Fjord Bänke, wo die Schalen dicht zusammen liegen, sondern ist einzeln auf weite Flächen zerstreut, so dass ich auf etwa zwanzig Schritte je eine fand. Ebenso ist es mit der Modiola, die im strömenden Wasser bei Bergen bündelweise mit der Schrabe zum Vorschein kam und bedeutend grösser war als hier. Die essbare Miesmuschel (*Mytilus edulis*) bestätigt das Gesagte weiterhin; nur in geringer Zahl tritt sie in dem Moldefjord auf, während sie draussen am Meere zu Milliarden die Ebberegion, d. h. die Strecken der felsigen Ufer, die zur Ebbezeit trocken liegen, überzieht.

Auch in dem Moldefjord war der Boden in den tieferen Lagen — wir fischten bis zu 400 Faden — mit feinem grauem Schlamme bedeckt, den feinsten Theilchen, erdigen sowohl wie organischen, die von den Strömungen bis hierher getragen werden, und die Fauna war eine ähnliche wie in dem Trondhjemfjord. Auch direkt von dem Schlamme lebt eine Anzahl Thiere, zeigt er doch durch seine schwarzgraue Färbung an, dass er eine Menge pflanzlicher und thierischer Reste enthält, und wie unser Regenwurm verschluckte Erde durch seinen Darm gehen lässt und den unverdauten Sand wieder abgibt, so sind es auch hier zahlreiche Würmer, die in gleicher Weise thätig sind, aber auch grosse Holothurien verschmähen es nicht, sich auf dieselbe Art zu sättigen. Wo sich eben organische Stoffe in irgend welcher Form finden, da werden sie auch dem Leben wieder dienstbar gemacht, und es scheint mir eine nicht uninteressante Aufgabe, die sämmtlichen Seethiere eines so umgrenzten Gebietes, wie es die norwegischen

2

Fjorde sind, auf ihre Ernährungsverhältnisse mit dem Hinblick auf das Gesammtleben in dem Fjorde genauer zu prüfen.

Von besonderen hier gefundenen Thierformen erwähnen wir hier *) nur grosse orangefarbene Holothurien, (*Holothuria elegans*), die kleine *Echinocucumis typica*, Gruppen der *Waldheimia cranium*, interessante Kieselschwämme und Asteroiden. Unter den Kiesel-Rhizopoden, die hier noch häufiger vertreten schienen als in dem Trondhjemfjord, fiel besonders eine kugelige, erbsengrosse Form auf, die *Saccamina sphaerica Sars*. Die äusserst dünne, aus Kieselkörnchen und Schwammnadeln zusammengeklebte gelbliche Schale liegt meistens frei auf dem Grunde, ist nur in seltneren Fällen auf einem gröberen Quarzkorne festgeklebt und besitzt an einer Seite ein etwa 1 mm langes Röhrchen mit runder Oeffnung, das die Verbindung mit der Aussenwelt gestattet. Hier tritt wohl das Protoplasma in dickem Strange hinaus, um sich in zahlreiche feine Aeste, die Pseudopodien, zu zertheilen und mit diesen seine Nahrung aufzusuchen.

Leider war es bei dem warmen Wetter nicht möglich, die aus der kühlen Tiefe geholten Thiere lebend mit nach Hause zu nehmen und dort lebend zu erhalten. Es hätte dazu besonderer Kühlvorrichtungen mit Eis bedurft, und es blieb also nichts übrig als die gefischten Geschöpfe in Spiritus oder anderen Flüssigkeiten zu tödten und sie dann in Weingeist für eine spätere Untersuchung aufzubewahren.

Das Protoplasma der Saccamina erwies sich in eigener Weise zusammengezogen; auf der unteren, d. h der Eingangsöffnung gegenüberliegenden Seite lag es dicht der Schale an und ragte von hier in rundlichen, zitzenförmigen Spitzen in den Hohlraum der Schale, diese nicht ganz ausfüllend. Die Aussenschicht des Protoplasmas ist braun, das Innere heller, fast weisslich. Nach Färbung mit Pikrokarmin erwies es sich mit zahlreichen Kernen erfüllt. Was aber besonders auffiel, war, dass unter den Dingen, die als Nahrungsstoffe in dem Protoplasma eingeschlossen waren, Diatomeen, braunen Sporen, Fuss- und Fühlerresten von kleinen Krebsen u. s. w. sich auch in jedem der untersuchten Exemplare Blüthenstaubkörner von der Kiefer, *Pinus silvestris*, fanden. Die-

*) Ueber die gesammte Ausbeute der Reise zu berichten, dürfte hier nicht der Ort sein. N.

selben sind leicht zu erkennen. Eine grössere Mittelzelle mit stark verdickter Wand ist etwas gekrümmt und trägt an beiden Enden kleinere lufthaltige Zellen mit streifig verdickter *Cuticula*; letztere machen das Pollenkorn leicht, so dass es der Wind im sogenannten »Schwefelregen« durch die Luft zu den weiblichen Blüthenzapfen tragen kann. Ich habe hier in Frankfurt Pollen aus getrockneten Blüthenständen der Kiefer entnommen und dadurch festgestellt, dass derselbe mit den in den Saccaminen gefundenen Körperchen identisch ist.

Die an sich unbedeutende Thatsache gewinnt bei näherer Betrachtung doch einiges Interesse. Die Bäume, die den Fjord umgeben, tragen also auch ein kleines Theil zur Ernährung der Tiefseethiere bei. Ihr Staub wird als Schwefelregen von dem Winde durch die Luft getragen, der Regen schlägt ihn in den Fjord nieder, und nachdem er sich allmählich mit Wasser vollgesogen, sinkt er schliesslich in die dunkle Tiefe und wird dort von den einfachst organisirten Thieren aufgenommen. Auffallend ist es nur, dass die Pollenkörner noch im August bei der Saccamina, allerdings ihres Inhalts beraubt, zu finden waren. Da die Zellwand als Cellulose unverdaulich ist, so erklärt sich dies wohl; nur dass der Thierleib die für ihn unverwerthbaren Reste nicht schon früher wieder ausgestossen hat, erscheint unverständlich, blüht doch bei uns die Kiefer schon im Mai.

Von den interessanten Pennatuliden brachte das Netz aus der Tiefe von über 200 Faden in mehreren Exemplaren, das eine leider zerbrochen, das *Kophobelemnon Leuckarti Kor.* und *Dan.* zu Tage.

Man hat gerade an den tiefen Stellen der Fjorde eine Anzahl von Thieren gefunden, und besonders solche aus den Gruppen der Gorgoniden, Alcyoniden und Pennatuliden, die man nur von diesen Fundstellen kennt, die man also für einzig und allein als den Fjorden zukommend glaubte ansehen zu dürfen. Besondere Erklärungen glaubte man dafür heranziehen zu sollen und die geläufigste derselben, die bei den gebildeten Norwegern noch allgemein verbreitet scheint, wurde mir von einer Deutsch redenden Dame (sie ist geborne Deutsche, lebt aber schon längere Jahre in Norwegen) in Trondhjem sehr klar vorgetragen. Die Fjorde sollten zur Eiszeit entstanden und vorzugsweise eine Wirkung der Gletscher sein. Als damals das Meer eindrang, da brachte es die zu jener Zeit in ihm lebenden Geschöpfe oder deren Keime mit und diese entwickelten sich in den Fjorden. In späterer Zeit fand eine Hebung an der Aussenküste Norwegens statt; dafür sprechen die »Strandlinien«, gehobene Ufer, die man an vielen Küstenstrecken findet, dafür spricht das Vorhandensein eines seichteren Streifens im Meere längs der Küste. Dieser erhöhte Streifen bildet eine Barre vor dem Eingang in jeden Fjord, so dass der Fjord in seinem Innern selbst oft bedeutend tiefer ist als an seiner Mündung. Beispielsweise hat der Sognefjord stellenweise eine Tiefe von über 630 Faden (er ist der tiefste Fjord), die Barre vor seinem Eingang hat aber an ihrer höchsten Stelle noch nicht 50 Faden Wasser über sich, während der Boden der Nordsee sich wieder allmählich bis 200 Faden und mehr vertieft. Diese Barre bildet also eine Scheidewand zwischen dem offenen Meere und dem Fjord und ebenso für deren Thierwelt. Das Eigenthümliche in der Fauna der Fjorde schien also am besten so zu erklären, dass man annimmt, dass durch das Entstehen der Barre die Thierwelt der Fjorde vor dem Meere abgeschlossen wurde und seit der Eiszeit wesentlich dieselbe geblieben ist, während in dem offenen Meere im Laufe der Zeit unter veränderten Verhältnissen bedeutende Umänderungen in der Fauna stattgefunden haben, so dass diese sich jetzt von der der Fjorde unterscheidet.

Hat man die angeführte Ansicht über die Entstehung der Fjorde selbst nun verlassen, so lässt sich auch die oben erwähnte über die Thierwelt der Fjorde nicht halten. Die Fjorde verdanken ihr Dasein wohl in erster Linie der eigenthümlichen Zerklüftung des Gebirges, und Thalspalten wie sie an der Küste als Fjorde mit Wasser gefüllt sind, finden sich ebenso im ganzen inneren Gebiete der Urgebirgsformation Norwegens. Oft sind sie mit süssem Wasser gefüllt und bilden dann die grösseren oder kleineren Landseen. Diese sowie die Bach- und Flussthäler sind nicht selten deutliche Fortsetzungen der Fjorde in das Land hinein, nur durch eine Erhebung oder Verschüttung von ihm abgetrennt. Natürlich haben Hebungen und Senkungen, Niederschläge, Frost und Hitze und besonders auch Gletscher dazu beigetragen, die Fjorde zu dem zu machen, was sie heute sind.

Was nun die Fauna anbelangt, so sind nach und nach auch draussen in den Tiefen der Nordsee zum Theil dieselben Geschöpfe aufgefunden worden, die man früher den Fjorden eigenthümlich hielt, und wenn dies noch nicht mit allen geschehen, so liegt dies eben daran, dass die Tiefseeforschungen im offenen Meere schwieriger und viel weniger ausgeführt sind als in den Fjorden, in welchen kaum eine Stelle ununtersucht geblieben ist. Und doch werden auch in den Fjorden noch immer neue Formen aufgefunden. Es ist zu erwarten, dass sich, je mehr man die Tiefseeforschungen in dem offenen Meere pflegt, eine Gleichheit zwischen seiner Fauna mit der der Fjorde herausstellt. Und wie sollte das nicht sein? Die den Fjorden vorliegende schmale Bodenerhöhung kann keineswegs ein Hinderniss für das Ein- und Austreten der Seethiere sein und dies in früheren Erdperioden noch weniger, da sie, wie ein Blick auf die schöne Karte »Norge. Oversigtskart over Dybde og Höjdeforholde. 1883« lehrt, jedenfalls neueren Ursprungs ist als das trockne Land. Sie zieht sich als untergetauchtes schmales Vorland von den Lofoten (nördlicher sind die Tiefenverhältnisse nicht genau bestimmt) an längs der ganzen norwegischen Küste südwärts bis zu den westlichen Ufern Schwedens hin, sie hat ihre höchste Höhe direkt an den Felsen, an denen sie sich anlegt und fällt ziemlich gleichmässig nach dem offenen Meere hin ab, so dass angenommen werden darf, sie verdankt ihr Dasein nicht etwa einer Hebung oder wenigstens nicht allein einer solchen, sondern ist vielmehr ein Ergebniss der Errosion; sie ist ein Vorland, aus dem Schutte des Gebirges aufgehäuft, wie wir das am Fusse aller Berge und Gebirge und besonders schön am Fusse aller norwegischen Berge wiederfinden. Die Barre lässt noch eine Wassermasse in der Höhe bis zu 50 Faden über sich wegstreichen, Ebbe und Flut machen sich dadurch in den Fjorden bemerklich und auch die Thierwelt kann mit dem Wasser ein- und austreten. Es ist ja bekannt, dass die Jungen sämmtlicher, auch der festsitzenden Seethiere, wie z. B. der Weichthiere, Polypen und Schwämme, eine Zeitlang umherschwimmen, um dann erst sich an einem geeigneten Orte niederzulassen; viele steigen bei Tage, die meisten aber Nachts bis an die Oberfläche empor und werden von der Strömung auf grosse Strecken mitgenommen. Es erscheint also sehr gezwungen anzunehmen, dass die Barre vor den Fjorden ein Hindernis für die Kommunikation der Thierwelt inner- und ausserhalb der Fjorde bilden werde.

In Molde musste ich eine unangenehme Erfahrung machen.

Eines Morgens kam der alte Thorsen, mein Fischer, um mich herauszurufen und mir das Tau zu zeigen, das zum Trocknen in dem Hofe des Hôtels aufgehängt war. Es waren in der Nacht 70 Faden herausgeschnitten und gestohlen worden.

Nach zehntägigem Aufenthalte in Molde, bei welchem sechs Tage auf dem Fjorde verbracht worden waren, brach ich am 18. August auf nach

Aalesund (spr. Olesund). Ich wählte diesen Punkt, weil die Karte ergab, dass ich hier dem offenen Meere nahe war, und weil mir hier mehrere Fjorde und Strassen mit grösseren Tiefenunterschieden zu Gebote standen. Vor Allem hatte ich den Bredesund im Auge, der südlich von Godö (Ö=Insel) offen hinaus in das Meer führt und eine Tiefe bis zu 230 Faden hat.

Auf dem Dampfer machte ich die Bekanntschaft zweier Herren aus England, des Dr. Gadow vom Museum zu Cambridge, eines gebornen Deutschen (er bearbeitet die Klasse der Vögel für Bronns Klassen und Ordnungen des Thierreichs), und eines jungen Mediciners aus London, Dr. Adami. Sie waren ebenfalls auf einer Sammelreise und wünschten, sich auf 2—3 Tage meinen Ausfahrten anschliessen zu können. Es wurde deshalb sogleich eine zweitägige Fahrt in den Bredesund und durch ihn in das offene Meer nördlich um Godö herum geplant. Der erste Tag in Aalesund aber wurde, um die angeworbenen Fischer kennen zu lernen und einzuüben, zum Arbeiten in der Strasse nördlich von der Stadt gegen Valderö hin benutzt. Wir fischten hier in Tiefen bis zu 40 Faden in strömendem Wasser und fanden vorzugsweise Bryozoen sowie die kleine Fauna, die auf die breiten Blätter des Zuckertangs, *Laminaria saccharina*, angewiesen ist.

Am 20. August fuhren wir gegen 10 Uhr Vormittags mit drei Fischern in offenem Kahne nach dem Bredesund. Wir waren mit einigem Proviant und Kleidungsstücken versehen, weil wir nicht wissen konnten, ob wir für die nächste Nacht Unterkommen in einem Hause finden würden. Der kleine Ort Godö auf der Südseite der gleichnamigen Insel besteht aus wenigen, zerstreut auseinanderliegenden Bauernhäusern, eine Kirche und ein Wirthshaus gibt es dort nicht, und es war also fraglich, ob wir — sechs Mann — Aufnahme finden würden.

Die Fahrt war am ersten Tage eine gute. Als wir zwischen Hesö mit dem an seiner Spitze gelegenen, 320 Meter hohen Zuckerhute (Zukkertöppen) und Godö durchkamen, da machte sich mit dem Blicke auf den breiten Sund auch die Nähe des Meeres bemerklich. In gleichmässigem Rhythmus kamen mächtige Wogen von draussen herein, um sich bei Sulö und Hesö zu theilen und in drei Strassen abzuschwächen, breite Wasserrücken, die unser Schifflein bald hoben bald in ein Wellenthal hinabsinken liessen. Das Arbeiten auf den geschlossenen Fjorden, wie der Trondhjemfjord und Moldefjord es sind, bietet wohl Niemanden Schwierigkeiten dar, da der Wasserspiegel bei stillem Wetter ein stets ruhiger ist. Wer aber zur Seekrankheit neigt, was bei mir glücklicherweise nicht der Fall ist, dem wird es bei dem Auf- und Abschaukeln im Kahne und besonders, wenn er seine Aufmerksamkeit auf das Sieb zwischen den Knieen fixiren muss, leicht schwindelig. Unseren Leuten war das Schraben eine seither unbekannte Arbeit gewesen, und so hatten wir mit allerlei Hindernissen zu kämpfen, es war kein Segel da, dann brach die Rolle, über welche das Seil lief, und was dergleichen kleine Widerwärtigkeiten mehr sind. Wir schrabten in der Tiefe von 220 Faden, fanden schlammigen grauen Grund und fast genau dieselbe Thierwelt, die mir der Moldefjord unter gleichen Verhältnissen geboten hatte; dieselben Sandrhizopoden (auch die *Saccamina*), dieselben kleinen Schlangensterne, Muscheln, Würmer nebst der *Holothuria elegans*. Es bestätigte dies mir die oben ausgesprochene Ansicht über die Natur der Fauna der Fjorde. Die Ausbeute von einigen mit Erfolg gekrönten Auswürfen des Netzes — mehrmals schienen wir nicht auf den Grund gelangt zu sein und brachten den Sack leer herauf — war im ganzen zufriedenstellend. Als der Abend nahte, wandten wir uns nordwärts Godö zu, fanden mehrere Leute bei dem Baue eines Kahnes unter einem Schuppen beschäftigt und erhielten durch die Freundlichkeit eines Piloten, eines jungen schönen Mannes, der nach Hause lief und für uns sprach, auch Unterkunft in dem Hause seines Vaters, der ebenfalls Lootse war, sein Geschäft aber seinem Sohne abgetreten hatte. Als wir zu dreien — unsere Fischer suchten sich andere Unterkunft — mit unserem Handgepäck in das Haus kamen, war alles zu unserem Empfang gerüstet; der Alte stand unter der Thür, hiess uns willkommen und führte uns in das Wohnzimmer, das von der erwachsenen Tochter ausgekehrt und zum Grusse mit Wacholderspitzen bestreut war. Die freundliche aber einfache, ganz in Holz getäfelte Stube enthielt ausser dem grossen gemauerten Ofen und dem Familientische ein frisch gedecktes Bett für zwei Personen und gestattete durch die kleinen Fenster den Blick auf den Sund und das Hogstenfyr (einen Leuchtthurm), an dem wir vorüber gekommen waren. An der Wand unter dem Spiegel hing ein gedruckter Spruch aus der Bibel: »Jeg og mit Huus vi vil tjenen Herren« (Ich und mein Haus wollen dem Herrn dienen), und dabei steckte eine kräftige Ruthe aus Birkenreisern für die beiden jüngeren Kinder des Hauses. Für mich war das Bett in dem kleinen Nebenzimmer hergerichtet. Kaffee und gekochte Milch nebst Fladbröd (schwarzem Brod in dünnen Fladen ausgebacken) konnten wir haben, anderes hatten wir mitgebracht. Bedauern mussten wir nur unseren alten Wirth, der in hohem Grade tuberkulös, heiser sprach, beständig hustete und durch die geringe Schonung, die er dem Boden des Zimmers angedeihen liess, zu einer Gefahr für seine Familie wurde. Er glaubte, die fremden Gäste auch unterhalten zu müssen, und brachte zu diesem Zweck ein rundes Taschenspiegelchen sowie eine alte Missionszeitung herbei, auf der wir die Abbildung eines zu Missionszwecken ausgerüsteten Schiffes bewundern mussten.

Als wir früh am nächsten Morgen das Lager verliessen, hatte sich das Wetter geändert; es blies stark aus Südwest, der ganze Himmel war von eilenden Wolken überdeckt, die Luft mit Regen erfüllt, und draussen auf dem bewegten Wasser trugen die hohen Wellen weisse Schaumkämme. Unsere Leute, die aus der Nachbarschaft herbeikamen, meinten, gegen Mittag müsse es sich aufhellen, und so begaben wir uns vorläufig an den Strand auf die Vogeljagd. Ein Austernfischer (*Haematopus ostrealegus*), eine Silbermöve und eine Lumme (*Uria grylle L.*) waren die Beute, dagegen liessen sich die schlauen Nebelkrähen (*Corvus cornix*), jene Grauröcke, die sich in schneereichen Wintern auch bei uns einstellen und den Schwärmen der Raben zugesellen, nicht erschleichen. In Scharen sassen sie auf und zwischen den Felsblöcken am Ufer, um da reichliche Nahrung zu finden, aber bei der Annäherung eines Menschen erhob sich die Schar und strich über die Häuser hin nach der Strandlinie, vor welcher die Wohnungen erbaut waren.

An der ganzen Südseite der Insel nämlich zieht sich in kurzer Entfernung von dem jetzigen Ufer eine wallartige Erhöhung wie eine Düne am Fusse des Bergstocks, der die Insel bildet, hin. Ihr Rand verläuft genau horizontal und wenn man den etwa 10 Meter hohen Wall erklommen hat, steht man auf einem schmalen Plateau, das wie eine breite Strasse längs der schroffen Bergwand hinläuft. Während diese mit wild durcheinander liegendem Felsschutte bedeckt ist, so dass kaum eine spärliche Vegetation, vorzugsweise aus niederliegendem Wacholder und Heidekraut bestehend, Platz hat, so sehen wir das wallartige Vorland an ihrem Abhange stellenweise wohl aus kleinen gerundeten Steinchen bestehend, im Ganzen aber mit einem lehmartigen Sande überdeckt, der dem Pflanzenwuchs zuzusagen scheint, denn auf der Höhe der Ablagerung finden wir die Felder mit Kartoffeln, mit Hafer und Erdkohlrabi.

Der ganzen Bildung sieht man an, dass sie dem Wasser ihre Entstehung verdankt. Die Insel war wohl vor Zeiten tiefer in das Meer versenkt, so dass die Wellen gegen die schroffen Felswände hinter dem Strandwalle schlugen, Felsblöcke, die herabfielen, bildeten die Grundlage des Walles, sie wurden mit Geröll, Sand und Schlamm überdeckt, und als in säkularer Hebung die Berge aus dem Meere stiegen und die Insel sich vergrösserte, da wurden durch die Regen, die von der Bergwand herabströmten, die verwitterten Feldspate und Glimmer als Ackererde über den ehemaligen Strand geschwemmt und der Vegetation der Boden zubereitet.

Der ganze jetzige Strandwall bildete also zu der Zeit, als er noch im Meere lag, ein untergetauchtes Vorland, eine Barre um die Insel in ähnlicher Weise, wie wir in grossem Massstabe eine solche um die Westseite der ganzen Halbinsel gelagert kennen gelernt haben. Denken wir uns den Fall, dass die ganze Küste Norwegens um etwas mehr als 50 Faden gehoben würde, dann müsste sich längs derselben eine ungeheuer ausgedehnte Strandlinie zeigen.

Solche Belege für Hebungen der Küste, wie sie neuerdings für einen Theil Schwedens ebenfalls nachgewiesen sind, finden sich an der norwegischen Küste nicht selten. Von Trondhjem auf der Fahrt südwärts bekommt man diese Strandlinien nicht selten zu Gesicht.

Als ich den Wall hinter unserem Hause durch eine kleine Schlucht, die durch ein herabrieselndes Wasser gebildet und mit Haselstauden bewachsen war, erstieg, fand ich oben eine kleine Sumpffläche. Sumpfmoos (*Sphagnum*) mit *Pinguicula*, *Pedicularis*, *Drosera*, *Erica tetralix*, zwerghaften Weiden und den anderen auch im nördlichen Deutschland bekannten Moorpflanzen waren hier üppig entwickelt. Das von hier in kleinen Gräben der Tiefe zugeführte Moorwasser lieferte der Familie unseres Wirthes das nöthige Trinkwasser! — Uebrigens werden selbst norwegische Städte auf ähnliche Weise aus moorigem Wiesengrund mit Wasser versorgt. In Aalesund z. B. hat das von den öffentlichen Brunnen gelieferte Wasser eine gelbliche Farbe, die nach anhaltendem Regenwetter sich zu einem schmutzigen Braun steigert. Der Fremde, der solches Wasser nicht gewohnt ist, thut immerhin wohl, dasselbe ungekocht nicht zu geniessen.

Die Mittagstunde kam; aber anstatt sich aufzuhellen, verschlimmerte sich das Wetter. An eine Fahrt nach dem offenen Meere mit unserem schwachen Kahne war gar nicht zu denken, ebenso wenig an ein Arbeiten auf dem Sunde, und so blieb uns nichts übrig als die Rückfahrt nach Aalesund anzutreten.

Da ging es nun im offenen Boote hinaus in den Sturm. Schwarzgrün war das Meer, dessen Wogen und Wellen weissschäumend sich überstürzten, überall umher Regen, Nebel, Dunkelheit, so dass man kaum den Hogsten-Leuchtthurm sehen konnte. Am gewaltigsten thürmten sich die Wassermassen zwischen Godö und Hesö auf, wo der Meeresboden sich felsig erhebt und bei ruhigem Spiegel nur 7 Faden Wasser über sich hat. Wir schätzten einstimmig und ohne Uebertreibung die Höhe der Wogen, die wir hier überfahren mussten, auf 2 Meter. Und doch trafen wir bei der Fahrt schwimmende Vögel auf dem bewegten Meere. Die rothfüssige Lumme sowie schwarze Enten (*Anas nigra*) ruderten und tauchten in unserer Nähe. Als wir um eine Ecke von Hesö kamen, da sassen wohl Hunderte von Möven auf den Felsen in dem Windschatten, flogen vor uns auf, liessen sich aber wie eine Herde Gänse schwimmend im Meere nieder. Zum Glück hatten wir den Sturm im Rücken und so kamen wir nach $1\frac{1}{2}$ stündiger Fahrt gut zurück nach Aalesund, wo uns der Hauptfischer bei dem Aussteigen aus dem Kahne die Hand reichte mit einem »Velkommen i Aalesund!«

Meine nächsten Fahrten nach Abreise der beiden neuen Freunde galten dem Hesse- und Borgundfjord. Sie waren von geringem Ergebnisse, trotzdem ich in der Tiefe und von dem Lande aus schrabte. Es war mir dies um so befremdlicher, als an den steil abfallenden Ufern die Tange in grosser Ueppigkeit wucherten und auch die Strömungsverhältnisse günstig zu sein schienen. Dasselbe Resultat hatte ich bei den nächtlichen Ausfahrten auf den Borgundfjord mit der pelagischen Fischerei, denn ich erbeutete kaum etwas anderes als Massen des Hornkranzthierchens, *Ceratium cornutum*, aus der Gruppe der Flagellaten, das überall an den Küsten Norwegens sich findet und das Meerleuchten veranlasst. Ganz anders war das Ergebnis, wenn ich nordwärts in die Strasse von Aalesund ausfuhr und das feine Netz in die Flut hielt. Tausende glühender Funken blieben in den Maschen hängen und zogen in dem bewegten Wasser hinter dem Netze und dem Kahne dahin; bei dem Betrachten des Wassers zu Hause aber wimmelte es von einer Unmasse von Geschöpfen, die durch die lebhaftere Strömung bei Aalesund vorbeigeführt werden; Massen von kleinen Crustaceen und von Larven grösserer Arten, schwimmende Larven von Schnecken und Muscheln. Schlangensterne in der Pluteusform verschiedener Entwicklungsstadien, kleine Acanthometren, Sagitten, Wurmlarven, die Häckel'sche *Magosphaera* und vieles Andere drängte sich am Boden und an den Wänden des Glases umher. Was mich befremdete, war das gänzliche Fehlen der *Noctiluca*, die in anderen Theilen der Nordsee wie z. B. bei Helgoland vorzugsweise das Meerleuchten bewirkt. Nur in dem Moldefjord fing ich sie einigemal. Hier wird dies durch das genannte *Ceratium* hervorgebracht, aber nur auf einen Reiz scheint letzteres zu glühen. Nie konnte ich bei unbewegtem Meere das Leuchten bemerken und nur einmal, als ich in dunkler ruhiger Nacht an dem Hafen stand, da zeigten sich an der Oberfläche vorübergehend aufblitzend kleine Funken; die Leuchtthierchen waren wohl mit der Luft in Berührung gekommen und dadurch zur Entfaltung ihres Lichtes veranlasst worden.

Zum ersten Male lernte ich hier eine praktische Verwerthung des Meerleuchtens kennen. Die norwegischen Fischer benutzen dasselbe bei dem Häringsfange. Haben sie das Netz in dunkler

Nacht gestellt und wollen sehen, ob Fische vor dem Garn sind, dann beugen sie sich über den Kahn, während Einer von ihnen plötzlich mit beiden Füssen zugleich empor springt. Die Fische, durch den Schlag erschreckt, stürmen dahin und veranlassen die dabei berührten Leuchtthierchen zum Aufglühen, wodurch sie selbst ihre Anwesenheit verrathen.

Einmal als ich ziemlich enttäuscht Nachmittags aus dem Hessefjord zurückkehrte, da wurde mir vor der südlichen Einfahrt in den Hafen von Aalesund noch eine kleine Ueberraschung. Gelbbrauner Zuckertang (*Laminaria saccharina & L. digitata*) überdeckte als dichter Wald den Grund, über den wir hinfuhren, und auf den breiten Blättern sassen Hunderte des schönen Schlangensterns *Ophiocoma nigra*. Von dem fünfseitigen Körper strahlen stachelige leichtbewegliche Arme aus. Die Farbe des Thieres ist eine elegante, mit dem Gelbbraun des Tanges harmonisch. Der Hauptton ist ein sammetartiges Schwarzbraun, das an den Rändern in Weisslich übergeht. Die Schlangensterne bewegen die Arme nur seitlich und doch kann die Ophiocoma auf diese Weise ziemlich rasch fortkommen. Zwei der Arme schieben sich wie Ellenbogen in Krümmungen nach vorn, legen die Stacheln auf und stossen, indem sie sich strecken, den Körper ein Stück vor.

Ein kleiner Seeigel, der an dem Einfahrtskanal zu dem Hafen in Menge sass, ergab bei der Untersuchung, dass er ganz mit einem schmarotzenden Infusorium, einer Trichodina, bedeckt war, die sehr fest auf der Haut des Echinoderms aufsass.

Leider hatte ich in Aalesund mehrere Tage so schlechtes Wetter, dass Ausfahrten nicht gemacht werden konnten, es fehlte aber auch an Arbeiten auf dem Zimmer nicht und vorzugsweise war es das von der pelagischen Fischerei zurückgebrachte Material, das mich beschäftigte.

Eine Fahrt auf den etwas entfernten Ellingsfjord war günstiger. Gleich mit dem ersten Zug fingen wir ein Prachtexemplar des grossen achtarmigen Seesterns *Solaster endeca*, während der zweite Fang zwei prächtige Seefedern, *Pennatula aculeata*, zu Tage brachte, anderes nicht mitgerechnet. Die Fahrt am folgenden Tage ergab dagegen aus der Tiefe kaum etwas Nennenswerthes; nur unter den zahlreichen Medusen, die von der Strömung uns entgegengetrieben wurden, fielen mir viele mit trübweissen Flecken auf. Die Untersuchung zeigte, dass sie an den fleckigen Stellen in ihrer Leibeshöhle einen parasitisch oder vielmehr kommensalistisch in ihnen lebenden Krebs, die *Hyperia medusarum O. F. Müll.* trugen.

Der Krebs findet Schutz, vielleicht auch Nahrung im Innern der Qualle, die trotz ihrer brennenden Nesselfäden sein Eindringen nicht verhüten kann. Ihr selbst kann der Gast kaum willkommen sein, da er oft in grosser Zahl die Leibestaschen der Meduse bewohnt. Aus einem einzigen Exemplare habe ich 40 Krebschen herausgeholt, und so haben auch die Quallen ihre Qualen.

Es schien mir Zeit, Aalesund, das an sich ein sehr stiller Ort ist, zu verlassen, um noch in Bergen einige Wochen weilen zu können. Darum schickte ich meinen Fischer, der am 3. September früh zu mir kam, um meine Wünsche zu hören, mit der Bemerkung ab, dass ich am Packen sei, um abzureisen. Betrübt ging er weg. Als ich gegen 10 Uhr bei einem benachbarten Kaufmann etwas holen musste, da bestieg ich noch einmal den Felsen zwischen der Strasse und dem Meere, der die Aussicht auf letzteres versperrt. Das Meer lag friedlich glänzend in der Morgensonne vor mir und drüben winkte der Ellingsfjord mit seinen verborgenen Schätzen. Da lief ich zu meinem Olaus, um noch einmal mein Glück zu versuchen. Er hatte seine Zeit vergeben, schickte mir aber den gewandten Madsen, den Segelmacher, der durch seine Sicherheit grosses Zutrauen erweckte, und um 10½ Uhr waren wir auf dem Wege nach dem Ellingsfjord. Wir konnten bei 70 Faden Tiefe noch fünf Züge an diesem Tage thun und der Erfolg war ein befriedigender. 22 Seefedern, *Pennatula aculeata*, in allen Altersstufen, Bruchstücke vom *Virgularia*, und manches Andere bestätigten wiederum, dass das Thierleben in dem Ellingsfjord ein reiches sein müsse. Gross war die Freude meiner Leute, als sie mich vergnügt sahen, und freudestrahlend riefen sie aus, wenn der Stiel oder die rothen Fiedertheile einer Seefeder aus dem Schlamme im Siebe hervorsahen: »Blomster igjen!« (wieder Blumen.)

Gegen 4 Uhr Nachmittags erhob sich ein Wind aus Südwesten, der stark kühlte und bald stärker und stärker wurde, so dass das Wasser Wellen schlug. Da überzogen sich die Spitzen der westlich von uns gelegenen Godö, die über 500 m ansteigen, plötzlich mit einer dichten Wolkenmasse, einer Nebelkrone, die sich vergrössernd sich ausbreitete; aus Südwest hinter Aalesund herauf kamen rasch trübe Wolken und gleich darauf brach ein Unwetter los, das uns zwang, hinter der kleinen Insel Bratholm (Holm heissen kleine, der Küste nahe gelegene Inseln) Schutz zu suchen. An der Südostecke des Felsens erreichten wir eine kleine Hütte, die verschlossen war. Meine Leute fanden den Schlüssel, öffneten und so traten wir ein. Bald kam auch der Bewohner, ein alter einängiger Mann, der uns bat, die hölzerne Treppe hinauf in sein Stübchen zu kommen Da war es nun höchst einfach, ein eisernes Oefchen, ein Tisch, ein Stuhl, eine Kaffeemühle waren so ziemlich das vorhandene Geräthe. Am Boden in der Ecke waren zwei Bretter rechtwinklig gegen die Wand gestellt, der Raum dazwischen war mit Heu gefüllt und diente als Bett.

Der Mann war Aufseher über ganz eigene Schätze auf dem Holm, und wir hatten diese schon durch den Geruch bemerkt, noch ehe wir sie sehen konnten. Das Inselchen war nämlich von einer Fabrik für Fischguano gemiethet worden, und diese liess hier die zu verarbeitenden Fischgerippe mit den Köpfen trocknen. Früher hatte man solche Dinge, die ja in Norwegen so überaus häufig erbeutet werden, als unbenutzbar fortgeworfen. Ein Deutscher aber kam auf den guten Gedanken, dieselben zu Dünger zu verarbeiten, und jetzt sind zu diesem Zwecke Fabriken an vielen Orten entstanden.

Die Fischreste werden zuerst auf den Felsen ausgebreitet und dann wie Hölzer auf einander geschichtet, damit sie trocknen und später gemahlen werden können. Das Trocknen hatte der Alte hier zu besorgen. Als einzigen Gesellschafter hatte er einen schwarz und weiss gefleckten alten Hund von zweifelhafter Rasse bei sich, der uns wie alte Bekannte empfing, als wir an das Land stiegen. Nach unserer Begrüssung beschnupperte er einen der Knochenstösse und zog sich ein ihm passend erscheinendes Gerippe hervor, um daran zu kauen. Zahlreiche Nebelkrähen labten sich ebenfalls an dem an den Gräten sitzenden Fleische und ein einfarbig brauner Singvogel, wie mir schien ein Pieper (*Anthus*), war ebenfalls nicht selten da, jedenfalls um sich die Fliegen und Fliegenmaden, die an den faulenden Fischresten lebten, nutzbar zu machen.

Westlich von Aalesund liegt in der Nordsee eine berühmte Fischbank, Storeggen, wohin die hiesigen Fischer ziehen, um den Kabeljau in grossen Mengen zu fangen. Er wird gespalten, gesalzen und später auf den Felsen als Klippfisch getrocknet, weil er sich in dieser Form am besten nach dem Süden Europa's (Spanien, Portugal, kanarische Inseln) verpacken lässt. Die herausgenommenen Gerippe liefern darum der hiesigen Guanofabrikation reichliches Material.

Den folgenden Tag gebrauchte ich zum Präpariren des erbeuteten Materials und zum Packen. Es gelang mir, einen Theil der Pennatuliden so zu konserviren, dass die rothen Fiedern auf beiden Seiten des Stammes ausgebreitet und die darin sitzenden weisslichen Polypen entfaltet sind. Ich theile das eingehaltene Verfahren hier mit, auf dass damit gelegentlich weitere Versuche gemacht werden können.

Die noch lebende Pennatula wird in ein flaches Gefäss auf den Rücken gelegt, so dass sie sich gut ausbreiten kann. Sie liegt in Seewasser, das sie völlig bedeckt, aber nicht hoch über ihr steht. Einige Tropfen der Lösung von molybdänsaurem Ammoniak in süssem Wasser werden über sie gegossen, oder man legt sie in Seewasser, das man vorher mit der Lösung umgeschüttelt hat. Sie bleibt ruhig liegen, bis die Polypen ausgestreckt sind, ¼ oder ½ Stunde oder etwas länger. Dann giesst man verdünnte Alaunlösung zu, die erhärtend wirkt und das spätere Schrumpfen im Weingeist verhütet, und lässt diese 1—2 Stunden einwirken. Nur gebe man nicht zu viel Alaun zu, weil sonst leicht die Farbe des Thieres nothleidet. Alsdann kommt ein wenig verdünnter Spiritus hinzu. Nach 12—24 Stunden wird weiterer Spiritus zugegeben, worauf man nach wieder 24 Stunden die Pennatula herausnimmt und in Weingeist von 60—70° einsetzt. Später wird sie in solchen von 90° gebracht, wie er in den Museen Verwendung findet.

Einige der nach dieser Methode gewonnenen Seefedern sind vortrefflich ausgefallen, während diese Thiere, wenn man sie gleich in Weingeist bringt, wie ich es auch mit einem Theile derselben gethan habe, weil ich des anderen Verfahrens noch nicht sicher genug war, die Fiederarme zusammenschlagen und die Polypen gar nicht zur Entfaltung bringen.

Es stand mir nicht Zeit und auch nicht molybdänsaures Ammoniak, das ich in Aalesund nicht haben konnte, genug zu Gebote, um diese Versuche in grösserem Massstabe auch mit anderen Thieren anzustellen. Es scheint aber, dass es bei den Seethieren, die sogenanntes Gallertgewebe besitzen, wie die Quallen und Polypen, sehr vortheilhaft zu verwenden ist, indem es das Gallertgewebe schwellen macht und dadurch die Thiere ausgespannt erhält.

Bei Quallen konnte ich nur unzureichende Versuche vornehmen, da ich nicht die nöthigen Gefässe erhalten konnte und keine Vorrichtung hatte, um dieselben in Spiritus schwimmend zu erhalten, was bei ihrer Konservirung unbedingt nöthig ist. Aber Rhizostomen, mit denen ich Proben anstellte, hielten sich wie lebend mit allen ihren Farben und Zeichnungen über eine Woche lang, so dass ich glaube, es kann gelingen, auch diese zarten Wesen in schöner Weise für Museen aufzubewahren. Ich verfuhr in folgender Weise. Das Seewasser, in welches die Qualle gesetzt wird, ist zuvor mit einer schwachen Lösung von molybdänsaurem Ammoniak gemischt worden. Sowie die Qualle hineinkommt, stirbt sie augenblicklich, und zwar meist schön ausgebreitet, so dass nichts welk herunterhängt oder schrumpft. Sie bleibt etwa 10 Minuten stehen, dann gibt man schwache Alaunlösung hinzu, aber so, dass das Wasser, in dem das Thier liegt, lange nicht gesättigt ist. Nach 12 Stunden giesst man ein wenig verdünnten Spiritus zu, und 24 Stunden darnach kommt die Qualle in eine Mischung von dünnem Spiritus mit Alaun, worin man sie aufbewahrt. Um sie schwimmend zu erhalten, kann man sich wohl der von Professor Pagenstecher in dem Heidelberger Museum angewandten Glasringe bedienen.

Versuche mit Mollusken und anderen Thieren hatten sehr verschiedenen Erfolg. Manche Muscheln, wie *Cardium echinatum* und *Pecten*, öffneten nach einiger Zeit ihre Schalen, wobei erstere die Siphonen und den Fuss heraustreten liess und so fixirt werden konnte. Nur muss man bei Muscheln, die geöffnet bleiben sollen, die Schalen gleich bei Anwendung des Alauns durch ein eingeklemmtes Kork- oder Holzstückchen aufgesperrt erhalten, bis sie im Spiritus hart geworden sind, weil sonst die Schliessmuskeln sich kontrahiren und die Schale wieder schliessen. Auch Brachiopoden, besonders *Terebratulina*, lassen sich nach diesem Verfahren geöffnet für Sammlungen darstellen. Bei grösseren Muscheln, wie

Auster und *Modiola* hatte das angeführte Mittel nicht die gewünschte Wirkung.

Nachdem ich von Aalesund aus sieben ganztägige Fahrten und verschiedene nächtliche Exkursionen auf das Meer unternommen, erfolgte am 5. September meine Abreise mit dem Dampfer Laurvik nach Bergen.

An Bord des Dampfers war ich durch den Blumenflor überrascht, der einigen mitreisenden Damen zuliebe gebracht worden war. Georginen, Calendula, Phlox, Lavateren, Reseden u. a. zeigten sich noch in voller Blüthe; auch wurden Schwarzkirschen auf dem Schiffe verzehrt, und so waren denn Sommer und Herbst hier schön vertreten. In Bergen selbst fand ich am folgenden Tag bei einem Freunde auf dem Tische Sauerkirschen und Reineclauden, bei Bergen gereift, sowie blaue Trauben, die von Hamburg importirt waren. Neben recht guten Birnen gab es bei den Obsthändlern auch frische Aprikosen; letztere kommen aus dem Lejrdal an dem Sognefjord, wo sie an Spalieren gezogen werden. Norwegen bietet demnach für das Gedeihen unserer Kulturgewächse manches Interessante, und sorgfältige phänologische Beobachtungen müssten im Vergleiche mit anderen Ländern von grossem Werthe sein.

Bergen gewährt bei der Einfahrt in seinen Hafen ein vielbelebtes grossstädtisches Bild. Die Reihen stattlicher Häuser und Magazine, die grossen und kleinen Dampfer, die in Menge vor Anker liegen, der Mastenwald längs der Ufer, die hin- und herfahrenden Boote und Kähne verrathen, dass wir hier in einer bedeutenden Handelsstadt sein müssen. Und Bergen ist die zweite Norwegens. Früher, zur Zeit der Hansa, war es sogar lange der erste Platz in Norwegen; nachdem die Macht dieses Bundes aber gebrochen war, ging es eine Zeitlang rückwärts, und wenn jetzt auch wieder ein Aufschwung nach allen Seiten bemerkbar ist, so wurde die Stadt doch von Christiania überflügelt.

Ein Rest der alten Hansaherrlichkeit ist die an der Nordostseite des Hafens sich hinziehende Strasse Tydskebryggen (die deutsche Brücke). Gleichförmige, dreistöckige Holzhäuser, alle mit der Giebelseite der Strasse zugewendet, waren die Heimstätten der ehemals mächtigen deutschen Handelsherrn, die sich in den Besitz wichtiger Privilegien zu setzen gewusst hatten.

3

In der Nähe, an der Südwestecke des Hafens ist der Fischmarkt, und hier bietet sich an den Markttagen, Mittwoch und Samstag Vormittags, eines der belebtesten Bilder, die man sich denken kann. Dutzende von Kähnen liegen am Ufer, beladen mit den interessantesten Schätzen des Meeres. Ausser Unmassen von frischen Häringen, Sprotten, Dorsch und Schellfisch, die alle billig verhandelt werden, sieht man den hellrothen »Uer« in zwei Arten, *Sebastes norwegicus* und *S. dactylopterus*, grossmäulige Hochseefische, die vortreffliches Fleisch haben. Die »Lange« (*Melva abyssorum N*), ein aalähnlicher dickbauchiger Tiefseefisch dagegen mit Bartfäden, ist wenig geschätzt, ebenso der »Steinbit« (*Anarrhichas lupus*) mit Salamanderkopf und dicken Zähnen. Unter den Plattfischen, den Steinbutten und Schollen, nimmt sich merkwürdig die »Kweite« (*Hypoglossus maximus*) aus, ein mannslanger, schmaler Plattfisch mit weissen Schuppen und rothen Flossen. Er wird zum Verkaufe ausgeschnitten. Knurrhähne (*Trigla*), blau und grün gestreifte Lippfische (*Labrus*) sind weniger gesucht, und als Kuriositäten bringen die Fischer auch wohl verschiedene Arten von Haien mit. So sah ich in einem Kahne 8 Katzenhaie (*Chimaera monstrosa*) liegen, ganz auffallende Gestalten mit goldgrünen Augen und lebhaften Metallfarben auf dem Körper. Leider gehen alle diese herrlichen Farben im Spiritus gänzlich verloren.

Die Fischer behalten ihre Waaren unten im Kahne und handeln von hier aus mit dem kaufenden Publikum. Dieses drängt und hängt sich über die Brüstung des hohen Ufers, ruft, zeigt und feilscht von hier aus mit dem Mann in dem Kahne, und man kann sich denken, welches Leben, welcher Lärm hier herrscht. Hausfrauen, Dienstmädchen, aber auch Männer drücken und schieben sich auf die Seite, um nach dem Preise der glänzenden Waare zu fragen. Nach hartnäckigem Fordern und Bieten beiderseits werden dann die Fische oft um die Hälfte des verlangten Preises davongetragen.

Bei meiner Ankunft in Bergen wurde ich von meinem Freunde Rob. Oestreich, einem Frankfurter, der seit 25 Jahren in Bergen lebt und dem das Senckenbergische Museum manches interessante Thier aus Norwegen verdankt, am Schiffe abgeholt. Zugleich stellte sich ein Deutsch redender Arbeiter ein, den mir Herr Rohde, bei dem ich wie viele deutsche Zoologen vor mir Wohnung nehmen wollte, geschickt hatte. Er stellte sich mir zur Verfügung und erzählte mir, dass er schon mit verschiedenen Deutschen geschrabt habe; er führte mich, da Herr Rohde eben keinen Platz hatte, in das Haus eines Deutschen neben dem Museum Bergens in der Nähe des Puddefjord, von dem aus die Ausfahrten zum Schraben am besten unternommen werden. Mit der Wohnung war ich sehr zufrieden. Wer aber zum Zwecke des Schrabens nach Bergen geht, thut wohl, wenn er nicht nur die Preise für die Fischer vorher fest bestimmt, sondern sich auch in Bezug auf seine Ausrüstung durchaus auf eigne Füsse stellt und dafür weder Rath noch Hülfe bei den Fischern in Anspruch nimmt, wenn er dieselben nicht sehr hoch bezahlen will.

Die erste Ausfahrt unternahm ich auf Bergensfjord, wo auf der breitesten Stelle eine Tiefe von 200 Faden auf den Karten angegeben ist. Ich fand dieselben Dinge, wie ich sie in gleicher Tiefe auch an anderen Orten erbeutet hatte, und verlegte mich deshalb hier vorzugsweise auf das »Schraben vom Lande« aus. Man begibt sich zu diesem Zwecke an eine günstig erscheinende Stelle des Ufers, wo die Kannen und Gläser zur Aufbewahrung aufgestellt werden. Das Tau wird in zwei Theile getheilt. Das eine Ende des grösseren Stückes — wir nahmen dazu 200 Faden — wird am Ufer, das andere am Netze befestigt. An dieses wird auch das andere Seil gebunden, das mit dem Schleppnetze im Kahn bleibt. Einer der Fischer rudert nun, während die anderen mit mir am Lande bleiben, hinaus, bis das Seil, das uns mit ihm verbindet, abgelaufen ist. Nun wirft er das Netz aus, behält aber Fühlung mit demselben durch das Tau, das er im Kahne liegen hat.

Alsdann beginnt das Einholen des Netzes vom Ufer aus, wozu mindestens zwei Mann nöthig sind, wozu ich aber manchmal auch mithelfen musste, wenn der Boden des Meeres ungünstig war. Liegt das Netz fest, dann zeigt der Ruf »fast« (fest) dies dem Manne im Kahne an. Er zieht das Leitseil an und versucht die Schrabe soweit zu heben, dass sie über das Hindernis am Boden wegkommt, worauf er mit dem Rufe »los« uns dies meldet und nun unsererseits wieder das Einholen beginnt.

Die Arbeit ist auf steinigem Grund oft eine recht schwierige, und es dauert zuweilen mehrere Stunden, bis alle Hindernisse überwunden sind und das Netz glücklich zu Lande gebracht ist. Der Sack, mit Steinen, Schlamm oder Sand gefüllt, muss für diese

Fischerei besonders stark sein, da er über rauhen Grund geschleift wird und leicht zerreisst. Am besten thut man, wenn man einen oder mehrere Säcke vorräthig mitnimmt, um einen neuen mit der Packnadel an der Netzrahme befestigen zu können, wenn der gebrauchte zerreisst. Mir passirte es gleich bei dem dritten Gang, dass der Sack der Schrabe unbrauchbar wurde und ich die Arbeit vorzeitig einstellen musste. Am besten lässt man sich einige Säcke aus grober Sackleinwand vorräthig machen, die engmaschig genug ist und ohne grosse Kosten erneuert werden kann. Der Sack, den ich auf den Rath meines Fischers aus dünner Kordel stricken liess, erwies sich trotz seines hohen Preises unbrauchbar, da er in dem Wasser hart und steif wurde.

Natürlich wechselten wir mehrmals den Ort, von dem aus die Fischerei betrieben wurde. Am günstigsten erwies sich das kleine Vorgebirg Kvarven, das an der westlichen Ausfahrt nach dem Meere an einer sehr belebten Strasse gelegen ist. Ein reizendes Bild bot sich hier an den Werktagen dar; dann kamen Fischer- und Bauernkähne von allen Seiten dicht an uns vorüber, so dass man mit den Leuten reden konnte. Nach norwegischem Brauche geschah das aber nur mit Bekannten meiner Leute, während alle Uebrigen still an uns vorüber zogen und uns kaum eines neugierigen Blickes würdigten. Hübsch sah es aus, wenn günstiger Wind die Fahrt beschleunigte und eine Menge brauner Segel das Meer belebte. Hier, wo der ganze Verkehr mit der Stadt von den Inseln umher auf die Wasserstrasse angewiesen ist, werden alle Arme zum Vorankommen in Bewegung gesetzt, und so müssen auch Frauen und Mädchen tüchtig rudern helfen. Sie geben den Männern in dieser Kunst auch kaum etwas nach, wetteifern vielmehr mit ihnen in Kraftentwicklung und Ausdauer. Die Folge ist eine gesunde Entwicklung der Brust- und Armmuskeln und der damit in Verbindung stehenden übrigen Organe. Auch die Städterinnen betreiben fleissig das Rudern, und als ich an einem Nachmittag gegen 6 Uhr nach Hause zurückkehrte, da begegneten wir noch fast eine Stunde von der Stadt entfernt einem Kahne mit vier Schulmädchen im Alter von 12—14 Jahren. Sie waren allein zum Zeitvertreib hinausgefahren und tranken gerade, als wir vorbeikamen, ihren Kaffee.

Vom hygienischen Standpunkte aus dürfte dieser Sport bei der weiblichen Jugend sehr zu empfehlen sein, er ist sicher das beste Gegenmittel gegen Engbrüstigkeit und schiefe Schultern, die wir leider so häufig bei den Zöglingen unserer Mädchenschulen antreffen.

Von Bergen aus fuhren wir meistens Morgens um 7 Uhr aus und kamen an manchen Tagen erst um 6 Uhr des Abends zurück, so dass wir mitunter 11 Stunden auf dem Wasser waren. Und doch konnte auch an solchen Tagen das Netz meistens nur fünf Mal ausgeworfen werden.

Die Ausbeute war entschieden reicher, als sie die Fischerei vom Wasserspiegel aus in den tieferen Gründen lieferte. Gewöhnlich erhielten wir eine Menge von Seeigeln, ausser dem gemeinen *Echinus esculentus*, in dessen Leibeshöhle ich bei einem Exemplare drei Eingeweidewürmer (Nemertinen?) fand, auch *Echinus elegans* und den langstacheligen *E. Flemmingii Ball.* Echinodermen waren überhaupt häufige Beute, während es auffallender Weise nur weniges an Muscheln gab. Nicht selten waren von Brachiopoden *Terebratulina caput serpentis*, deren Schalen meistens von Kieselschwämmen überzogen war, und die mit der einen ganzen Schale aufgewachsene *Crania anomala*. Einmal, als wir von einem Felsen Kvarven gegenüber fischten, war der ganze Sack des Netzes mit Trümmern von Muschelschalen erfüllt. Bei dem Ausräumen ergab sich aber, dass sie in Bündeln zusammengesponnen waren und dass sie Nester bildeten, in welchen die reizende Feilmuschel, *Lima hians*, versteckt sass. Die Muschel hat eine weisse, gerippte und zerbrechliche Schale, ihr Mantel ist ringsum mit hoch orangefarbigen langen Fühlern besetzt, die nicht ganz in die Schale zurückgezogen werden können, und zu ihrem Schutze spinnt die Muschel Schalenstückchen, wie sie dieselben um sich her findet, mit der Byssusdrüse ihres Fusses zusammen. Wurde die Muschel aus ihrer Hülle genommen und in den Kübel mit Wasser gesetzt, dann klappte sie die langsam geöffnete Schale rasch zu und schwamm so stossweise umher. Als ich zwei derselben zwischen die Tange in das Meer setzte, waren sie sehr bald schwimmend nach der Tiefe verschwunden. Auch der Zuckertang (*Laminaria saccharina*) lieferte hier allerlei Ausbeute an Thieren. Zierliche Schwämme und Bryozoen sassen an dem Stamme und zwischen den Wurzelverzweigungen, von Ascidien klebte an dem Laube in Menge die durchsichtige fingerlange *Ciona intestinalis*, und kleine Nacktschnecken krochen in grösserer Zahl auf demselben umher.

Bergen besitzt ein prächtiges Museum, das in eine historische und eine naturhistorische Abtheilung zerfällt. Der Direktor der letzteren ist Dr. med. D. C. Danielssen. Die ersten Tage, an denen ich ging, um ihm sowohl wie den Konservatoren Dr. Koren und Fridtjof Nansen meine Aufwartung zu machen, waren ohne Erfolg, und erst am 13. September traf ich die Herren an. Dr. Danielssen erkundigte sich mit grossem Interesse nach meinen Arbeiten und sprach mir dann von seinen reichen Erfahrungen über das Arbeiten in den norwegischen Meerestheilen vermittels der Schrabe. Die Aeusserungen eines so sachkundigen Mannes waren mir von grossem Werthe. Er sagte, um befriedigende Resultate zu erhalten, müsse man lange in Norwegen sein und viel schraben, denn das sei nicht leicht und sehr vom Zufall abhängig. In den Fjorden seien hier und da recht gute Stellen, aber deren seien wenige und man müsse sie kennen. Die grösseren Polypenstöcke, überhaupt die Schaustücke in den Museen, erhalte man niemals mit der Schrabe; diese würden von den Fischern mit der Leine und den Angelhaken zufällig erbeutet und an das Museum verkauft.

Dr. Danielssen hatte ferner die Freundlichkeit, eine Ausfahrt zum Zwecke des Schrabens zu arrangiren und zwar an einen ihm als sehr günstig bekannten Ort, an dem er selbst wiederholt gearbeitet hatte, den Korsfjord. Konservator Nansen sollte mit mir gehen.

Nun wurde gerüstet: es wurden zwei neue dreieckige Schraben bestellt, grosse Hanfbüschel gerichtet, die hinter dem Netze hergeschleppt werden, damit Thiere des Grundes sich darin verwickeln und heraufgebracht werden, Tau, Gläser, Spiritus u. a. mehr wurden zurechtgestellt.

Am 16. September Abends wurde Alles an Bord des Dampfers »Karmsund« gebracht und da die Abfahrt des Morgens um 4 Uhr erfolgen sollte, gingen wir selbst nach 11 Uhr Abends an Bord und legten uns in dem Salon zur Ruhe. Dichter Nebel verlangsamte am nächsten Morgen die Fahrt, so dass wir erst gegen 7 Uhr nach Haakelsund an der Südspitze von Sartorö kamen. Es ist das ein einsam an der Küste gelegenes Haus eines Landhändlers, der Waaren importirt und auf dem Lande verkauft. Ohne dass wir angemeldet gewesen wären, stiegen wir aus und fanden bei der Familie — Mann und Sohn waren auf dem Häringsfang im Norden — gastliche Aufnahme. In dem Staatszimmer, das uns als Arbeitszimmer zur Verfügung gestellt wurde, fanden wir eigenen Schmuck. Zu beiden Seiten des Spiegels waren an die Wand grosse Hornkorallen befestigt, rechts *Paragorgia arborea*, links *Primnoa lepadifera*, auf einem Tischchen zwischen den Fenstern bildete die Zierde ein fächerförmiges Exemplar des Kieselschwammes *Halichondria ventilabrum* und auf dem grossen runden Tische in der einen Ecke des Zimmers stand gar eine Anzahl Spiritusgläser mit Eiern und Embryonen von Fischen. Eine Treppe hoch wurde das Schlafzimmer mit zwei Betten gerichtet. Gleich nach dem Frühstück machten wir in einem grossen Fischerboote die erste Ausfahrt auf den Korsfjord. Dieser führt ähnlich wie der Bredesund direkt hinaus in die Nordsee und hat eine Tiefe bis zu 340 Faden. Ein älterer Fischer, der mit Dr. Danielssen öfters Ausfahrten hier gemacht hatte, führte uns und erzählte von dem Skugen, das heisst von dem Wald von baumartigen Korallen (*Paragorgia*, *Primnoa* und *Muricea*), die so dicht stehen, dass die Netze der Fischer zerreissen und hängen bleiben, und so waren wir doch wohl auf dem besten Wege. Das Netz wurde auf 250 Faden an einer der von unserem Fischer bezeichneten Stellen ausgeworfen und fortgerudert. Nansen sass an dem Ende des Kahnes und hatte Acht auf das Seil. Nach einiger Zeit kam es mir vor, als ob dasselbe nicht stramm genug sei, und ich machte Nansen darauf aufmerksam. Er zog es mit Leichtigkeit herauf und da fand sich denn, dass wir die eine der neuen Schraben verloren hatten; das Seil war in der Nähe seines Endes gebrochen. Nun wurde eine grosse viereckige Schrabe befestigt, an der zwei eiserne Stangen rückwärts hinausstanden, um ihr Umkippen auf dem Boden zu verhüten. Sie fortzubringen hatten unsere Leute schwere Arbeit. Auf einmal sagen sie »fast!« Nansen lässt sie noch einmal stramm einsetzen, da thut es einen Ruck, unser schönes Tau von 400 Faden Länge bricht hinter dem Kahne durch und Tau und Schrabe sah man niemals wieder. Mich nahm die Sache deshalb Wunder, weil das Seil mindestens dreimal so dick war als das, welches ich beständig bei meinen Arbeiten benutzt hatte. Zudem war es erst im letzten Frühjahr oder Sommer neu gekauft worden. Gleichwohl muss die Schuld des Unfalles an seiner Beschaffenheit gelegen haben und wahrscheinlich war es nach seiner letzten Benutzung nicht genügend mit Süsswasser ausgewaschen worden, wodurch das Seesalz mit seinen hygroskopischen Eigenschaften entfernt wird, oder es war vor seiner Aufbewahrung nicht genügend getrocknet.

Was nun machen? Eine Schrabe hatten wir noch, aber kein Tau. Und Zeit zu verlieren hatten wir nicht. Schnell wurden zwei Fischer zu einem Seiler in die Nachbarschaft gesandt. Da sie leer zurück kamen, mussten sie in dunkler Nacht nach einem anderen, zwei Stunden weit entfernten Orte fahren. Ausserdem begab sich die eine der Töchter unseres Wirthes mit dem Dampfer nach Bergen, besorgte unsere Briefe und Bestellungen in das Museum, und so waren wir am Morgen des 19. September wieder gut ausgerüstet.

Die nächste Fahrt nach der Ostseite des Fjord, wo Pennatuliden bei einer Tiefe von 220 Faden sicher zu treffen sein sollten, ergab nach mehrmaligem Fischen von dem Wasser aus kein Resultat, woran der hohe Seegang mit Schuld hatte; wir suchten deshalb eine geschützte Uferstelle auf, um vom Lande aus zu schraben. Der Erfolg war ein sehr geringer und mit zerrissenen Netzen begaben wir uns auf den Rückweg.

Am 20. September wehte der Wind heftig aus Süden, so dass die Fischer die Ausfahrt für zweifelhaft hielten. Auf unser Zureden unternahmen sie um 10 Uhr des Vormittags die Fahrt und brachten uns nach einstündigem schweren Rudern auf die Südseite des Fjordes. Noch waren wir nicht an dem Lande, als sich hinter uns in Nord-Nord-West dunkles Gewölk aufthürmte, das entgegen dem auf dem Meere blasenden Winde uns nachzog. Ferne Blitze durchzuckten das Dunkel, ein Gewitter war im Anzuge. Mir schien dies nichts Gutes zu bedeuten; ein solches Ereignis schien mir vielmehr anzuzeigen, dass ein grosser Umschlag in der Witterung eintreten werde, mit einem Wort, dass es mit dem schönen Sommer, der meine Reise bis jetzt so sehr begünstigt hatte, mit einem Schlage zu Ende sei. Und so kam's.

Kaum waren wir drüben auf öden, baum- und obdachlosen Felsen angekommen, da trat plötzliche Windstille ein und kurz darauf brach das Unwetter los, Blitze zuckten um uns, der Donner krachte und heftiger Regen strömte auf uns herab. Anhaltender Guss bei Westwind folgte, bis nach 1 Uhr die Wolken wieder nordwärts zogen. Kurze Zeit liess dann der Regen etwas nach, ohne aufzuhören, dann trat anhaltender Sturm aus Südwesten ein.

Nach unserer Ankunft machten wir uns trotz des Wetters an unsere Arbeit. Ein Mann fuhr mit dem Netze hinaus, die zwei anderen holten es mit der eisernen Winde, die wir von Bergen mitgebracht hatten, herbei und wir Beide untersuchten, auf einem Felsen sitzend, den Inhalt der Siebe. Eine angenehme Arbeit war das nicht im triefenden Regen. Am Körper blieben wir zwar trocken, dank der schützenden Regenmäntel, aber die Füsse waren völlig durchnässt und kalt, so dass wir Stampfübungen anstellen mussten, um uns zu erwärmen. Die Ausbeute war eine kleine aber gute. Vom Skugen aber fanden wir zur Verwunderung unseres Fischers auch hier nichts.

Die Brandung an unserer Stelle war im steten Wachsen; donnernd liefen zuletzt die Wogen gegen uns heran, und so waren wir froh, als wir nach dem dritten Zuge mit dem Netze endlich nach ziemlicher Schwierigkeit unsere Geräthe und uns selbst in dem Schiff und dieses glücklich von dem Felsen abgestossen hatten. Fünf Stunden hatten wir in dem Wetter Stand gehalten, und nun ging es bei hochgehender See zurück nach Haakelsund. Unsere Wirthin setzte uns eine gehörige Kanne mit heisser Milch vor, dann begaben wir uns zu Bette, und am nächsten Morgen waren wir wieder ganz munter.

Als die Dienerin auf den Strümpfen in das Zimmer trat und nach norwegischem Brauche uns den ersten Kaffee an das Bett brachte, da antwortete sie auf unsere Frage nach dem Wetter: »det blaaser som igaar!« (das bläst wie gestern!) So war's und so blieb's leider. Zum Schraben kamen wir nicht mehr. Wir überlegten, dass wir im günstigen Fall auch von Bergen aus noch eine oder mehrere Ausfahrten machen könnten und kehrten deshalb am 22. September Abends nach Bergen zurück.

Meine Freunde dort bedauerten den Verlauf dieser Expedition, für mich war sie gleichwohl von hohem Werthe: ich nahm sie zum Massstab für meine eigenen Arbeiten. Ich hatte jetzt gesehen, dass die Art, wie ich die Tiefseefischerei betrieben, durchaus richtig war, ich hatte erfahren, wie sehr das Ergebnis derselben vom Glücke abhängt und wie recht Dr. Danielssen hatte, wenn er meinte, es gehöre längerer Betrieb dieses Geschäfts dazu, um zu einem guten Ziele zu gelangen. Das schlechte Wetter hielt ununterbrochen an, so dass auch in Bergen an eine Ausfahrt nicht mehr zu denken war.

So blieb nichts übrig als zu packen und zur Abreise zu rüsten. Im Ganzen hatte ich 25 volle Tage zum Arbeiten mit der Schrabe verwandt und ausserdem eine Reihe nächtlicher Ausfahrten zum Zwecke des pelagischen Fischens unternommen.

Am 27. September fuhr ich mit dem Postdampfer Tordenskjold ab nach Christiansand. Die Fahrt war eine sehr stürmische. Regen und Wind gestatteten kein Verbleiben auf Verdeck, doch konnte man von dem Rauchkabinete auf Deck den wolkenschweren Himmel, das schäumende Meer und die tosende Brandung, die am fernen Ufer die Felsen mit haushohen Wassergarben überschüttete, gut beobachten. Nachmittags kamen drei Gewitter nach einander und mit dem wachsenden Sturm wurde das Rollen des Schiffes, d. h. das seitliche Schwanken desselben sehr stark. Wir hatten südlichen Kurs bei heftigem Südweststurm und dieser nahm in der Nacht an Stärke noch zu. Wie wir in Christiansand hörten, wo wir am 28. Nachmittags ankamen, war in der Nacht von den vier deutschen Torpedobooten, die unter Begleitung des »Blücher« eine Uebungsfahrt in die Nordsee gemacht hatten, das stärkste, No. 29, verschlagen worden und nun vom Blücher gesucht. Es war mit zerschlagenem Steuer und zerbrochener Schraube nach Frederikshavn gelangt, wo ich es am folgenden Tage nach nochmals stürmischer nächtlicher Fahrt besehen konnte.

Ueber Hamburg, wo in dem zoologischen Garten eine sehenswerthe Ausstellung über Alles, was die Naturgeschichte, den Fang und die Verwerthung der Wale betrifft, arrangirt war, kam ich am 2. Oktober nach Frankfurt zurück.

Inhalt.

Mahlau & Waldschmidt. Frankfurt a. M.

Bericht

über die

Senckenbergische naturforschende Gesellschaft.

1885.

Mit 3 Tafeln, 2 Karten und verschiedenen Abbildungen im Text

Frankfurt a. M.
Druck von Mahlau & Waldschmidt.
1886.

Zeitfracht Medien GmbH
Ferdinand-Jühlke-Straße 7
99095 Erfurt, Deutschland
produktsicherheit@kolibri360.de